先知后行
知行合一
中欧经管
价值典范

CEIBS | 中欧经管图书

成功人士的七大陷阱

Why Smart Executives Fail

聪明的高级经理人为何会失败

and What You Can Learn from Their Mistakes

［加］悉尼·芬克斯坦（Sydney Finkelstein） 著

俞利军 译

中国财富出版社

图书在版编目（CIP）数据

成功人士的七大陷阱：聪明的高级经理人为何会失败／（加）芬克斯坦
著；俞利军译．—北京：中国财富出版社，2014.8
（中欧经管图书）
ISBN 978 - 7 - 5047 - 5307 - 6

Ⅰ．①成…　Ⅱ．①芬…　②俞…　Ⅲ．①成功心理—通俗读物　Ⅳ．①B848.4 - 49

中国版本图书馆 CIP 数据核字（2014）第 166956 号

Sydney Finkelstein：Why Smart Executives Fail and What You Can Learn from Their Mistakes
ISBN：978 - 1 - 59184 - 010 - 4

著作权合同登记号　图字：01 - 2013 - 3625

策划编辑　黄　华　　　　　　　　　　　**责任印制**　方朋远
责任编辑　刘淑娟　　　　　　　　　　　**责任校对**　杨小静

出版发行　中国财富出版社
社　　址　北京市丰台区南四环西路 188 号 5 区 20 楼　　　**邮政编码**　100070
电　　话　010 - 52227568（发行部）　　　010 - 52227588 转 307（总编室）
　　　　　　010 - 68589540（读者服务部）　　010 - 52227588 转 305（质检部）
网　　址　http：//www. cfpress. com. cn
经　　销　新华书店
印　　刷　北京京都六环印刷厂
书　　号　ISBN 978 - 7 - 5047 - 5307 - 6/B · 0401
开　　本　710mm×1000mm　1/16　　　　　**版　　次**　2014 年 8 月第 1 版
印　　张　17　　　　　　　　　　　　　　**印　　次**　2014 年 8 月第 1 次印刷
字　　数　278 千字　　　　　　　　　　　**定　　价**　56.00 元

中文版序言

11 年前，几乎没有人想到可以采用严谨的方式研究企业败局，从中发现 CEO、投资者及管理者可以学习的重大教训。随着《成功人士的七大陷阱》英文版的出版，公众的这一认识发生了转变。

现实生活中能够获得成功的公司和领导者屈指可数，人们往往将目光聚集在研究成功案例上。而我们则集中研究企业大败局，将商界的现实呈现给世人：混乱不堪，却格外真实。现在，我们将这些宝贵的经验译作中文出版，在中国这个孕育创业者、商界领袖及未来领袖的国度，这些经验的意义尤为深远。

我们从书中学到了什么？那就是，所有公司，甚至所有组织——无论是非营利性组织，还是政府组织或私营机构——的领导者都有可能犯下一系列致命的错误，他们必须认识到这些错误，并且需要无时无刻小心提防。这些错误有的因为战略制定上的失误，有的来自公司管理或运营上的误读，有的是低效率企业文化的直接后果，有的则源于领导层在变化来临时的盲目作为或举棋不定。

看看下面几个具有教育意味的例子。

在本书中，我们仔细分析了摩托罗拉在全球移动设备行业中的教训。人们是否还记得，在 20 世纪 90 年代，摩托罗拉曾一度引领世界、独占鳌头。那时，摩托罗拉是一个拥有众多工程师的天才公司，它运用自己的技能在几十年间设计出了例如车载收音机、寻呼机等多种科技电子产品，并发明了世界上第一部手机 DynaTAC。

数字时代随之而来。与柯达公司生产相机一样，摩托罗拉在模拟信号到数字信号的转变道路上走得十分缓慢，并退出了主流地带，逐渐被发展迅速的公司超越。最先超越摩托罗拉的是诺基亚和爱立信，二者接着又被黑莓手机超越，苹果手机后来居上，而如今又败给三星的 Galaxy 系列手机。

行业内变化的步伐如此之快，只有不断创新（不包括在别人基础上的创新）才能够稳操胜券。当前，各行各业的领导者需要努力适应不断变化的竞争环境，移动设备行业的竞争也为其他行业上了重要的一课。

多年以来，摩托罗拉始终致力于让手机变得更为小巧，而其他公司则努力让手机更加智能。据报道，黑莓公司的高管第一次得知 iPhone 手机的时候近乎崩溃，但他们并不畏惧这款产品。因为在他们眼里，iPhone 不过是一个玩具，不会威胁到黑莓的行业主导地位，毕竟苹果手机无法撼动黑莓的企业客户。黑莓的高管认为黑莓手机的成功之处来自其"撒手锏"应用：邮件。当时的大众对这款手机喜爱有加，甚至沉迷于它，成了黑莓的"脑残粉"。

现在，黑莓手机几乎已经淡出人们的视线，而这发生在 iPhone 手机问世仅仅 7 年之后。

我无需预测 iPhone 的消亡——因为战争已经打响。截至 2014 年年初，三星手机的全球市场份额增长达苹果手机的 2 倍多。而 3 年前，苹果手机与三星手机的销售量为 4∶1。我并不看好三星能够在冠军的宝座上坐太久，因为在这个迅速更新迭代的行业里，谁也不是常胜将军。

成为行业领头羊十分艰难，然而决定因素却并不是科技，而是人。

狂妄自大的心理一次又一次地让成功企业马失前蹄，并且已经融入了这个行业的血液。你可能认为领导者会警惕自大带来的威胁，然而他们的行动却告诉人们，他们似乎并不这么警惕。

摩托罗拉是一个典型的例子。尽管从模拟信号到数字信号的转变过缓可能是导致其失败的原因，但实则不然。事实上，摩托罗拉拥有几项关键的手机专利——他们知道如何制造数字手机，却并没有这么做。摩托罗拉选择将这些手机专利许可证发放给他们在那时的早期竞争者——诺基亚和爱立信。

理论上讲，看到专利使用费大量进账应该会让摩托罗拉这个行业巨头意识到数字信号的巨大潜力，然而摩托罗拉选择坐以待毙。摩托罗拉主管手机分部的高管在那时一语道破了其失败的天机："有 4300 万模拟信号用户，这个市场错不了！"

摩托罗拉深知游戏规则已经发生了变化，但却置若罔闻。随后，尽管细节不尽相同，诺基亚、爱立信以及黑莓公司也重蹈覆辙。

黑莓手机是很好的前车之鉴，它的浪潮曾经席卷全美。和摩托罗拉一样，黑莓是一个科技至上的公司，内部的天才工程师坚信黑莓手机是最理想的产品。

然而，苹果公司却另起炉灶，削弱对工程师的依赖，转而主攻产品设计、创意及品牌营销。直到现在，人们并不认为iPhone的邮件界面比黑莓的好用，但这并不重要，因为游戏规则早就变了。虽然黑莓公司从上至下的管理层都一致认定他们的产品更为精良，但消费者却似乎并不买账。

一个由工程师主宰的公司设计出最好的产品已实属不易，然而最终还是名落孙山。人们不愿意相信与自己认知相矛盾的事实，他们更情愿将这种境况称为"工程师的一声叹息"。

今日，苹果公司受到来自三星的强烈冲击，我们似乎又听到了"设计师的一声叹息"。

在以上两个案例中，企业的领导者过分沉溺于过去所做出的预设以及曾经的辉煌，他们或自满或傲慢，忽略了世界始终在不断变化这一显而易见的道理。

在任何一个如手机行业般瞬息万变的行业，领导者一旦拥有这样的态度，便无异于自掘坟墓。

世界变化速度如此之快，管理层做出错误决定的一念之差，结果可能就是云泥之判。这种境况，中国公司显然无法避免，也不可能避免。

举个例子来说，搜狐和新浪是中国的两家互联网服务巨头，然而，为什么新浪能够快人一步抢占微博市场？为什么作为搜狐创始人、董事局主席兼CEO的张朝阳的反应如此之慢？《成功人士的七大陷阱》向读者展现了一系列有效而相关的理念，通过理解领导者的所思所想，解读他们的决策及曾经的辉煌如何让他们在变化面前放缓脚步，停滞不前。商业界诸如此类的故事比比皆是，同时为业内创业者与行业颠覆者创造了机会——现在连Facebook的CEO马克·扎克伯格都决定推出手机产品。

商界唯一不变的事实，就是一切都在变化。腾讯通过微信红包推广了新的支付系统，试图与阿里巴巴的金字招牌抗衡；联想公司发展迅猛、雄心勃勃，通过收购风云 20 载的摩托罗拉公司决意进军移动设备市场——不论是哪种情况，高效领导者及时适应、做出反应、进行改变的能力是成功的重要因素。

希望你喜欢《成功人士的七大陷阱》，虽然书中的案例发生在几年前，但是他们与今日的现实息息相关。现实中的细节可能会随着时间发生变化，但是世界上成功与失败的模式基本相同。读罢本书，你便学会警惕这些道理，未雨绸缪。祝你好运！

悉尼·芬克斯坦

2014 年 2 月 11 日

鸣 谢

从一个理念开始孵化，到它为出生准备就绪的 6 年时间是一段很长的时间。要使它产生预期的效果，需要做对许多事。首先，就是一群人为了一个共同的目标全力以赴，找出需要探索的若干问题的答案。本书是许多杰出人士组成的研究小组合作努力的结果。这些人才能各异，但有一点是相同的：大家都持有同一个理念，带着一种激情，在相当长的一段酝酿期内保持着旺盛的斗志。

作为达特茅斯学院塔克商学院的教授，我非常荣幸与院长办公室的成员们一起工作，他们从一开始就相当支持我的工作。保罗·丹纳斯（Paul Danos）院长不仅催促我进入新的研究领域，从事此项高强度的富有挑战性的工作，他还慷慨地给予研究和道义方面的支持，包括给我提供方便，使我在巴黎有完整的一年时间用于研究和写作。副院长鲍勃·汉森（Bob Hansen）和研究中心的主任维杰·戈温戴勒简（Vijay Govindarajan）、乔·梅西（Joe Massey）、艾斯本·埃克博（Espen Eckbo）不断地开出支票。同事们，像康妮·哈尔法特（Connie Helfat）等经常问我一些问题（有时甚至连他们自己都没有意识到），使得我不断地寻找答案。

我的 MBA 学员多年来一直听我讲公司发生巨大错误方面的故事，他们也许很想知道我何时最终将它们结集出版。他们提供的观点和批评有助于砥砺我的思想，塔克商学院和达特茅斯学院的许多学生在这项研究的不同部分的参与很有价值。感谢塔克商学院学生安德鲁·布朗内尔（Andrew Brownell）等同学的帮助。另外，研究助理李尔·迪琳（Leah Dering）等人也为我的研究工作做出了巨大的贡献。

研究小组中有三位特殊的人员起到了核心作用。司各特·博格（Scott

Borg）在最后18个月才加入进来，但他在弄清这项研究的发现究竟意味着什么方面起到了关键作用。可以毫不夸张地说，没有他的努力，最终的产品绝对不是现在这个样子。贝基·萨维齐（Becky Savage）是我的秘密武器，她替我搜寻各种鲜为人知的点滴信息，和人商谈安排无数的面访。艾伦·埃尔金斯（Alan Elkins）在医学界取得成功后决定回到塔克商学院完成他的MBA学位，他作为学生开始和我一起工作，而且一直持续至今。他担任多重角色，项目主要组织者、项目的良心以及幕后设计者。他们是研究团队的三驾马车。再次感谢你们：司各特、贝基和艾伦。

我有机会在塔克以外的许多地方试讲自己的一些观点，为此我应当感谢梅林达·穆特（Melinda Muth）、莱克斯·唐纳尔德森（Lex Donaldson）和罗杰·科林斯（Roger Collins）安排我在澳洲管理研究生院作了一次演讲，莫里瑞欧·佐罗（Maurizio Zollo）在欧洲商学院、本特·洛文戴尔（Bente Lowendahl）在挪威商学院、科斯塔斯·马科迪斯（Costas Markides）在伦敦商学院也为我做了同样的安排。或许不足为怪的是，精神病学学会对我的研究最早产生兴趣，这才有了在塔克商学院——希契科克医疗中心精神病学系的巡回讲学以及在纽约召开的美国精神病学年会的报告。在塔克商学院以及其他地方针对高级主管的演讲，还有在洛杉矶、旧金山和巴黎的达特茅斯校友会上的演讲同样有助于提炼本书的思想。

学界的许多同事在帮助我形成思想方面颇有影响。和安·莫妮（Ann Mooney）就为什么高级主管会失败的讨论，给我带来了许多灵感；约翰·斯洛克姆（John Slocum）就我早期对网络公司失败原因的反馈意见激发了我新的思想；布莱恩·奎恩（Brian Quinn）有关企业创新的开山之作有助于我看清楚那么多的高级主管的失败从何而来。林达·阿格特（Linda Argote）等许多别的学者的作品对这些观点的形成均起到了作用。

要是没有那么多的高级主管和其他人同意接受采访，甚至有的人要接受好几次采访，这本书就不会是现在这个样子。他们提供的洞察力有助于我将一大堆材料的主要部分组合起来，除此以外我没有别的办法。有好几位首席执行官和研究小组的成员面谈了不止一次，有的多达三四次，他们对此项目投入了那么多的时间和精力，应当特别加以感谢。在此，我要感谢丽诗加邦的保罗·查伦（Paul Charron）、摩托罗拉的罗伯特·高尔文（Robert Galvin）等人。

撰写有关"最糟糕的做法"，而非通常的"最好的做法"，打破了大多数商业书籍的模式，因此需要聪明人的慧眼识珠。我的代理人海伦·里斯（Helen Reese）一直以来都积极支持我努力完成本书。因为有了海伦，这本书才最终到了 Portfolio 出版社的阿得里安·扎克海姆（Adrian Zackheim）和他的编辑小组手里。他们也看好此书，并且立刻提出了看法，完善了最后的书稿。塔克商学院的吉姆·基挺（Kim Keating）等其他许多人都在背后帮忙。

我还有幸得到许多朋友的支持，他们似乎总是想知道我在学什么，对我含糊其辞的回答他们总是认为"好有趣"。本书不仅仅针对经理人、投资者或商学院学生，也同样针对另外一大群人，他们只想知道"为什么会发生这样的事情？"

在过去的6年里，我的妻子格洛里亚（Gloria）和女儿埃里克（Erica）一直关注着此书的成型。我设法在美国汉诺威和法国巴黎的咖啡馆里，在家里的餐桌上，在度假途中的飞机上工作和写作，但是，在每一个地方我均可以得到她们的爱、支持和理解。写一本书或许是一种孤独的追求，但是我从来没有感觉到孤独。

这本书是献给我的外祖父莱布·杜纳杰克（Leib Dunajec）的。这样做很不寻常，因为我从来没有见过他，但是他人生的故事几十年来一直延续着，留在了我的思想深处。外祖父生活在波兰，他没有接受过正规的教育，也很穷，但他是一位学者、教师、音乐人和领导人。多年以前，我就听到过这样的故事：当屋子里已经挤满人时，村民们总是在他家的玻璃窗外听他进行宗教演讲。人们有问题解决不了时就会去找他，他还会教孩子们阅读和写作，明辨是非。倘若我认为自己继承了这些优点未免有些自大，但是他确实对我的生活产生了巨大的影响。

悉尼·芬克斯坦

新罕布什尔州汉诺威

2003 年 2 月

目　录

第二部分　失败的原因

第六章　聪明地追求错误的幻想

第三部分　汲取教训

第一章　为何聪明的高级主管会失败

——学习失败能告诉你什么

你在《福布斯》《财富》和《商业周刊》的封面上看到过他们；你阅读过有关他们超群睿智的领导才能的报道；你听过商业权威们和行业分析家们对其公司赞不绝口，称之为典范；你也许还直接或间接地买过他们的股票。你或许抓住了机会为其工作或与其合作。他们是美国乃至全世界商业领域内最耀眼的明星。他们是商界英雄、天才和巨人。

几年前甚至几个月前他们还如此闻名，但现在他们的公司却垮掉了。主要业务已经结束，职员被解雇，股票狂跌。与这些领导者和他们的公司息息相关的巨型企业顷刻间变得毫无价值。当尘埃落定，我们发现这些领导者实际上毁掉了几亿甚至几十亿美元的价值。

怎么会这样？这些商界领袖为何会跌得如此惨重，如此迅猛？怎么会有这么多人犯这么严重的错误？又是什么原因导致了每年在不同国家不同产业领域内如此多的经营失败？我们如何才能阻止它一再发生呢？

6年前，为了回答这些问题，我展开了一次针对这一课题最为广泛的调查。我的目的不只是为了弄清这些企业为何会破产倒闭，我的重点是企业背后的人。我不仅要弄明白如何避免这些灾难，更要找出预示失败的征兆，从而超越对具体企业倒闭作具体分析，达到从根源上揭示他们失败原因的最终目的。

我的调查小组得出的结论有的竟然和那些企业领导者的一落千丈同样惊人。事实上，许多乍听起来像是企业必备的素质，却正是导致日后噩梦的基础。就经营而言，他们身上那些我们羞愧于自己没有或热切希望模仿的品质，恰恰是我们最好不要具备的。就投资者而言，那些我们努力去辨认的指向成功的路标其实只是失败的记号。那些与我们如此不同，从而让我们对商界着迷不已的企业领导者和高级主管们，其实和我们一样拥有性格上的种种弱点，犯着比我们更加严重的错误。

导致失败的种种原因

巨型企业破产是可以避免的——只要我们从全新的角度来思考企业的领导和组织问题。对新手来说，这也意味着必须抛开那些显而易见的答案，找出真正的始作俑者——那些创立、经营和领导公司的人。

记者、员工、商学大师、同行经理人、投资者，甚至大众——每一个人都会对一个高级主管如何把一家看起来成功的企业带向崩溃有自己的看法。实际上，人们对高级主管的失败有七种常见说法，但其中哪些是正确的呢？

1. 高级主管很愚蠢

对于一家企业失败的最常见的解释，就是首席执行官和高级主管们太愚笨无能。我们会指着他们愚蠢得无以复加的错误振振有词道：如果他们的管理中出现这种愚蠢的错误，那他们也必定是一群笨蛋。

果真如此吗？重大的商业失败真的是由于愚蠢或无能吗？事实是，能成为大型公司的首席执行官的人都是相当聪明的。本书中每一位接受采访的高级主管都是能言善辩、洞察力强、见识非凡的人。只要与他们交谈哪怕短短的几分钟，就没有人不为他们的聪明才智所倾倒。正如乐柏美（Rubbermaid）的前首席执行官沃尔夫冈·施密特（Wolfgang Schmitt）——众所周知的创新天才，在大多数人意识到关键问题之前就能道出答案，难道真会有人认为他不够聪明或缺乏才干吗？又如王安电脑（Wang Labs）的创始人王安（An Wang），常春藤名校的博士，名下拥有数项专利发明，创造了拥有10亿美元资产的公司，难道真会有人认为他天资不够或缺乏能力吗？

他们当中的绝大多数能够进入高层，因为高级主管和精明的投资者们总是不断地把最优秀、最有能力的经理人选出来。他们中的许多人都毕业于世界上选拔最苛刻要求最严格的学校。他们在职业生涯的早期，都曾是力挽狂澜的经理人，把危机转为商机。而他们一旦成为首席执行官，也定能久居其职直至整个企业的模式和命运最终形成。因为，无论是董事会还是合作伙伴都对这些高级主管的能力信心百倍，相信他们能做出真正睿智的决策。没有人会把一家大型企业的命运交到一个不是聪明绝顶的人的手里。

那么，尽管这些高级主管拥有聪明才智，但因他们对商业的无知或缺乏相关知识和经验而导致了重大商业失败吗？

这种可能性也不大。那些造成重大的商业失败的人，往往在他们相关的商业领域内都有着非常了不起的从业记录，对可能会影响到公司利益的任何因素，他们都似乎了如指掌，即使碰上什么不知道的，他们也会立即弥补。这些人通常被视为他们所在的无论任何商业领域内的最高权威。

总而言之，这些管理者绝对不愚蠢，我们也不能把公司的失利避重就轻地归咎于管理的失当。不行，我们得从别处寻找答案。

2. 高级主管们无法未卜先知

第二种较为普遍的解释是虽然高级主管们很聪明，但他们会在无法预知的事情上栽跟头。当企业状况无法预料地突变时，即使是最优秀的高级主管也有可能会失败。

这种解释的唯一毛病是，在我们的调查里，没有哪家企业倒闭是由于高级主管们遇上了无法预知的事件所致。在所有这些公司当中，无论是何种行业、什么时间或哪个国家，经理们都有无数机会可以预见在他们的领域内即将发生的重大变化。大多数情况下，高级主管们都掌握了必需的事实材料。许多时候，人们还试图告诉他们这些事实意味着什么。

施温自行车公司（Schwinn Bicycle Company）的高级主管们十分了解山地车以及会威胁到他们品牌的其他新设计，他们甚至还接到过一些设计提案，却拒绝了；摩托罗拉也知道数字手机会影响公司的销售，但仍不相信它会受到多大青睐；互联网将会改变掌上电脑市场，这一发展不少通用神奇公司（General Magic）自己的人就曾预言过。在上述诸例以及其他许多例子当中，企业状况的相关变化都曾被预见甚至讨论过——然后又被放到了一边。

3. 执行过程的失败

近来，一种颇为流行的说法是那些倒闭公司的高级主管们可能有好的决策，只是他们的公司没有把这些决策执行好。要是每一级员工和经理都把自己的工作做得更好而不是把许多具体细节弄得一团糟的话，那一切都会好起来。这听起来像是个不错的解释。它意味着那些高级经理们在整体上把握正确，只是在细节上有所失误，而把失误纠正过来所要做的只是把执行的质量提高就可以了。

然而，把企业失败归咎于执行过程的失误就有点像把破产归咎于资金不足。每一家企业的失败都可以被描述成执行过程的失误，因为企业的确没有做成它开始想要做成的：为它的职员、消费者、股东创造价值。进一步说，在整个企业垮掉的时候，它的许多操作和运行实际上已经垮掉了。商业大师们往往会说，给我一个企业失败的例子，我就能告诉你执行过程是怎样失败的。

但是，企业倒闭的根源仅仅是执行过程失败的这种情况的概率是多少呢？著名商学院和工程学院每年培育出数以千计的管理和运营精英，只需仔细告诉他们你的要求，几个礼拜之后，他们便会建立一套可靠有效的执行方案。而大部分咨询公司只需几天工夫便能给你许多令人心服的专门管理技能。拥有了这些技能，没有人还会声称企业失败的主要原因是执行和管理的失败。如果执行是核心问题的话，一个首席执行官想要挽救他或她的公司唯一所要做的就是打个电话。

越靠近地观察这些遭受重大失败的公司，这一解释就越不靠谱。许多情况下，那些损失惨重的企业都有着出色的运行。即使某一公司的中心问题真是某种具体操作的失误，它也绝不会是问题的根源。还有什么比因电脑发生故障而把账单、开销以及其内部数据全部弄得一团糟时更难以操作的呢？1997 年开展得轰轰烈烈的牛津健康计划运行失败的真正原因与其对市场概念的根本理解失误和潜在的公司文化密不可分。要是我们把一切都归结为执行，那我们又如何能走到幕后对付真正的问题呢？在当今商业界，失败的真正原因很少是由于操作失误，它们都无一例外的是其他事情的表征。

4. 高级主管们不够努力

有人认为，要是首席执行官们既有必要的技能又有必要的信息，那么关键时刻他们一定是在偷懒，游手好闲去了。较低级别的员工们更容易认为当公司处在水深火热中时，他们的高级经理们却仍工作得漫不经心。

那么，问题是在于负责人们不够努力吗？如果首席执行官们的动力更强的话，他们会干得更出色吗？没有人在看过首席执行官们的日程安排之后，还会相信诸如此类的话。他们工作时间的强度是惊人的，他们大部分工作以外的活动依然与工作有关，而当公司赢利时，他们会获得巨额回报。他们的个人形象完全渗透在他们事业的成功当中。大部分高级主管宁愿拿自己的健康、婚姻、名誉甚至一切去冒险，来换取他们公司更大的成功。倾听我们采访对象描述他们所经历的煎熬，足以打消任何人关于他们缺乏动力的天真假想。

5. 高级主管们缺乏领导才能

难道那些失败企业的高级主管们在让人们跟随他们的脚步时困难重重吗？

但凡认识与这些惨痛经历有关的人，都知道缺乏领导才能绝不是问题所在。大多数高级主管都有逼人的魄力和迷人的魅力，他们总能引起别人的注意和尊重。虽然他们个性迥异，但却无一例外显示出让别人执行他们命令的才能。更为重要的是，这些管理者对于公司的未来总有一个清醒的认识。

要是我们认为领导才能即是把天赋和性格魄力相加，从而组建起一支随时准备为了领袖冲锋陷阵的队伍，那没有比安然公司的前任首席执行官杰弗里·斯基林（Jeffrey Skilling）更好的例子了。大家都说斯基林有一种强悍犀利的目光激励员工达到目标，创立了一种优异的成功者就会得到优厚回报的氛围。在本书所介绍的人物当中，同样的例子还有泰科公司（Tyco）的前首席执行官丹尼斯·柯兹洛夫斯基（Dennis Kozlowski）。认为拙劣的领导才能是失败的原因的想法，不能为我们的研究画上句号。

6. 公司缺乏必要的资源

好吧，如果重大的企业失败不是因为领导者的素质问题，那么会是因为企业资源的缺乏或缺陷吗？

或者是因为缺乏技术、能力或是资产？

这种解释也行不通。在较大范围内迈向失败的公司，必定在较大范围内拥有资源。许多轰然倒下的公司都曾是技术权威集团。更有甚者，许多熬过了企业危机而生存至今的公司现在也仍是技术权威，哪怕在其他方面，他们只残留了往昔的一点余晖。

会是财务引发了危机吗？重大的企业失败是由于无法支付成功所需的资源和技能费用而导致的吗？还是仅因为资金不够，无法把高级主管们的构想付诸实施呢？

答案都不是。这些企业损失巨资是因为他们有巨资可损。我们所谈论的公司是那些拥有或积累了巨大财富的超级公司，因而它们的倒闭也蔚为可观。甚至我们研究的网络公司都被丰厚地赞助了——可能太丰厚了。

7. 高级主管们是一群骗子

最后，难道问题是那些高级主管们是一群骗子吗？是高级主管们为了满足他们的私欲而窃取公司资产，甚至不惜让公司倒闭吗？

这种想法也不成立。与近来一些著名的丑闻所言正好相反，绝大部分倒闭企业的首席执行官都是有操守有道德的诚实的人。

但即使这些首席执行官们真的是骗子，另一个问题油然而生：他们为什么会成为骗子呢？毕竟仅凭他们的薪水就已经让他们比一般人富有，他们又为何在已经成功的情况下突然决定去行窃呢？

有人说这是"本性使然"。不诚实一直以来就是一些经理人性格的一部分，他们就是有行窃的冲动。就算某些首席执行官真的是骗子吧，但这仍然不能说明太多问题。那些出现问题的公司为何会把一群骗子置于他们的最高职位上？又是为什么当他们的行为威胁到公司的存亡时，他们仍没有暴露并被驱逐出公司呢？

最后，我们还不得不承认的尴尬事实是，尽管他们窃取资金的数目大得惊人，但大多数情况下，却仍不至于使公司就此倒闭。

理解失败的失败

显然，以上七种对高级主管们失败的所谓标准解释都站不住脚。仗着它们，我们似乎更易于理解为什么那些聪明的高级主管们会失败，但我们不能这样做。

错误的理论无法解释重大企业失败的所有症候。更令人迷惑不解的是，这些优秀的高级主管总会犯一些严重的错误而把公司的损失一再扩大。真的，重大错误从不形单影只，它们接踵而至。一旦一家公司迈出了真正糟糕的一步，它就会浑身上下都不对劲儿起来。为什么企业领导们不把自己的错误纠正，而是让它们变得更严重呢？

优秀企业为什么会突然倒闭？这一问题会引发一系列其他更具体的问题。为何多年来一直成功的领导们会突然开始不断犯错误？为什么他们有时会做出毫无理性的决策？为什么他们对决策失败的事实视而不见？为什么那些组织一而再、再而三地落入同一陷阱？为什么那些保护措施在万分紧急与必要时总被闲置？董事会又为何一切都坐壁上观？更为重要的是，公司领导们如何才能事先防范，避免一些重大失误？本书将试图回答这所有的甚至更多的问题。

文字背后的调查

在学习错误和失败的过程中产生的问题和谜团，需要特殊的解决方案。类似在《追求卓越》（In Search of Excellence）一书以及其他的一些书中所作的调查很重要，但是它还需要由同样重要与深入的对于失败的调查来补充完整，或者更确切地说，是对于失败原因的调查。

在达特茅斯商学院，我的研究小组曾用 6 年时间进行了一次针对企业崩溃的广泛调查。我们首先确定了大约 40 家遭受重大失败的公司。在我们的选择中，由失败带来的收入和市场价值损失的具体数字也许不那么重要，重要的是这些损失对于公司规模的影响无比严重，而这正是我们的第一条选择标准。

实际上，损失的可能是几亿甚至几十亿美元，我们所调查的许多公司因此而破产，但大部分公司却足够强壮地愈合了他们十亿美元的伤口，继续生存下去。

第二条选择标准是这些公司必须代表不同的行业领域甚至不同的国家，这一点倒不难做到。

第三条标准，是我们需要在新鲜的事例和经典事例的比例上达到平衡。比如20世纪80年代，通用汽车的机器人项目是一个老掉牙的故事，但它却仍是一个能给经理人带来教训的经典的例子。这也是为什么我们的举例中还包括了约翰·德罗宁（John DeLorean）和他的同名汽车的兴衰史，雷诺兹（RJ Reynold）的Project Spa——制造无烟香烟计划，王安电脑打败IBM的努力，以及波士顿"红袜"队（Boston Red Sox）在其他主要橄榄球队已经开始吸收非裔美国球员的时候，还想建立一支白人球队的企图。

对这一研究项目的最初构想始于1997年，所以我们自然也采纳了一些20世纪90年代以来最有趣的失败案例，包括强生公司心血管支架业务的夭折，摩托罗拉从模拟手机向数字手机不成功的转换，铱星公司（Iridium）卫星定位手机的更为惨痛的尝试，世界第一内衣厂商富德龙（Fruit of the Loom）因延迟了对北美自由贸易区的答复而尝到的由于成本过高而无法在美国生产内衣的恶果，乐柏美与沃尔玛、塔吉特（Target）以及其他大型零售商之间招致毁灭的较劲，还有广告巨头盛世长城公司（Saatchi & Saatchi）的内爆。

实际上，这本既包含了经典失败又包含了一些当代企业失败的书早在一两年前就该出版了，但两件事情的发生让我们重新考虑了我们的研究策略。第一，互联网泡沫的破灭导致数以百计公司的垮台；第二，一系列因丑闻而破产的事件频频登上报纸头条，动摇了整个商界。在这样两件富有戏剧性且影响深远的爆炸性商业事件发生以后，我们不可能不对此进行调查就结束整个项目。

我们的研究计划因此被长久地拖延下去。但更重要的是，我们得到了一次绝好的机会来研究在这样两个不同赛场里失败的潜在原因，以及这些原因与我们在早期研究中谈到的"传统"事例之间的区别。于是，我们的举例范围更加扩大，包括eToys、PowerAgent、Boo.com、网上快车（Webvan）、安然、世通（WorldCom）、泰科、来德爱（Rite Aid）、阿德菲亚（Adelphia）和英克隆（ImClone）等公司。

最后，所有的例子包括了 51 家我们深入调查与 10 多家粗略调查的公司或组织，这是迄今为止对商业失败所做过的最广泛最全面的调查。

资料

要搞清我们所研究的公司究竟发生了什么，我们必须回到危机时刻，站到决策者的立场上去思考。一旦你这样做了，你就会发现管理的被动与不适当的积极管理都是造成重大公司失败的原因。这样说当然有深意。就算是截然不同的公司，不管是乐柏美零售商、施温自行车公司、不列颠百科全书，还是波士顿"红袜"橄榄球队，它们之所以陷入困境都是因为它们在还有生机的时候却没有对关键的挑战作出反应。

但我们又怎样才能真正地把自己放到 10 年前那些利益攸关的事件发生时决策者们的立场上去呢？这时我们有了一种历史学家没有的优势。虽然他们的研究方法与我们有相似之处，但几乎在每一家公司，我们的采访对象都能提供给我们第一手资料，而这些资料无一例外与我们查阅过的最初的媒体报道相去甚远。例如，在我们调查 20 世纪 90 年代中期摩托罗拉拒绝从模拟数字手机转型为数字手机的原因时，我们采访了摩托罗拉三位前首席执行官、两位前中层经理，还有两位贝尔公司的高级主管，当初他们一直要求摩托罗拉卖给他们数字手机。在对其他公司的调查中，我们也采访了较少的对象，但总的来说，这些采访在我们总结过去的经验教训时起到了重大作用。

我们一共进行了 197 次采访。对于遭受了重大挫折的公司，我们的采访对象通常包括前任和现任首席执行官、其他的高级主管和一些中层经理。偶尔，我们也会采访某一公司连续几任首席执行官，或者竞争对手、记者、行业权威、投资银行家、保险商，等等。为了精确和日后核实之便，大多数人在被采访时都会允许现场录音，在录音不被允许的情况下，我们也会做大量笔录。因此，我们的采访记录和资料都是相当丰富而且确凿的。

对每一事例，除了直接采访，还有各种财务报告、新闻故事、已经出版的分析说明、媒体报道以及公司报告为我们提供了大量的信息。这让我们得以及时印证采访对象所说的话，并将其置于一个更广阔的范围中去理解。我们所研究的公司都曾遭受重创，这一点毋庸置疑——那些残酷的已经被核实的数字明确告诉我们严重的错误已经发生。比如，每一例被研究的商业失败都对其股东的利益带来严重的负面影响。但直到我们的研究小组把这一切信息都放在一起后，我们才有能力和条件分析出究竟发生了什么，以及为什么会发生。

随着我们对这些公司状况的深入了解，我们的许多假设也发生了巨大变化。例如，我们没有料到那些高级主管明知道发生了什么却明确地选择不作为。在摩托罗拉，采访告诉我们那些重要决策者们完全了解公众对数字手机的青睐，而每一位接受采访的前首席执行官也向我们确认摩托罗拉的高级主管知道在发生什么却听之任之。为什么他们会不作为，这不仅对于经理和投资者，而且对于日常生活中面临着不想面临的事实的每一个人来说，都是一个十分有趣的故事。

同样，随着我们收集的信息增多，我们就不断修正了最初的一些想法——公司失败真的是由于某一重大失误造成的吗？例如，许多人都曾暗示过 IBM 的一次重大失误。他们在 1979 年开发最初的个人电脑时依靠的是微软的操作系统和英特尔处理器。毫无疑问，操作系统和微晶片在这一行至关重要，但要 IBM 在 25 年前就预测到这一点却不太可能。从来没有谁拥有真正的水晶球。另外，在它的核心产业——硬件以外的领域采用别人的操作系统和处理器，IBM 的这一战略与当今那些主导公司如本田、戴尔、耐克，如出一辙。因此，如果你想指责 IBM 的个人电脑策略，你同时也得反对 2003 年前后流行的战略思维。

调查对象的范围

我们所调查的公司几乎覆盖了所有人正在做或者感兴趣投资的行业，包括汽车公司、娱乐公司、饮食公司、电器公司、时装公司、金融公司、电脑公司、医药公司、通信公司、电子设备公司、零售公司、保险公司、卫生维护组织、玩具公司、广告公司、出版社、连锁餐馆、香烟公司、塑料容器公司、棒球专卖店、电缆公司、自行车公司、能源公司、生产庭院修整工具和器械的公司、数家网站和一个大企业集团。

另外，除了占绝大多数的美国公司以外，我们还研究了 4 家日本公司（索尼、日产、矾士通轮胎、雪印乳业），4 家英国公司（盛世长城、玛莎、德罗宁、Boo. com），还有来自韩国（三星）、德国（戴姆勒－克莱斯勒）、新加坡（霸菱银行）和澳大利亚（安普）的公司。

其失败被详细研究调查过的公司如下：

安普（AMP）	eToys	牛津健康计划（Oxford Health Plans）
阿德菲亚	凡世通（Firestone）	PowerAgent
超微半导体（Advanced Micro Devices）	Food Lion 福特	奎克/斯纳普（Quaker/ Snapple）
美国信孚银行（Bankers Trust）	富德龙	来德爱
霸菱银行（Barings/ING）	通用神奇	雷诺兹无烟香烟计划
巴尼斯（Barneys）	通用汽车	乐柏美
Boo. com	英克隆	盛世长城
Boston Market	铱星	三星汽车（Samsung Motors）
波士顿红袜队	强生	施温
百时美施贵宝（Bristol－Myers Squibb）	盖尔（L. A. Gear）	雪印（Snow Brands）
Cabletron	李维斯	索尼（哥伦比亚电影公司）
可口可乐（比利时污染事件）	LTCM	Toro

康塞科（Conseco）	玛莎（Marks & Spencer）	泰科
戴姆勒－克莱斯勒	美泰（Mattel）	王安电脑
德罗宁（DeLorean）	莫辛莫（Mossimo）	网上快车
大不列颠百科全书公司	摩托罗拉（数字手机）	世通
安然	日产	

采访过程

当我们采访好莱坞的一位高级主管时，他正从山顶上下来，一边驾车行驶在圣莫尼卡大道上，一边告诉我们那天洛杉矶如何阳光普照。

当我们和那位首席执行官交谈时，也许因为他的继任者曾眼睁睁看着他的公司垮掉，他的语气中明显带着几分愤怒。

当我们和那个已经倒闭的公司创立人的儿子聊天时，他则告诉了我们和他野心勃勃的父亲一起生活的经历。

我们无法预知会采访到些什么，但这却使整个过程更让人着迷。虽然我们的目的是要揭露一些通常是痛苦经历中的错误与教训，但许多高级主管们偏偏好像是为此而等在电话机旁似的。尽管不是全部，但却有相当一部分采访对象的确愿意向我们道出他们眼里的整个故事。

为什么那些因商业失败而备受指责的高级主管在本书中如此愿意接受采访呢？那是因为，许多时候，他们认为在别人看来暴露他们弱点的种种指责恰恰能为他们洗脱罪名。同时，他们也相信更深层次的分析能更全面地展示他们当初面临的复杂情形，这将比报纸杂志上那些浮光掠影的报道对他们有利得多。实际上，那些最严重的失败的责任者们几乎是气急败坏地向我们一股脑儿地道出他们认为能给他们以支持的情况，声称他们所做的一直都是对的。"是什么让你认为索尼买下哥伦比亚电影公司是一个商业错误呢？"索尼前美国总裁米奇·舒尔霍夫（Mickey Schulhof）仍这样问我们，尽管索尼公司为此项收购损失了 32 亿美元。

绝大部分我们选择的对象愿意接受采访，但也有一些不愿意。而被我们采访过的人也一直有机会重阅采访稿，甚至可以根据自己的意愿将其撤销。

但这一情况极少发生，这也是一件令人十分惊异的事。

总之，尽管感觉到这对自己的名誉是种冒险，许多人还是有种告诉我们的冲动。这让我们拥有了多次极为有趣的讨论和鞭辟入里的见地。为此一位首席执行官在采访结束时风趣地对我们说："希望你们能对我好一点儿。"

一本关于人的书

最终，这是一本关于人的书，关于经营企业的人；企业倒闭了，人却不能倒。就像我和你在某些时候也会犯错或有不理智的行为一样，这本书里的人们也是如此。不同的是，他们必须对价值百万美元的产品、十亿美元的部门和数十亿美元的公司负责。一旦他们做出稍微不理智的事情，所带来的损失将不计其数。

这里有年轻的企业家，一手把公司经营壮大，而在他确信自己掌握所有真理时又亲手把一切都毁掉。这里有最著名的一流首席执行官，将数亿美元投入一项风险事业，不是因为不得已，而是因为他想要这么做。这里有对他们自己的产品情有独钟的领导班子，当顾客一再告诉他们应该改变时，他们仍然置若罔闻。这里有专爱收购的首席执行官，从来不为那些平庸的逻辑观和整体论所动。这里还有一群一心自取灭亡的高级主管，面对成堆的证据证明此举有害，他们却依旧我行我素。

这些人绝非有意犯错，他们比任何人都渴望成功，而且许多时候，他们当中的一些已经相当成功了。

这些人并非碰巧犯错。虽然他们的作为或不作为，产生了并非他们想要的灾难性后果，但他们却不是任意妄为。也不是所谓的"天意"造就了本书中一个个关于失败的故事，一切仍是"人为"。

这些人犯错也不是出于愚蠢。相反，他们全都聪明绝顶，天赋过人，但他们还是犯错了。

但若不是上述原因，我们又应该如何解释那些惨败和垮台呢？这正是本书要回答的问题。

失败的模式

一开始，我们并不十分有把握能找出什么失败类型，或者能否总结出一些失败的模式。我们的绝大部分发现和结论都是随着时间的推移，从大量事实资料中总结出来的。其间我们希望做到两件事情。

第一，我们希望尽可能地了解到每一起事件的"内幕故事"。为此，采访至关重要，它把那些我们从可以公开的资料中得到的事实连接起来。另外，在研究一家公司时，往往使我们对另一家公司的了解更深入，因为采访和其他一些信息来源能让我们对自己曾经做过的调查感悟更深。

第二，在分析每一家公司时，我们都在寻找一些模式。渐渐地，单个的谜团走到了一起，从各个事例中总结出的经验教训也能够被分出类型。一段时间过后，我们终于清晰地看到那些引起失败的原因是如此根深蒂固且为数不多。起先没有任何共同之处的公司，最后却因同样的原因以同样的方式倒闭，甚至连那些失败了的经理们向我们讲述的理由都是一样的。诚然，在一个复杂如企业的组织里面，发生的错误形形色色，但真正导致毁灭性失败的原因却少得令人吃惊。

这就是我们研究的主要成果之一。我们找出了数种失败的模式，它们不仅适用于一些常见的经典的商业失败，比如乐柏美、盖尔、巴尼斯，也适用于那些只创造出一年奇迹的网络公司或过去两年中一直是新闻焦点的胡作非为的公司。

本书中，所有的事例和研究结果被分成三个部分："重大的公司失败""失败的原因"和"失败的教训"。

结 论

第一部分：重大的公司失败

把所有的公司合起来考虑，我们发现它们大多是在四个商业阶段里触礁：创立新的事业、创新与变革、合并与收购、面对新的竞争压力。这些都是涉及公司转型的多方面的问题，十分复杂，所以企业处在这几个阶段时较为危险也就不足为怪了。这些挑战没能激发企业的潜能，却暴露出了它们的弱点。

在第一部分，我们仔细讨论了这四个阶段以及它们为何是企业的脆弱期。更重要的是，我们还分析了在这几个商业阶段中传统的思维已经不能应付的原因。

为什么这几个阶段对公司来说如此危险？它们究竟犯了什么严重的错误？高级主管们把公司带入这几个阶段时会遇到哪些陷阱，又该如何应付？这些问题的答案说明了在对企业生死攸关的这些阶段里传统思维捉襟见肘的原因。

第二部分：失败的原因

第二部分对我们研究的所有 51 家公司做了大致描述，还研究了第一部分中提到的最易让高级主管们跌倒的四个转型期。同时，它还揭示出我们反复观察到的那些导致企业失败的潜在的关键原因。

我们发现，企业失败主要是由四种破坏性行为造成的，它们在不知不觉中把企业推向了悬崖边。这四种行为模式表现为：

（1）高级主管的错觉让公司无法看清事实。

（2）错误的态度让错觉继续代替现实。

（3）沟通系统中处理潜在紧急信息的环节出了问题。

（4）领导的特性让高级主管们无法纠正自己的错误。

早在明显的危险信号出现之前，高级主管们就可能有了上述举动，使企业表面上看起来一切正常，但内部机制却已开始瓦解。对这些相互关联的行为模式的研究让我们在惊异中了解了企业如何一步步走向毁灭，同时也为人们思索企业失败提供了一个框架。

第三部分：汲取教训

在第三部分，我们展示了第三类也是最后一类研究结果——董事会成员、首席执行官、高级主管、中层经理、员工、投资者和股东如何从别人的错误中汲取教训，从而避免再遭受像本书中所记录的那些惨败。

对此我们从两个方面说明：第一，指出了一系列高级主管和投资者们需共同警觉的失败的早期征兆；第二，提供了各种方法使人们能够自己诊断出错误并从中汲取教训。总之，最后两章告诉人们一些方法来帮助他们尽量避免，甚或预测企业失败。

在研究高级主管创立新事业、创新与变革、合并与收购和面临竞争压力时所犯下的重大错误中，我们不仅剖析出不该怎样做，也分析出该怎样做。通过研究失败背后的毁坏性征兆——高级主管的错觉、错误的态度、信息系统失灵、领导方式不力——你就能知道不该做什么和该做什么。通过解释为什么聪明的高级主管会失败，我们最终道出了聪明的高级主管怎样才能取得成功。

第一部分

重大的公司失败

第一部分的重点是四种不同的商业挑战：创立成功的新事业，驾驭合并与收购，应对创新与变革，面对新的竞争压力的策略。这些对高级主管来说都是最基本的，有时甚至是日常的考验。然而，与你经常在有关商业的书籍中可能会读到的相反，实际中并没有太多成功的例子。通过对 13 家公司的详细介绍和对 24 家公司的粗略描述，你会知道为什么在这些重要且困难的转型过程中，高级主管和他们的公司会举步维艰。

这些关于失败的故事为我们提供了一个从其他公司和高级主管身上汲取教训的机会，从而保住我们自己的饭碗。但是，别太掉以轻心哟，如果将来你发现你自己公司的失败和我们今天描述的这些公司何其相似，我一点也不会大惊小怪的。

第二章 新业务的失败

——有关新事业无法运作及其原因的故事

选出最棒最聪明的人才（尽管不太谦虚且喜欢夸张），投入资金（有很多附加条件），找到关键的合作伙伴（一般情况下，他们关心自己的事业更甚于关心你的），把握一个最激动人心的创意（是的，你的竞争对手也注意到它了），再把它们全都融到一起。结果：通用神奇。一个技术权威承担了一项光荣的技术挑战，投资数十亿美元解决了一个问题后发现它对顾客来说无关紧要。结果：铱星公司。世界上最大的企业集团之一决定，或者，更确切地说，是它的董事长兼首席执行官决定参与一项竞争异常激烈且投资巨大的事业，只不过因为他想这么做。结果：三星汽车。路易斯·博得斯（Louis Borders），著名书店老板自忖："为什么我们不能把每一样东西送到每一个人手中呢？"这一问题耗资十亿美元让他建立了一个一线零售企业，成为商店与顾客之间的"最后一英里"。结果：网上快车。

四家公司，四个不同的故事，但有两点共同之处：作为企业家们的冒险，它们一是开始时都有得天独厚的优势；二是最后都一败涂地。创立新事业对公司来说不管在什么时候都是失败率最高的，哪怕这几家公司都远不是那种刚开张的小作坊。它们可不是那些关于资金短缺或创立人经验不足的故事，相反，这些人都是拥有雄厚资金的天才，却落败了。我们不禁要问："究竟哪里出了问题？"让新的事业走上正轨很困难，许多环节都不能出错。但最让人着迷的还是尽管涉及不同的行业、人群和挑战，综合起来考虑我们仍能找出一些共通的模式。所以，当你阅读这些故事时，请努力找出一些线索，想想该怎样从更广阔的视野来审视这些新事业中的失误，如果舵在你手中，你会怎样做？你会吃惊地发现，最根本的错误只有那么几个，而且在不断重复发生。远离那些错误，也许成功的天平就会向你倾斜。

掌上电脑（PDA）探奇：通用神奇的故事

掌上电脑在 20 世纪 90 年代早期风靡一时，并不是因为它们已经被制造出来，而是在当时看来，离寻呼机大小的个人数字处理器的梦想已不太遥远。在消费品专家约翰·史卡利（John Sculley）的带领下，苹果电脑公司成为了掌上电脑的先驱。1990 年，公司精选了一批最优秀的人才进军 PDA 市场，悄悄建立了一家名为通用神奇的公司。在 1995 年首次公开募股前的 5 年当中，通用神奇从一批世界上最棒的消费电子产品和通信公司身上筹集资金、募集到了 9000 万美元资产。在饱和的 PDA 市场上，在众多的竞争者中，通用神奇拥有最雄厚的资金、最优秀的人才和最牢固的关系网。尽管有这么多优势，创立公司的魔术师们却没能实现自己的梦想。他们不是满怀沮丧地中途退出，就是在首次公开募股后很快被解雇。为什么一家如此有前途、有实力、有远见的公司就这样消失了呢？

秘密创立

没人想谈论通用神奇，创立者不想谈，投资者不想谈，就连去年八月里被任用的女发言人大概也不想谈。事实上，这个创立仅 18 个月的公司的一切都进行得如此悄无声息，以至于苹果的董事长在试图回避问题时都只是悄声答道："什么是通用神奇？"

——《商业周刊》，1991 年 12 月 31 日

20 世纪 80 年代后期，当个人电脑在美国家庭和办公室里树立起自己的牢固地位时，未来学家们就已经在期待下一件大事了。那是一个高科技聚集的时代，蜂窝技术电话服务从插科打诨变成主要角色，个人电脑通过当地或者更广阔区域内的联网开始对话，下一突破就是小型、可携带与可移动。在1991 年 3 月对软件出版商协会的演讲中，苹果电脑首席执行官约翰·史卡利向大家描述了一种手持的、具备多种通信功能的装置，包括传真、寻呼、打电话以及通过无线网络传输资料。

　　与其在电脑业的竞争对手一样，苹果公司热切研制着可移动的掌上电脑；与别人不一样的是，公司一开始就决定不从内部来接受这项挑战。1990 年 7 月，苹果电脑公司又创立了一家名为通用神奇的新公司，以 1000 万美元为资本开始了它在逐渐形成的掌上电脑市场上的资本积累。苹果公司只保留了它在通用神奇的少部分股份，但拥有第一个（并不是唯一的一个）将公司技术用于未来苹果产品的权利。

　　通用神奇组建了一支"梦之队"的高层领导组合，首席执行官马克·波瑞（Marc Porat）曾经是约翰·史卡利的技术权威和苹果尖端技术组组长。"我们时代的界面忍者"——Mac 的设计者比尔·阿特金森（Bill Atkinson，MacPaint 和 HyperCard 的创立者）和安迪·赫茨菲尔德（Andy Hertzfeld，办公室里的精神领袖"尤达"）是公司发展的主导。苹果图标如桌面垃圾箱的设计者苏珊·卡尔（Susan Kare）也加入了设计。瑞奇·米勒（Rich Miller）和吉姆·怀特（Jim White，email 之父）不久后也加盟并带来了一种代理软件语言 Telescript，成为日后这个初出茅庐的公司的核心。赫茨菲尔德（苹果排行 12）和阿特金森（苹果排行 51）各为这一新事业投资 100 万美元，苹果的首席执行官约翰·史卡利也是董事会成员之一。

　　尽管，或者正是由于它的秘密进行，这一全明星组合与他们的领导很快便传了开来。马克·波瑞频频出现在媒体杂志上，为通用神奇将会给大众带来的美好前景造势。金融分析家们更是对这一悄然出现的公司滔滔不绝，声称通用神奇的通信语言有可能成为英语的数字版。

风靡一时

　　随着大肆宣传与期望一起到来的是金钱和合作伙伴。通用神奇从来不需为钱发愁——与苹果的合作为它与那些不甘落后的一流公司打开了合作之门。1991 年 11 月，索尼和摩托罗拉加入了通用神奇的大家庭，各以 500 万美元买下了 5% 的股份。两个月后，美国电话电报公司（AT&T）也以同样的股份加入。1992 年年底，日本松下签下了自己的名字，接着便是北方电信（Northern Telecom）、日本电信电话公司（NTT）、大东通信设备公司（Cable & Wireless）、三洋和飞利浦。到 1994 年，通用神奇的资产和许可证协议已超过 9000

万美元。

通用神奇的投资者们抱有很高期望。他们大多在 20 世纪 80 年代个人电脑革命中没能大获全胜，这一次他们不会再与掌上电脑失之交臂了。要么直接为消费市场生产这种掌上电脑，要么为个人数字资料的传输提供网络电信服务，每个人都将从这一新技术的传播中获益匪浅。鉴于通用神奇有可能成为行业标准，硬件生产商和电信商家都蜂拥而至，对它给予支持。实际上，每一个通用神奇的投资者都把 Telescript 用作自己的网络语言。1992 年，美国电话电报公司启动了一项新计划，在全国范围内建立一个 Telescript 网络信息服务系统，并称之为"个人链接"。美国电话电报公司期望一旦 PDA 市场爆满，它就能通过这一网络系统获得数十亿美元的利益。大约在同一时间，摩托罗拉开始创建"信使"——一种依靠通用神奇软件技术的无线双向通信器。这种信使通信器（虽然直到 1996 年才正式推出）被视为网络交流的主要推动者，成百上千万美元将随之而来。苹果也准备推出 Newton，公司最初的掌上电脑/组织者/通信器。

索尼则更加乐观。索尼软件公司总裁米奇·舒尔霍夫，是全晶体物理学博士，这样对他的同事说："索尼在电脑业已失败过三次，这是我们最后的机会，我相信我们会成为赢家。"索尼准备在通用神奇的技术基础上开发它自己的名为"个人链接"的掌上电脑。1992 年，舒尔霍夫就声称没有什么能阻碍 Telescript 成为世界标准。前途似乎无限光明。

逐渐揭开的面纱

1993 年 2 月 8 日，公司召开了一次新闻发布会，最终宣布了它的产品、其一流投资人，以及它在全球范围内消费电子产品与电信的合作者。发布会举行得轰轰烈烈，但谢幕之后，却没有留下太多有价值的东西。

通用神奇开发了两种产品：Magic Cap 和 Telescript。Magic Cap 是掌上电脑和一些别的非个人电脑装置的操作系统。Telescript 是一种通信语言，为通用神奇名下的各类网络提供一种可靠的移动代理服务，让任何电脑或通信器在使用了 Telescript 的任何网络上可以相互交流。这种通用语言的缺乏，曾在很长时间里阻碍了个人电脑的发展，因而通用神奇的这一创举对掌上电脑的推广起到了至关重要的作用。尽管这些产品给人留下了深刻印象，可与之相应的软件及软件运行装置却始终不见踪影（至少两年后它们才出现）。

紧随盛大新闻发布会而来的，是种种对通用神奇偏袒方面的指摘。Telescript 最大的吸引力，就在于通用神奇曾经承诺过要在无线通信领域建立一个完全开放的标准。但在新闻发布会上，公司却声称已另有安排，即美国电话电报公司可首先在自己的电信网络上使用 Telescript，而它的直接竞争对手如 MCI 电信公司、斯普林特公司（Sprint Corp.）以及私人网络必须在两年半后才能安装使用。这一安排不仅使它与 IBM 的合作陷入危机，后者正准备对其投资，而且严重损害了公司的信誉。

尽管怨声载道，通用神奇关于数字化秘书的承诺还是让金融界凝神屏息，等待它的下一步行动。经过 4 年的努力，通用神奇终于在 1994 年推出了 Magic Cap 的操作系统和为索尼以及摩托罗拉制作的 Telescript 的初步版本。首席执行官波瑞——媒体口中的"银舌恶魔"和"上帝给头版编辑们的礼物"——立刻开始了又一轮新闻宣传。到 1995 年首次公开募股，公司额外募集到了 8200 万美元资产。那时，通用神奇为了技术开发已耗费了 5300 万美元，却只获得了 250 万美元的收入。

首次公开募股后不久，通用神奇宣告了一系列产品的推迟发布。一时间，谣言四起，说他们的产品与宣传的难以相符，甚至根本没法用。还有消费者抱怨掌上电脑的价格，尽管最初的设计费用是 3000 美元一台，而市场价最后已跌落至 1000 美元。再加上软件的缺乏和通信器无对象可交流的限制，掌上电脑在市场上的接受速度很慢。通用神奇推迟发布产品，电信商家们无法为全球网络系统提供一种有力的通信语言，大大削弱了公司的市场穿透力。苹果是第一个弃之而去的，因为公司决定自己为 Newton 开发一种操作系统。接着，1996 年上半年，美国电话电报公司也不无沮丧地宣布放弃它在全球范围内使用 Telescript 网络系统的"个人链接"计划。这一切难道是在呼唤新的策略吗？如果是的话，那又将是什么呢？

早在 1994 年，通用神奇就知道会对它的将来产生影响。但是开发互联网产品会与它的合作伙伴（特别是法国电信、北方电信、日本电信电话公司、美国电话电报公司）有关专属通信网络的战略发生直接冲突。它们都在通用神奇承诺的 Telescript 的语言基础上开发着自己的网络系统。要是通用神奇变成了互联网公司，那它的一切产品都没有了专属性可言。一时间，它的最可靠（也最不满意）的合作伙伴成为了最大的阻碍。1996 年，面对互联网带来的日益逼近的灭顶之灾，通用神奇放弃了它的设备方案，重新把所有的业务转移到互联网上。

树倒猢狲散

互联网发展起来了，公司唯有改弦更张。我们已经迅速添加了一个浏览器，并把 Telescript 由专属变成一种公开的语言，但还是太迟了。Palm 进入占领了掌上电脑的市场，而 Java 则占领了网络市场。假如我们的公司不是在 1991 年，而是在 1994 年成立，我们可能已经成为了互联网的领头人。时间对于这一行来说就是一切。

——马克·波瑞，通用神奇前总裁兼首席执行官，采访于 2001 年 4 月 16 日

通用神奇在战略上陷入了"无人之境"。延期，批评，由于市场越来越不信任而不得不每天扔掉大量研制中的产品，这一切都造成了严重危害。在首次公开募股后不到一年的时间里，其首席科学家兼共同创立人比尔·阿特金森离开了公司，再也没有回来。其他一些高级主管也相继离去。首席执行官马克·波瑞被迫放弃对通用神奇的领导，但仍是董事兼顾问。作为挽救公司的最后一搏，同时也是为了对新的管理层表示支持，1996 年年底，股东们决定再注入 7500 万美元。

最大的失败也许还是公司本身。由于没能研制出掌上电脑的运行软件（Palm 的 OS 软件取代它成为了早期行业标准），也由于互联网迅速将那些专用网络挤到了一边，慌乱中的通用神奇不得不千方百计寻求出路。浏览器、E-mail 软件、搜索引擎纷纷出台又纷纷落马，因为它们把公司置身于跟真正的巨头，如太阳、网景、微软和 3Com 的 Palm 计算机公司对抗的位置。

1999 年 6 月，通用神奇首次公开募股的承销商高盛集团不再投入研发费用。分析家詹姆斯·克拉默（James Cramer）"惭愧地承认自己也被公司的宣传花车愚弄了"。就在通用神奇的股票变得一文不值的几年之后，掌上电脑市场被 3Com 于 1995 年推出的 Palm Pilot 全面占领。自从推出以来，它已在全世

界范围内销售了 2000 万台，它简单的界面和简洁的操作系统还吸引了许多厂家依样模仿。最终掌上电脑的梦想成为了现实，只不过它不是由通用神奇来实现的。

大约同一时期，通用神奇正逐渐被苹果甩开，摩托罗拉也着手创建了铱星，开始了它自己的星梦历程。

铱　星

革命的想法从何而来？对于摩托罗拉的工程师巴里·伯蒂格（Bary Bertiger）来说，它来自妻子在加勒比海度假时的抱怨，说她无法用手机联系到她的职员。回到家以后，巴里和摩托罗拉在亚利桑那州卫星通信小组的另外两名工程师想到了一种铱星解决方案——由 66 颗近地卫星组成的星群让用户从世界上任何地方都可以打电话。

自从 20 世纪 60 年代投入使用以来，通信卫星大都是在 22000 英里高度的轨道上运行的地球同步卫星。依靠这一高度的卫星意味着电话机要大，还伴有 1/4 秒的声音滞后。例如，美国通信卫星公司的 Planet 1 电话机重 4.5 磅，和电脑差不多大。铱星的创意就在于使用一批近地卫星（高度大约为 400 ~ 500 英里）。由于近地卫星离地球更近，电话机的体型可大大缩小，声音的滞后也会近乎觉察不到。

这是个好主意吗？这一方案在被伯蒂格的顶头上司们拒绝的同时，却得到了摩托罗拉总裁罗伯特·高尔文的青睐并给予了支持。对于罗伯特，以及他的儿子（后来成为他的继任人）克里斯·高尔文（Chris Galvin）来说，铱星计划是摩托罗拉技术高超的显示，具有巨大潜力，令人振奋，无法放弃。对于摩托罗拉的工程师来说，建立铱星群的挑战是一次经典的"技术大会战"，50 亿美元的代价终于让他们在 1998 年将铱星首次投入使用。

这一项目在 1991 年正式启动。摩托罗拉投资 4 亿美元建立了一个名为铱星的有限责任公司，拥有其 25% 的股份和董事会上 28 席中的 6 席。另外，摩托罗拉还作出了 7.5 亿美元的贷款承诺，并给予铱星要求再增加 3.5 亿美元的权利。就铱星来说，它最终与摩托罗拉签订了 66 亿美元的合同，其中 34 亿美元用于卫星的开发，29 亿美元用于维持公司正常运行。铱星则要为摩托罗拉建立卫星通信系统提供技术支持。

在铱星即将发射其首批卫星之时，爱德华·斯德洛（Edward Staiano）加入了董事会并担任首席执行官。在加入铱星以前，斯德洛已为摩托罗拉工作了 23 年，其精明与刻薄广为人知。对他来说，舍摩托罗拉而选择铱星意味着放弃了与前者每年 130 万美元的合同而选择了每年 50 万美元底薪外加 5 年期 75 万股铱星的股份。一旦铱星赚钱的话，斯德洛就会财源广进。

展开服务

我们可以成为 MBA 教程中经典的一课，即如何不用去介绍一种产品。首先我们创造了一项技术奇迹，然后我们就可以去想如何用它来赚钱了。

——约翰·理查德森（John Richardson），铱星首席执行官，

《华盛顿邮报》，1999 年 5 月 24 日

在进行了耗资 1.8 亿美元的广告宣传和开幕式上美国副总统阿尔·戈尔（Al Gore）用铱星打了第一通电话之后，铱星公司展开了它的通信卫星电话服务。电话价格是每部 3000 美元，每分钟话费 3 ~ 8 美元。结果却令人不无沮丧。到 1999 年 4 月，他们还只有 1 万个用户。面对微乎其微的收入和每月 4000 万美元的贷款利息，公司陷入了巨大的压力之中。4 月里，就在公司宣布其季度总结的前两天，首席执行官斯德洛辞职，宣称他与董事会在策略上发生了分歧。另外一位公司资深人员约翰·理查德森迅速接替了他的职位，但毁灭的阴影却已经笼罩了上来。

1999 年 6 月，铱星解雇了 15% 的员工，甚至包括几位参与了公司市场战略规划的经理。8 月，它的用户只上升到 2 万个，与贷款合同要求的 5.2 万个相去甚远。1999 年 8 月 13 日，星期五，在拖欠了 15 亿美元贷款的两天之后，铱星提出了本书第十一章里谈到的破产保护申请。

破产后的剖析

对于铱星公司是否从一开始就注定要失败，至今还有不少争论。虽然许

多内部人士在它破产之后仍对这一创新深信不疑，局外人却要谨慎得多，他们把铱星称作"摩托罗拉的美妙幻想"。就如同坠入情网时一样，任何人提出有关钱的问题都不是真正的信徒——这是塔利班分子的逻辑。

手机的发展大大削减了市场对铱星服务的需求。铱星知道它的电话相对于手机来说太大了也太贵了，于是他们不得不在手机服务无法到达的领域内谋求发展。由于有了这一限制，铱星把它的市场目标锁定在跨国商务人士身上，因为他们经常会去手机服务无法到达的偏远地区。虽然这一市场计划的制订是在手机兴起之前，铱星也从未把服务目标从他们身上移开过。1998 年，首席执行官斯德洛就预言，到 1999 年年底，铱星将会有 50 万用户。

铱星的主要问题之一，就是手机的普及之快超出了他们的预想。最后，手机已经无处不在。按照铱星复杂的科技，从构想到推广的时间是 11 年。在这期间，手机已经覆盖了几乎整个欧洲，甚至还进入了中国和巴西这样的发展中国家。简言之，铱星的市场目标只是一小部分人——商务旅行者——可他们的要求却日益被服务优越得多的手机所满足。

铱星的技术限制和设计扼杀了它的前途。由于铱星的技术是基于看得见的天线和轨道上的卫星，因此用户在车里、室内和市区的许多地方都无法使用电话，甚至在野外的用户还得把电话对准卫星方向来获取信号。正如一位高级商业顾问所说："你无法想象一个出差到曼谷的首席执行官走出大楼，走到街角，然后掏出一部 3000 美元的电话来打。"就连摩托罗拉的前首席执行官佐治·费希尔（George Fisher）在一次采访中也承认："无法做到小型，无法在室内使用绝非是我们的最初构想。无论是什么原因，它都大大损害了这一构想。"

此外，一些技术上的缺陷也无法弥补。铱星能够传输的数据量有限，而这对于商业人士来说恰恰越来越重要。更令人头痛的是在偏远地区，必须找到一些特殊的太阳能设备才能给电池充电。这些限制让铱星在它锁定的长期出行的商业人士的市场上销售得十分艰难。

铱星电话的外形设计，也不利于它的推广。1997 年 11 月，铱星的市场通信主管约翰·温多尔夫（John Windolph）这样描绘他们的电话："它可真大，大得吓人！以这样的产品加入竞争，我们一定会输。"然而直到一年以后，铱星推出的几乎还是当初的产品。这种电话虽然比美国卫星通信公司的 Planet 1 要小，但还是有砖头那么大。最终，它成了这个企业许多无法解决的问题中的一个。

铱星是一个让许多摩托罗拉人兴奋不已的想法。我们将要描述的下一家开发新事业的企业——三星——开发的却是一种让任何人也提不起兴致的创意。三星是一个特别有趣的例子，因为它不仅是我们研究的唯一一家韩国公司，同时也是那个国家对联合大企业情有独钟的绝好例证。就是这样一个公司，在世界上另一个地方，拥有不同的管理机制，以及与银行家、政府和私人企业之间极其强大的关系网，却犯了一些互联网新兴公司和一些母公司新设公司才会犯的错误。这可能吗？回答是：完全可能。

逆水行舟：三星汽车的故事

为了国家的利益，我们即将推出三星汽车。既然我们在 20 世纪 70 年代和 80 年代分别以电子产品和半导体推动了国家的发展，那么 20 世纪 90 年代我们当然应该以汽车工业来领导国民经济。

——李健熙（Kun – Hee Lee），三星集团总裁，自传文稿，1997 年

三星集团总裁李健熙宣布三星即将加入汽车行业，这无论在国营还是私营汽车业界都引起了一阵波动。韩国的汽车业已经数十年没有新面孔出现了，汽车制造业一直由三大寡头垄断着：现代、大宇和起亚。

1993 年，此项决定被宣布时，三星集团正因其电子产品中集成电路片的畅销而平步青云。虽然入行较晚，他们却已经成为了他们所涉足的各个行业的领头羊。然而，对于李健熙加入汽车行业的这一决定，许多人仍表示了质疑。因为他是一个众所周知的汽车狂热爱好者，一生都梦想着制造汽车，所以商界领袖、新闻界，甚至三星自己的经理人都认为加入汽车业与其说是一个明智的商业决定，不如说是李健熙个人狂热的结果。正如一位三星经理所说："三星集团总裁李健熙因其酷爱汽车而闻名。许多人都认为有更多更好的投资机会，加入汽车业一点也不明智。当然，也有很多人持相反观点。"

尽管遭到一些反对，三星汽车计划还是按部就班地进行了。在一片质疑

声中，公司 1998 年推出了第一批汽车。然而，这个集团的汽车事业所造成的巨大影响将会震惊世界。没有人——不管是它最坚决的支持者还是最尖锐的反对者——能预料到这一事业对三星的盈亏和它未来的发展方向所产生的影响。

三星简介

三星是由其前总裁李秉哲在 1938 年成立的一家面条制造公司，当时的资产只有 3 万韩元（约合 30 美元）。公司最初的业务发展计划和韩国其他的一些家族财团一样，即以最小的投入迅速扩展到生产销售领域。

在传统的家族财团模式的引导下，公司大胆深入每一个出现机会的行业，在 20 世纪 50 年代和 60 年代突飞猛进。在接下来的十几年中，公司不断进军新市场，成为了韩国的企业领袖，并最终成为了世界半导体和电子产品的头号生产厂家。

1987 年李秉哲去世以后，他的儿子李健熙接任三星总裁。1988 年，在三星 50 周年庆典上，新总裁宣布他将重建集团，声称要把三星建设成为 21 世纪世界一流公司。实际上，到 1999 年，三星就已经成为了韩国第二大企业，涉足五项不同的领域（电子、机械和重工业、化学、金融以及其他如酒店、商场和主题公园），拥有 161000 名员工，年营收为 935 亿美元。

争论的焦点：三星汽车

总裁李健熙也许能主宰三星，但主宰商业的命运之神却不那么好说话。让我们来看看他向汽车业发起猛烈进攻时所面临的景象吧。当时，韩国正处在经济大衰退的边缘——1997 年年底，一次规模空前的经济危机席卷了整个韩国，导致韩元大幅度贬值，进口原材料价格猛涨。更糟糕的是，国内对小轿车的需求量也因此大大减少，从每年 13% 的增幅（1990—1995）下降为 4%。韩国每年的汽车生产量为 240 万辆，而国内市场的需求量仅为 160 万辆，供大于求已经成为韩国汽车业的显著问题。当时有人预测这种市场饱和状态会使韩国所有汽车制造商的工厂利用率在 2000 年以后降到 60% 以下。对于三星来说，要想具有竞争力，年产量必须达到至少 24 万辆，可公司却没有足够的资金在不影响其财务的情况下实现这个目标。就连那些成功的汽车制造商，如尼桑和马自达，也因为销量下降和股票贬值而陷入了重大财务危机。

对于三星来说，获得政府的支持至关重要。为了资助新事业，公司不得不向银行大量贷款，而这必须得到政府批准。可是，政府已经颁布过政策来限制多种经营大企业继续向新领域的扩张，从而防止过度竞争，保持整个商业投资组合的平衡。三星也面临着巨大的政治压力，尤其是要求它通过放弃不适宜的业务，缩小规模来提高效率。如今，他们要增加新业务项目的决定与政府的法案直接冲突，导致了他们与政府官员之间的关系十分紧张。

三星获取政府批准的第一次努力没有成功，他们的要求被否决了。韩国贸易、工业及能源部长金锡哲坚决反对三星加入汽车业，他指出了许多警告信号，如过度竞争和市场增长缓慢。但是李健熙心意已决，并在同政府的协商中打出了"釜山牌"。釜山是当时韩国总统金泳三的权力基地，在那里建厂对于釜山居民来说是一项绝好的事业。经过两个月的协商，在当地居民的强烈要求下，金总统终于软化，三星汽车由此诞生。

三星的政治战略代价高昂。高额地价让釜山根本就不是一个理想的建厂之地。结果这一举动耗掉了大量资金，造成每辆车2620万韩元（21825美元）的生产成本，这与现代每辆车240万韩元以及尼桑330万韩元的生产成本比起来根本不可行。另外，三星还与尼桑签订了对它来说相当不利的许可证协议，从而更加重了公司负担。三星同意引进尼桑汽车的一些核心部件，并以销售额的1.6%~1.9%作为交换条件，可当时韩国汽车制造商的平均销售利润才只有1%。

面对这么多不利条件，三星要想顺利展开汽车业务已成天方夜谭。实际上，三星汽车本身还是很不错的，无奈执行效率和产品质量只是生意成功的必要而非充分条件。尽管有许多褒扬的评论，三星汽车还是只卖了不到5万辆（大部分卖给了职工），而那花30亿美元建成的年产量能达到24万辆以上的釜山汽车制造厂也无法显示神通。仅1998年上半年，三星汽车就损失了1560亿韩元，而债务也由1997年年底的26000亿韩元上升到36000亿韩元。许多观察者都认为，除了放弃对汽车制造的热望，李健熙已别无选择。1999年年初，三星汽车向银行提出了破产申请，并通过各种手段来挽回损失。

错误在哪里

和铱星一样，三星汽车也是一项成功概率极小的事业。从一开始，笼子就已经被做下。所谓国际货币基金组织（IMF）紧急资金援助计划的"寒流"早已冻结了韩国的国内市场，韩国轿车的需求量猛跌至前一年的35%，使得许多生产线如同闲置。在其竞争对手们并进了另外两家韩国汽车业内较弱的企业之后，三星只有自力更生，但却无济于事。尽管他们做了很多努力想要重振旗鼓，2000年5月，公司债权人们还是决定以5.6亿美元的价格把三星汽车70.1%的股份卖给雷诺——一家法国汽车制造商。许多分析家都认为，鉴于三星50亿美元的投资（其中30亿美元用于釜山的工厂），这一交易对于雷诺来说实在划算。虽然公司的管理者们反对这项交易，但债权人们却十分坚定，再推迟下去只会让更多的部件供应商倒闭（因为现代与蓝鸟不允许他们的主要部件供应商向三星销售汽车部件，所以三星只有建立自己的供应网。除非三星能重新振作起来，否则这些供应商们也只有破产一条路）。

很显然，三星不应该在20世纪90年代中期，国内国际市场都处于供大于求的时刻进入汽车业。经济危机和在汽车业的惨败让三星集团为了生存下去不得不进行了一次痛苦的整个公司范围内的重组。为了让财务结构更加健全，他们被迫卖掉了10个附属公司，解雇了5万名员工。

最后，三星总体上还算是幸运的。对于一家基业长青的企业来说，这次众目睽睽下的失败不过是一次警告，警告人们当一家大型的、资源丰富的企业完全由它的私人老板来摆布时会发生什么。但这次教训真的被吸取了吗？尽管2001年进行了大的重组，李健熙34岁的儿子李在容被任命为三星电子的副总经理，这是公司有史以来最大的升迁。最终结果还不得而知……

如果我们对创立新事业的分析少了"网上快车"这一网上失败的例子，那它就是不完整的。我们发现很多商学院的新生们都对互联网上的失败表示质疑，他们会说："那是不可能发生的，不是吗？"可惜，它不仅可能而且已经发生了。

网上快车和杂货业的新变革

与前面故事中的那些企业集团不同，网上快车是一家完全独立的公司，是互联网兴起时建立的一家典型的独立的网上公司。在那些声名赫赫的风险投资公司如水杉基金（Sequoia Capital）、基准基金（Benchmark Capital），还有高盛公司和雅虎的支持下，网上杂货商网上快车本应标志着杂货业的一次革命，但它却成了一个网上零售失败的绝好例子。虽然这个故事的结局与其他一些网络公司并无太大分别，但导致网上快车失败的原因却比其他互联网公司更加引人注目。成立仅 25 个月后，公司就宣告破产，留给它忠实顾客们的只有旧金山 Pac Bell 公园外围墙上的大广告牌，以及贴在露天体育场 30000 个座位的杯托上的标签（这个体育场拥有 41341 个座位），时时提醒着人们又一家前途本无量的网络公司的夭折。从这一事例中得出的教训要远远超过其他互联网公司，与像通用神奇、铱星、三星这样的世界一流公司失败的教训不相上下。

网上快车的成立：书店老板路易斯·博得斯插手杂货业

路易斯·博得斯，博得斯书店的合伙创立人兼前总裁，1996 年在"明智的零售系统"的标题下开始了网上快车的策划。目的：无论顾客在哪儿，都能把每一件商品送到其手中。虽然网上快车并不是第一家网上杂货公司——匹博得（Peapod）、网路杂货店（NetGrocer）、流线公司（Streamline）建立得更早——但它复杂的销售系统仍被视为网上杂货业的革命。遍布全国的仓库和送货点能以典型的集中星型（hub – and – spoke）的方式把商品送到它们所在区域的每一个家庭里。

1999 年 4 月，在网站成立的一个多月前，网上快车已经筹集了 1.2 亿美元。博得斯宣称，他将通过与其他业内人士不同的解决问题的方式来获取利润。不需要"代购人"在仓库或杂货店里转来转去填写订单，博得斯设计了一种复杂的机械化仓库。在那里订单将在没有人为干扰的情况下由机器来填写，从而省掉了商店经营费用，也不再需要很多个仓库以及里面的工作人员。

一个网上快车的职员仅用 1 小时就能搞定 450 项订货，是传统的"代购人"的工作效率的 10 倍。把货物集中起来后，它们就能由带有"网上快车"标语的冷藏车送到顾客手中。送货时间快则当天，慢则第二天。网上快车预计那些自动仓库能够给公司带来比传统超市多 10% 的利润，这一利润能让他们在保持低价的同时填补送货开销，从而避免向顾客索取额外费用。

建设蓝图

26 个销售中心的建立——每一个都比 18 家传统超市合起来还要大——将使成本可以忽略不计。

——乔治·沙欣（George Shaheen），网上快车总裁兼首席执行官，

福布斯网站，1999 年 10 月 18 日

博得斯以"不扩张则倒闭"为理念建立了网上快车，还以此来吸引投资者，筹集到大量资金迅速扩展其业务。他认为为了保证赢利而延迟扩张只会有损网上快车自动销售的优势。公司果然变得奇大无比：1999 年 7 月 10 日，网上快车为了在 26 个地区建立大型销售与送货中心，与贝克特尔（Bechtel）签下了 10 亿美元的合同。在博得斯看来，设在加州奥克兰的首个销售中心将会在 6~12 个月内开始赢利，而其他网上快车仓库的建立则只需更短的时间，也许只要 60 天。他的一个经典预测就是："我找不出一个互联网公司要到 5~10 年后才开始赢利的理由。"

为了让计划顺利实施，博得斯还找到了乔治·沙欣担任网上快车的首席执行官，后者于 1999 年 9 月 21 日离开了安盛咨询公司（Andersen Consulting）。这可是一个大手笔。沙欣从业 30 年，经验极其丰富。从 1989 年起他就一直担任安盛咨询公司（如今的埃森哲）的首席执行官和执行合伙人。在他任职期间，安盛的收入由 11 亿美元上升至 83 亿美元。他还是安盛咨询公司成功脱离如今默默无闻也不复存在的母公司安达信（Arthur Andersen）的主导力量。

沙欣是一个有信仰的人。他放弃了只要再等 10 个月就能得到的安盛公司相当可观的退休金，却选择了一个只能创造出"家庭财富"的机会。但我们又能责怪谁呢？1999 年 11 月 5 日网上快车上市的时候，沙欣的股份已达 2.85

亿美元。他这样说："网上快车是一个技术的杠杆，是对杂货业的完全改造，就如安盛重塑了咨询业一样……（网上快车）为经济领域内最大的消费这一块制定了规则。"

从理论到实践

在相当长的一段时间里，网上快车听起来运营得还不错，但最后，致命的企业中的裂缝还是呈现出来了。

一个好创意与一个"生意上的好创意"是不同的，区别就在于能否赚钱。就在网上快车快要完蛋的时候，还有许多聪明人士在商业报刊上撰写文章称赞他们打了一场漂亮战。可是，天知道为什么，它应该是能够成功的。的确如此，即使在今天，一边写着关于网上快车的文章，你仍会为它的美好设想激动不已。但从一开始，它的商业模式就存在着致命伤。

人人都知道超级市场在刚开始营业时赚不到什么钱，那么怎样才能赚钱呢？不论有多少家分店，不论它们多么快捷有效，干这一行的利润都十分有限。若再加上免费送货，要想赢利，你只有变成一个生产超人；若不免费送货，那本来就有限的可供开拓的市场（很多人在购物时都喜欢亲手捏捏西红柿；其他人又不会事先计划好买什么）将会更狭小。这时把建立网上快车的基础设施的费用加起来——大概10亿美元多一点——你会发现它们加起来有多恐怖。现在假设有几十万家超市是你的竞争对手，他们能很巧妙地索取送货上门的费用，他们的资本连几百万美元都谈不上（更别提几十亿美元了），他们已经拥有了自己的市场和顾客，他们的商品质量也与你的不相上下，而且他们——吃惊吧——根本就没过时，那你拥有的只能是一项每过一分钟就会让你损失更惨重的业务了。

一错再错：不断扩大商业模式

问题已然出现，但网上快车的战略方案却把本来就绝非简单的商业模式更加复杂化。这是泡沫经济时期一种普遍的互联网公司的创立模式，投资人、企业家，甚至像乔治·沙欣这样的资深经理人都想方设法使它运行。可问题在于，当他们不断抽出新牌想要换换手气时，他们在摆弄的却是一副无论怎样调整也赢不了的牌。

网上快车就是这样。随着亏损的增加，他们使出了四个新招。首先，在2000 年，公司采取联盟策略把自己网站上的商品与其他公司如 Clorox、金伯利（Kimberly - Clark）、纳贝斯克（Nabisco）和金宝贝（Gymboree）的商品区别开来。联盟的策略有杂志、批量运输，还和聪明宠物网络公司（PETsMART.com）搞了一个"店中店"计划。这些联盟成了吸引顾客并让他们反复光顾的鱼饵，而且他们的商品也都很棒，但你还是应该想到在花 10 亿美元盖仓库以前，先要弄清楚顾客们需要什么。

其次，网上快车明显超出了杂货业的经营范围。他们为"最后一英里"这一神圣目标神魂颠倒。一句话，他们决定送货上门。其核心思想是：既然网络公司免去了修建和维持商店的开销，它就能把从商店到顾客家门口的距离也填上。没有一家大型网络公司采用这一策略——亚马逊、易趣、雅虎都没有。而最后一英里的意思，就是把顾客需要的每一件商品都送到他们手中。

最后，2000 年 6 月，网上快车宣布公司用 12 亿美元收购了它最大的网上竞争对手——家常食品销售公司（HomeGrocer.com）。消灭竞争对手是件好事（虽然又得付奖金和员工工资）。买下竞争对手并不能让销售中心运营得更顺利，事实上，融合问题让运营变得更加困难。例如，把家常食品销售的网址改成网上快车后，两个公司的商品都换成了一个品牌，这样的改变很少能完美无缺。在这种尝试实行的第一个城市圣地亚哥，订单一天之内由 700 降至300，因为顾客不得不对付那些复杂的技术问题和一个陌生的网址。这次收购的代价是巨大的。一位前网上快车的经理就曾赌咒说："我们买下了他们，吞干了他们的股票，消灭了他们的公司，然后我们就消灭了自己。"

与此同时，网上快车决定将送货范围扩展到 600 英里之外。这在原则上让每一个销售中心都能覆盖更大区域，从而扩大他们的市场。但实际上，这却意味着要增加许多站点让卡车把商品转交给当地的货车，再由它们把货送到那一片地区的每家每户。可是把送杂货和什么"集中星型"扯在一起却不得不让人担忧。我们所谈论的不过是食—品—杂—货，有必要建立一个如此复杂的系统，购进 10 万辆大车，再付给司机们每小时 30 美元让他们去送货吗？街角超市里的小伙计一个人就能做完整件事了。

无法避免的结局

2001 年 4 月 13 日，乔治·沙欣辞去了网上快车首席执行官的职务，公司股价一直在 50 美分上下徘徊，公司自身也处于被全国证券交易商协会（NAS-DAQ）除名的危险中。网上快车在它短暂生命中的每一个时段都在亏损。沙欣离开时这样说："我相信网上快车是一种坚固的企业模式。假以时日，它会改变整个零售业以及人们的购物方式。"2001 年 7 月 13 日，网上快车申请破产。

巴诺公司（Barnes & Noble）的总裁莱昂纳德·李乔（Leonard Riggio）为网上快车做了一个很好的墓志铭。他说："我认为这是每一时代都有的野心。他们不是首先在一个城市里面实行自己的想法，慢慢完善它，而是试图充当一种原动力，在别人适应以前改变整个世界。为此他们筹集了 23 亿美元，可他们干得太多太快，以致还没把自己的想法想明白就从第一天起开始拼命扩张。总有一天，你会看到非常优秀的网上杂货店以及高水准的购物。这一点毫无问题，但它绝不是网上快车。"

为何创立新事业如此困难……你该怎样做呢

通用神奇、铱星、三星汽车和网上快车的故事各不相同，但对于它们错在哪里，面对了怎样特殊的挑战，从它们的失败中能得出什么教训，我们却能找出一些惊人的相似之处。

老板——总负责人的问题

在安然、世通、环球电信（Global Crossing）、来德爱、阿德菲亚的时代，管理的整体性与公司的掌控权受到前所未有的重视。亚当·斯密早就（在《国富论》一书中）指出过现代公司所有权和控制权分离的危险。受聘的人——我们把他们叫首席执行官——和股东们的动力往往不一样，后者更注重的是投资的利润回报和股票的增值，而非个人收入与声望。所谓的老板——代理人的问题就在于经理们（代理人）在行动时考虑自己的利益多于股东们（老板）的利益。但在本章所描述的四个公司以及我们研究的许多其他公司当中，所有权和控制权的问题无关紧要。让老板来当经理与其说是一种减少价值受损的策略，不如说它只会带来更多问题。因此，我们要讨论的是老板——总负责人的问题。

先让我们看一些证据。在采访韩国经理时，他们一致认为三星加入汽车业纯属盲目之举，指出当时公司还有许多不那么冒险的投资机会，并能为公司已有的业务起到协同增效的作用。他们声称当时集团内的大部分员工，包括许多经理，都不同意这个计划。大家都认为在不具备生产和销售能力的情况下加入已经过度饱和的汽车市场太过冒险。

然而，李健熙的领导地位如此权威，以致高级主管和经理们谁也不愿站出来反对他的决定。一个高级主管回忆说："董事会的所有成员都反对三星进入汽车业，但在公司会议上却没有人违抗李健熙的意愿。"另一个高级主管补充道："他们又能怎样呢？三星实际上是由李健熙一个人掌控和拥有，没人能阻止他。"一位被采访的三星经理把李健熙在集团中的领导描述为"绝对权力"。尽管没有人会否认他强硬又富有个性魅力的领导为三星以前的成功做出了巨大贡献，但显然此次这种领导方式成了一种障碍。

三星的例子如此有趣，正在于它最大的股东即是它的最高经理人。这样的安排本是最高决议制定和价值最大化的保证，但三星加入汽车业却正是这种经典管理方式的结果。新事业的创立和展开都是老板的决定，哪怕它把三星集团带入了险境。作为公司最大的股东和最高管理人，李健熙的绝对权力让他能很快清除内部反对力量并越过传统的制定决议的规程。

公司内部似乎存在一个分界点，一旦越过它，管理者与股东之间利益的有效组合将不复存在。当一切都由兼任首席执行官的老板来发号施令时，价值的创造似乎就不被强调了。在这样一个有节制的平衡的世界里，如果没有一股力量与首席执行官对抗的话，个人的喜好就会决定一切。想想那些在空前短的时间里就耗光了资金的网上公司，价值美国（Value America）、Boo. com、世界国际在线（World Online International），以及无数别的公司，其失败如出一辙。

对于已经取得成功的公司来说，这种现象也会让它陷入困境。1994 年，罗伯特·海斯（Robert Haas）成为李维斯的首席执行官，他首先做的事情之一就是让公司举债经营。而且这位老板兼经理（他的家族掌控着公司）还进行了一系列损耗价值的创举，让李维斯陷入窘境。

在思想偏狭的首席执行官艾德·史温的一系列决策将它捣毁（最后破产）之前，施温自行车公司已经经营了四代。以下是一位竞争对手对当时情形的描述："在艾德·施温强烈的自我中心的主导下，公司被经营过了头。他的外部采购计划从中国开始展开，可由于质量太差，他最后不得不教他们怎样制造自行车。与此同时，他又树立了捷安特（中国自行车供应商）这样一个强劲对手。"

在看了太多首席执行官变成主要股东的结果之后，我们的看法也发生了偏离；我们甚至努力寻找他们购买更多股份的优势。有时购股愿望如此强烈，首席执行官们不得不借钱来达到目的。而老板们以股份为抵押来贷款的举动正好满足了他们的嗜好，直到为时已晚。约翰·里格斯（John J. Rigas）的家族数年来一直掌控着阿德菲亚有线通信公司，他（和他的家人一起）借了30亿美元来购买公司股份。世通公司的创始人博尼·埃伯斯（Bernie Ebbers）为了同样的目的借了4亿美元的贷款。生物技术公司（ImClone）创始人山姆·瓦克萨尔（Sam Waksal）承认他犯有多起内幕交易罪，他在与百时美施贵宝公司（Bristol–Myers Squibb）就它对生物技术的一次主要投资洽谈时借公司的钱迅速购买股份。史蒂芬·希尔伯特（Stephen Hilbert）也有着同样的故事。他创立了康塞科公司，发展成为保险业的巨头，但终因他对 Green Tree Financial 的不当收购而倒闭。在过去的几年里，这四家公司都曾相当接近或完全可以被纳入第十一章中，这绝非巧合。

董事会面面观

老板兼总负责人这个问题不仅与首席执行官有关，跟董事会的其他成员也有关。事实上，共同管理的核心价值就在于董事会成员对公司的投资足够大，他们会充分发挥自己的警觉和机敏。有趣的是，正是这种情形导致了一度飞黄腾达的通用神奇的最后失败。

由于苹果公司只保留了少量股份，大批一流的投资者，如索尼、摩托罗拉、美国电话电报公司、松下、北方电信、日本电信电话公司、大东通信设备公司、三洋和飞利浦迅速加入了通用神奇，其中大部分在董事会都占有自己的席位。其中大多数都是个人电脑之战中的失败者，他们认为通用神奇制造的软件能推动他们掌上电脑的硬件计划。

"合伙人"控制了董事会意味着通用神奇不得不在众多竞争对手以及他们不同的甚至相互冲突的合作目的中间苦苦周旋。前通用法律总顾问麦克·斯特恩（Mike Stern）这样说："他们限制你又让你去做……他们总是同时让你这样又让你那样。"首席执行官马克·波瑞告诉我们："问题在于 15 个合伙人、大制造商、通信业巨人都有不同的日程。为了理清这样一个复杂局面，我们成立了一个'创业人理事会'，由我来协调这一联盟，公司则交给其他人去管理。"拥有众多股东从传统公司掌控来看本是一种理想的状态，但他们却太过关注公司事务，有时反而妨碍了生产。正是由于众多合伙人的干预，直到 1996 年，也就是管理层意识到互联网对于一家通信软件公司的威胁以及它本身发展潜力的两年以后，通用神奇才开始开发互联网产品。

对于创业来说，合作与联盟本身并不是一件坏事。加以正确的管理，就能促成成功。找到有钱的合伙人更是能减轻筹集资金的负担，还能开拓新市场。但拥有一大群不同行业的赞助人（有的甚至还是竞争对手）只会轻易地把你引向灾难，这就是问题的症结所在。如果合伙人的计划都是关于如何开发专利技术垄断行业标准，通用神奇又怎能迅速投身于互联网呢？讽刺的是，通用神奇脱离苹果的原因正是害怕那些主导公司认为它只是苹果的一个下属而不予合作。那些看上去全都是精心策划的战略却导致了意料之外的结果——此例中就是寻找能帮助你建立新软件的合作伙伴——这将会是本书不断谈到的一个主题。

无独有偶，铱星本来有能力为自己的手机开发市场，却因为董事会上各国的合作伙伴不愿其在自己的地区内展开服务而备受阻挠。一个拥有 28 个成员，各自代表不同赞助者的不同目标与利益的董事会当然无法运营。董事会所有成员同时也都是铱星联营企业的成员，充分说明了董事会在行使监督职责时的警惕性。实际上，这种拥有不同投资代表的董事会在高技术型企业的创建中并不鲜见。例如，Excite At Home 和 Net2Phone 等公司都有许多投资者，在董事会上占有各自的席位并常常对于战略方向的意见不合。那种让动力十足的投资者坐镇公司董事会就能保证公司管理井然有序的想法，实在是有失偏颇。传统的掌控公司的观点认为合作伙伴能带来你所想要的灵敏度与警觉性，可一旦他们的利益与你的相冲突，你的赌注就将化为乌有。

规模大的危险

近年来，相当一批新兴企业依靠规模取得了成功。许多新成立的互联网公司，特别是所谓的"网上零售商"均通过大肆宣传和建立新品牌来吸引投资。就像网上快车一样，有时这些企业在基础设施的构建上开销巨大。许多电信企业也采用了类似的策略：建设，再建设，顾客就会不请自来。这些公司只注重规模，而事实上只有当建设全部完成以后顾客才能从他们的服务中获益。这些高投入公司的如意算盘是：成本固然很高，但一旦收回了，接下去每一笔生意的边际利润也会很高。铱星是如此，网上快车是如此，许多电信商家也是如此，比如环球电信、温斯达通信公司（Winstar），还有 ICG 通信（都已倒闭）。如今正在发展中的第三代移动电话系统还是如此。谈到经济因素，有以下几个基本事实：

没有雄厚的资本很难成功。为什么亚马逊网站在损失数亿美元的同时仍能屹立不倒？答案：因为它能。亚马逊从风险资本公司克莱那·巴金斯（Kleiner Perkins）那里筹集了 800 万美元，1997 年在首次公开募股时又筹集了 5400 万美元。但这样一个大公司 1999 年 1 月竟然发行了 12.5 亿美元的债券。也许亚马逊做的最明智的事就是总是能及时弄到大笔资金，所以互联网泡沫破裂时，仍能依靠银行里的债券收入维持其服务的高支出。而其他互联网辉煌的创造者们耗掉资金的速度不见得比亚马逊慢多少，却没有足够的资金玩下去了。从某些方面来说，亚马逊的确拥有一种首创的优势：不是因为建立了第一家网上商店，而是因为能不断发掘一个又一个大财团资助自己，而轮到其他人时，那些财团却已经两袖空空，爱莫能助。如果网上快车、铱星和其他公司也有无尽的财源，那么今天它们都会与我们同在了。

拥有雄厚的资本也不见得一定成功。当创立成本是数十亿美元，而顾客的需求量却远远跟不上趋时，企业就会灭亡。而以最终会拥有足够的顾客为由为企业辩护，就相当于把为一项计划所应花的钱忽略不计。电信新兴企业铱星、网上快车，甚至三星汽车从一开始都注定灭亡是因为获取资金、使用资金都是在花钱。没有顾客，企业就无法生存。当顾客不再光顾——也许因为网上杂货店需要人们改变购物方式，而这需要相当长的时间；也许顾客有更好的选择，比如传统电话购物——时间却不会停止。基础设施一旦到位公司就能赚钱，这种想法的确很诱人，但是别忘了，钱绝不是说有就有的。

寻找准入壁垒；如果没有，赶快跑。经营规模企业是很昂贵的。如果那些投资并没有给你带来传统的入行时的壁垒，那么请放手吧。这是一个有关电信的故事。热门技术的前景一片光明（宽带、无线、数据、第三代移动通信技术——一切都有"无限"的潜力），能够带给你神话般的财富，如果……没有其他人也想到这个主意的话。但是活力与发展也会吸引其他的企业，他们同样不会放弃这个能（为他们自己和公司）创造巨大财富的机会。没有什么能阻挡他们，于是过不了多久，现实就会降临。当然不是美好的现实。有了这么多类似的网络电信公司，哪里会有那么多顾客来抵消创业的经费呢？

至于网上快车，竞争对手始终在那儿——我们把它们叫做超市——它们发现（如果它们还没有提供这项服务的话）送货上门并不太费事。网上快车——以及 eToys、Pets. com、Socks. com、CDNow. com 及其他一些公司——学到一个类似的教训：长时间认为你的对手迟缓或愚钝是建设企业最糟糕的途径。

面对需长远计划的事业，请认真考虑。赛珍珠在《美国对我意味着什么》（What America Means to Me）中写道："每个严重的错误在进行到一半时都有那么一瞬间，在那一时刻错误能够被发现，也许还能纠正过来。"这对有长远发展计划的事业来说尤其正确。这些项目在刚开始时好像是不错的投资对象，可当实际产品或服务投放市场以后，竞争形势和公司本身生产商品或提供服务的能力往往发生了很大的改变。解决这个问题的方法就是对这些事业认认真真地进行衡量与评估。

铱星就是这样一个教科书似的例子，告诉你这种思维方式本该给你带来的好处。铱星的创业分为两个阶段：第一阶段（1987—1996），摩托罗拉着重开发铱星的技术；第二阶段（1996—1999），摩托罗拉制造并发射了卫星，却耗掉了铱星大部分项目资金。此时，事情才真正浮出水面。不仅传统手机网络的发展大大妨碍了铱星的市场，铱星自己的技术也无法解决设计、花费和操作上的很多核心问题。简言之，铱星没有一个切实可行的商业计划。为什么他们不干脆放弃呢？让我们回忆一下"摩托罗拉的美好幻想"吧——总裁罗伯特·高尔文和他的儿子克里斯·高尔文都支持铱星计划，视之为摩托罗拉技术强大的显示。对于一个长期项目来说，关键的转折点出现时这样的心理占了优势是造成"退出滑轨"（"exit ramps"）的又一原因。

这正是波音在 2002 年年底采取的行动。公司放弃了曾获得过新闻界和部分乘客无数好评、备受关注的"音速巡航者"（"Sonic Cruiser"），因为连一个订票的人都没有。这对于一个像波音这样技术实力如此强大的公司来说实属不易。但鉴于陷于与"空中客车"的激烈竞争，这是一个十分正确的决定，节省了"9·11"事件后那种高风险氛围所带来的额外开销。一位股票分析家在《财富》杂志的一篇文章中说："如果波音制造了它，它就会变成波音自己的越南战争。"

管理至关重要

新事业与旧事业同样依赖于管理，这一点我们都知道。但我们不知道的是它得依赖多大程度上的管理。老板兼总负责人那类问题使很多公司触礁，正是因为首席执行官们在创立新事业时过于谨慎。许多已经确立的公司如今是靠建立系统来解决以前执行人员所面临的问题。管理会随着经验的丰富而日益成熟，但在我们所研究的新事业中有两种现象不断出现，让管理不仅没有解决问题反而本身成了问题：新兴企业的首席执行官和高级主管都强烈地表现出一种认为自己绝对没错的倾向，再就是因依赖过去从业记录而过高估计管理人能力的倾向，尤其是在新事业的形势与过去的相差很远时。

吹捧一览表。通用神奇本是要制造一种掌上电脑，可以用来寻呼、发传真、打电话、发邮件、约会提醒、做笔记以及和众多提供信息的资料库（从餐馆菜单到金融咨询）建立便捷的链接。他们要把前互联网时代的无线世界连接起来。这对任何一家公司来说，都将是一项十分艰巨的任务，更别说是一个新兴企业了。但通用神奇和它的合作伙伴们却向顾客和投资者作出了一个不亚于电脑与电信革命的承诺。公司还承诺了一种既不存在也不知道是否需要的技术。所有这一切都指向一个问题：积极开发新事业是否是一种促进生存的战略？请看下面的"吹捧一览表"：

■ 首席执行官乔治·沙欣："（网上快车将会）为经济领域内最大的消费这一块设立规则。"

■ 通用神奇开发领导人安迪· 赫茨菲尔德："掌上电脑1994年将会普及……它将是一个历史性的转折。"

■ 通用神奇法律总顾问麦克·斯特恩："感觉就是'我们将会开发出一片市场而人们也会来'。"

■ 三星首席执行官李健熙："为了国家的利益我们即将推出三星汽车。"

当高级主管大肆吹捧他们的企业时，他们也许是在拿自己在市场上的领地打赌，也许是为了提高公司在大股东心中的可信度，但那也许是他们的缺陷或弱点的不经意显示。当你开始相信自己的吹捧（风险投资公司称之为"吃掉最后一点老本"）时，真正的问题就来了。所以，那些宣传得最天花乱坠的互联网公司在商业史上很少留下自己的足迹。无论是价值美国声称自己是"互联网上的沃尔玛"，还是 eCoverage. com 扬言其他保险公司都不是自己的对手，夸夸其谈能带给他们的真的不多，除了让竞争对手更加警觉和让公司员工骄傲自满以外。

梦之队。有多少次我们看见那些有着惊人从业记录的高级主管摔跟头？为什么每当这种情况发生时，我们还会吃惊不已呢？通用神奇组建了一支全明星的队伍；网上快车是由路易斯· 博得斯创立，由乔治·沙欣领导；铱星的首席执行官是摩托罗拉最成功的人士。许多互联网新兴企业也都相信这种梦之队的逻辑。首席执行官们应当放弃，就像放弃共同基金一样：过去成功不能保证将来成功。

人们总是很自然地把公司的成功归功于领导者。早期互联网公司的首席执行官们都成为著名人物的原因之一，就是把他们个人与企业的成功联系起来（当然只是泡沫经济时期视股价而定的成功）。这就是典型的"归属错误"——在心理学家中广为流传，对现代工资补偿委员会来说却高深莫测——而且它对新兴企业是相当重要的一课。知名首席执行官和梦之队的领导团体都不能代替企业所需的一些基本东西：一种符合逻辑的商业模式，对顾客的实实在在的关注，发掘有价值的潜力，以及有效的竞争策略。对于企业来说，没有什么是成功的保证，但我们可以肯定地说，首席执行官和管理层抓住了这些核心问题比他们没抓住更能保证成功——与他们在《商业周刊》封面上出现过多少次则毫不相干。

开发新事业的切记要目

■ 通用神奇所进行的业务几乎都是以它还未开发出的软件为担保，从合伙人那儿取得协议。合作是取得信誉的重要因素，但是它必须公开进行。合作伙伴的动机不一定要与你的目的一模一样。

■ 董事会必须仔细考虑首席执行官的动机所在，尤其是职工优先认股权或是把股票授予高级主管会带来的意想不到的结果。首席执行官和管理层拥有一定限度的股份是件好事；但一旦拥有太多，个人喜好就会代替对公司来说最好的发展。

■ 有长远计划的新事业不是一次性投资。在事业展开以前就必须确立可以从不同角度衡量整个项目价值的具体规则，让接下来的每一笔投资都依那些具体细则而定。这样的退出滑坡会使你一亏再亏。

■ 如果你想到一个好主意，其他人也有可能想到。更重要的是，有可能是在你已经创立了新事业之后，你的对手才出现（从暗中凸显出来，如超市对网上快车；或者从一个新地方冒出来，如 Palm、太阳公司及互联网对通用神奇）。你要是不能设置一些入行障碍，那就准备战斗吧。

■ 供需平衡是一个不断变化的过程。对于一家电信新兴企业来说，有利可图的事情若再有 12 个竞争对手加进来可就不一样了。一旦新的竞争对手让供大于了求——哪怕那种需求让你垂涎不已——你还是准备亏损吧。这就是电信泡沫带给我们的教训。

■ 在划分属于你的市场时要保守、严格，但一定得把它划分出来。光知道你的产品和服务有潜在的顾客群是不够的，你还必须了解他们的一切。铱星和网上快车都认定了巨大的市场潜力但却从来没能实现，因为他们在面对一些关键问题时不够严格，比如谁会来肯定他们产品的价值（并且愿意为它掏钱）。

■ 别爱上你自己的产品或服务，那是顾客的工作。网上快车对它自己心目中最后一英里策略的特殊与优雅如此迷恋，以致低估了建立一个市场的难度，尤其是当超市也开始提供类似的服务时。同样，为铱星提供燃料的不是市场需求，而是摩托罗拉的工程师们和他们的"技术大会战"文化。三星的李健熙以及通用神奇的开发小组也是真正的信徒，只可惜他们的顾客不是。

■ 期待意料之外的事情。三星相信政府不会干预它的汽车事业，但政府却干预了。通用神奇认为苹果会依靠 Telescript 软件来开发 Newton，但苹果却没有。铱星真的觉得它在全球范围内的电信合作伙伴都会把铱星当作优先发展对象，但他们也没有。

■ 新企业的分数不是由管理人星光熠熠的履历表来决定的。别忘了那些真正重要的东西：策略、潜力、顾客和竞争优势。

第三章 创新与变革

——宁愿置之不理

一家众人皆知的全美最具革新力的公司，另一家荣登《财富》杂志的"全美最受推崇公司"，还有一家赢得马尔科姆·鲍德里奇质量大奖（Malcolm Baldrige quality award）的公司，三家公司有何相似之处呢？它们都曾在改革创新方面遭受过令人难以置信的失败，损失高达上亿美元。本章将介绍三家"巨星"企业——强生、乐柏美（1993 年度"最受推崇公司"；过去 6 年中曾 5 次排名第二）以及摩托罗拉（1988 年鲍德里奇质量大奖获得者）——并非因为它们有什么举动，而是因为它们无所作为。这些公司深知世界在改变，但面对各自的情况，如同本章中将提到的其他一些公司一样，它们都未能针对改变及时做出反应。令人惊奇的是，我们一次又一次地发现：尽管公司的管理者们已经充分意识到面临激烈竞争的挑战，面临瞬息万变的顾客需求，却仍无动于衷，毫无行动。

从某些方面来看，这些似乎是由"疯狂"的高层管理者管理的"糊涂"公司，但实际上并非如此。让这些公司和公司管理者马失前蹄的陷阱也是其他许多公司一直以来面临的问题。你该如何最充分地运用企业文化和历史，而不是沉湎于昔日的辉煌？公司的最高层管理者们如何才能为部门经理提供适当的权力构架和奖励机制，以便他们各司其职、各显其能？为什么公司领导会时常在市场竞争中错失良机？这些问题是一家开明进取的公司需要应对的关键性的严峻挑战，同样也是我们本章要谈论的主题。

强生公司：医用支架业务

有一家巨星企业，曾进行过革命性的创新改革，拥有超过 90% 的市场份额。顾客的要求苛刻，对手的攻势猛烈。然而，这两大因素却被公司忽视了。仅仅两年之后，市场份额迅速下跌至 8% 左右。这听起来好像是一个意欲引人关注的寓言故事。这是现实中发生过的情况吗？确有其事。

　　作为全球规模最大、产品种类最多的卫生保健品生产公司之一，强生公司在全球 58 个国家拥有约 160 家分支机构，各分公司的年销售额从 10 万美元到 10 亿多美元不等。强生的确是推行革新的强大动力之源。公司的发展壮大过程一般经由以下步骤：先识别挑选有发展前景的新业务，逐渐将其转变为半自治的公司，然后再用强生的专门管理技术将其全盘接管并正式使用"强生"品牌。在这些年中，强生寻找收购了越来越多有能力开发创新产品的小公司，将它们转变为主要的特约代销店，强生进军医用支架业务也是如此。1987 年，强生购买了一种被称为帕玛—夏兹（Palmaz—Schatz）支架的专利权。这是一种弯曲盘绕在微型球囊表面的、极细小的不锈钢管，在血管扩张手术中可植入心脏动脉。当球囊在血管堵塞的地方膨胀展开时，支架也随之展开伸直，形成状如圆珠笔内弹簧那样的支撑物。在球囊从血管中撤回并取出之后，支架仍能保持血管的扩张和畅通。

　　这是多大的一项业务呢？1987 年之前，血管扩张术就已被用来代替心脏分流术，手术费用也较低。医用支架因而被看作革命性的创新产品，极大地降低了心瓣手术后再狭窄，即冠状动脉术后再次堵塞的情况；为心脏病学专家提供了急需的工具，不用医生出马就能满足病人需要。在强生购买帕玛—夏兹支架 7 年后，该支架获得了美国食品药物管理局的审核批准。从那时起，情况真正开始变得有趣起来了。

　　几乎没有哪一种如此细小的医疗设备能与这仅有区区半英寸长的冠状动脉支架相比，在卫生保健行业引发如此强大的震动。仅 1995 年，在投入使用的第一年，美国就有超过 10 万患者使用了这种支架。同年后期，强生干预系统（JJIS，当时对医用支架业务的称呼）收购了康迪斯公司（Cordis Corp）——一家拥有 5 亿美元资产，生产用于血管扩张术的高压球囊的企业。收购康迪斯公司这一举动无疑是强生公司拓展心脏病治疗的大手笔。

　　有了康迪斯，强生如今能够提供一整套完备的血管扩张手术的医用设备：自己生产的支架加上康迪斯生产的必不可少的球囊和导管，使强生成为各医院青睐有加的综合性医用设备独家供应商。1996 年，并购之后的强生公司销售额超过了 15 亿美元，销售额预期是每年增长 18%。然而，代价也是高昂的——强生以每股 109 美元收购康迪斯，几乎是 1996 年原计划盈余的 23 倍，相当于强生股份中的 19 亿美元；这是到当时为止，强生所进行的最大一笔收购业务；这也是强生首次遭遇敌对呼声不断的接管（虽然最终两家公司还是达成了同意合并的"正式协议"）。

于是强生开始欣然享受大好时光。1997 年间，公司利润丰厚，欣欣向荣，市场份额近 95%。更可喜的是，总利润高达 80% 左右。进军医用支架业务的成功在强生的年度报告中得以大书特书、极力渲染，也就不足为奇了。光这一项业务，在产品推出仅两年后，就占据了强生 1996 年度全部纯收益额的 9%～10%（共 3 亿美元，或每股 0.23 美元）。

哪里出了错（一）

最初，征兆未被及时发现。强生医用支架极大地改善了传统的血管扩张术，但其设计却远没有达到十全十美的标准。对于纤细和高度弯曲的心脏血管而言，支架的宽度和硬度使其操作起来十分困难，X 光片中的可见度也十分有限。因此，要将支架导向血管堵塞处也更加困难。此外，帕玛—夏兹支架只有一种固定长度，这就迫使医生们不得不频繁使用两个或更多的支架来治疗距离稍长的血管堵塞。

一些权威的心脏病学家开始抱怨，但强生并没把这放在心上。因为公司已经占据了市场，完全垄断了这一消费者求之若渴的产品，而且还持有可以保护自身地位的专利权。

然而，一些心脏病学家——他们可不是谦逊怯懦之辈——期望能和生产厂家密切合作以进一步改进医疗设备。他们最不愿意看到的就是在国际会议上发现其他国家的医界同仁使用的是更高级的设备，但事实却正是如此。

让情况更糟的是，由于一个支架的价格高达 1600 美元，加上顾客的意见反馈完全被忽视，心脏病治疗专家指责强生公司漫天要价，不提供任何产品价格优惠，对医院所要承受的控制卫生保健费用的巨大压力也漠不关心。

哪里出了错（二）

还记得收购康迪斯那次的大手笔吧？康迪斯是一家以企业家和顾客需求为本的公司，它给合并后的公司带来的不仅仅是领先市场的血管扩张术的相关产品，而且在导管插入术实验室技术以及与心脏病治疗专家沟通方面也有丰富经验。康迪斯的"核心工作组"也是赫赫有名，擅长通过结合营销、研究和专项业务生产迅速开发新产品。因而，心脏病治疗专家们自然就期望并购后的新公司能结合强生的雄厚财力和康迪斯快速的市场进军能力，迅速推出他们需要的、能克服帕玛—夏兹支架原有技术缺陷的新一代产品。

然而，强生和康迪斯之间应有的协作增效并未得以实现或发展。在收购之后，强生的情况是：第一，两大业务的整合进程十分缓慢；第二，已经结合的少数业务都是不适当的。由康迪斯引入到合并公司的"核心工作组"被解散了，主要管理者和研究人员的意见也没有得到重视，而康迪斯员工的抵抗则让情况更加复杂。强生的一位资深经理人说："我们选择的是些不在乎工作岗位高低的人，那些不愿意留下的员工全部被解雇了。合并期间，64位高层管理人员中只有少数留了下来。"

康迪斯曾以快速的产品开发力而声名在外，如今，新的康迪斯却风光不再，在并购后近两年的时间内没能推出任何重要新产品。在如此缓慢以及缺乏目标的业务合并过程中，强生丧失了宝贵的时间、资源和机会。

自食其果

欧洲市场也是一个问题。欧洲市场与美国市场的不同体现在两方面：其一，欧洲市场较小（规模仅为美国市场的1/3）；其二，市场接受新产品的速度普遍更快，这就意味着产品价格更低、利润率更小、市场竞争更激烈。这些区别使得欧洲市场成为美国市场上随后发生的变化的试验场。随着新的竞争对手将改良后的支架设计比美国市场早一年多的时间推向欧洲市场，强生的冠状动脉支架在欧洲市场的地位被逐渐动摇且势不可当。

随着改良后的新技术在欧洲市场投入使用，美国的心脏病治疗专家逐渐对此心生羡慕，强烈要求美国食品药物管理局加速批准这些改良支架进入美国市场。专家们可不会盲目忠于某一品牌。相反，他们忠于高新技术，依靠最新技术不断取得自身发展。佳腾公司（Guidant）就恰好拥有了这样的新技术，生产出了比强生支架大有改进的产品：更柔韧的支架，更优质的导管，以及高度集中而果断的销售力。由此带来的影响是迅疾而全面的：1997 年 10 月，美国国家食品药物管理局批准通过了佳腾公司的多连接支架——仅在公司获得临床试验数据提交申请 12 天之后。45 天后，佳腾的产品市场占有率就直升至 70%。强生支架的销售量则一落千丈，市场份额到 1998 年年底时骤然跌至 8%。

故事的意义

问题可归结为：为什么强生没有开发出第二代支架？公司占有市场和资源，深知顾客需要新型产品，但为什么仍没有任何举动？简单的分析得出的答案就是：公司已经享有专利了，何必再杞人忧天多此一举呢？这自然是其中一个原因，强生公司的管理者们不断向我们重申他们误以为专利权威力无比。然而，我们也听到强生集团董事长兼康迪斯全球特许经销公司董事长罗伯特·克罗思（Robert Croce）的看法："毫无疑问，我们应该开发拥有第二代支架，但实际上我们却没有。"另一位高级管理人员也说："或许，帕玛支架的专利权让我们有点安逸过头、忘乎所以了。"如果一项业务让顾客疯狂，破坏以革新为本的企业文化并使管理者烦恼不堪，这绝非好事；以长远的名誉和市场地位为代价换取一时的利益，也大错特错。我们明白这一点，强生自然也明白，那为什么悲剧还是发生了？

有三个解释：第一，生于合并，亡于合并；第二，过于自满，目中无人；第三，对顾客和竞争对手没有做到知彼知己。

生于合并，亡于合并。强生一直以重视革新而闻名，但大多数革新技术是从公司外部购买来的，并非公司内部创造开发。例如，公司在医疗行业所取得的发展中，通过收购其他公司而获得的发展是通过自身内部开发获得发展的 3 倍。而这些收购来的公司在一段时间内都不太可能开发出新的系列产品。为什么？因为产品、信息和能力会互相影响、共同发展。购买一项革新技术能解决一时之需，但同时也使公司在面对革新速度更快的新对手时更无防御之力，不堪一击。

此外，一次收购行动很可能削弱公司内部的革新能力。强生从帕玛公司购买了支架技术后，公司就该依靠自身的力量了。但资深高级主管斯坦扎·罗维（Stanton Rowe）告诉我们，强生"内部并没有能力进行支架的重复开发，因为帕玛才是支架的真正设计者"。而一旦帕玛将这一技术卖出，"就将它彻底脱手，不再负责了"。因此，在"强生干预系统"内部，人们也期望强生能再继续收购一家公司以获得新一代的技术，从而放弃了在公司内部进行改革的努力，也预示了一个必败的结局。收购康迪斯并没给强生带来多大帮助，这不仅是因为强生显然还在打算继续依靠收购维持发展，更因为这次麻烦的并购让"强生干预系统"陷入了困境，流失了一批管理人才和科技精英。甚至连竞争对手也发觉了这个问题，佳腾公司首席执行官罗纳德·道伦斯（Ronald Dollens）告诉我们："产品更新的动力在哪里？合并之后，他们准备坐享其成，忽略了应继续维持公司的竞争优势。"

转向"收购并发展"的经营模式并不是一个坏主意，前提是要意识到这个方式本身的缺陷。事实上，思科公司就是通过收购有革新力的小公司而逐渐壮大成为世界一流的商界玩家的。只要能源源不断地从发明者和公司那里购买到新的产品开发思路，这样的经营模式也是行之有效的，但不要奢望以往收购的公司能自动产生新的思路或计划。

盲目自大，目中无人。强生的故事是本章所讲三个故事中的第一个。这些曾经非常成功的公司似乎脱离了正轨，开始轻视消费者。强生的傲慢在它与心脏病治疗专家的对话中显露无遗；而在工作中还存在着一个不为人察觉的问题，那就是安于现状、自鸣得意。克里夫兰诊所的托波尔医生把强生描述成是"傲慢过度、自命不凡……当我们试图询问他们是否可以在支架价格方面打折时，我们得到的是一个荒谬可笑的答复"。

强生支架的确是轰动一时的产品，"迅速走俏，以至于公司只能全力以赴制造支架。他们生产出的支架在48小时内就植入患者心脏，几乎供不应求"。不难看出，自满情绪是怎样悄然降临，尤其是在事情进展顺利之时。随着时光流逝，强生总算认识到了这些问题。前首席执行官拉尔夫·拉森（Ralph Larsen）承认："我们在这个问题上的确失误了。这不能算是我们成功经历中的生动例子。"罗伯特·克罗思也告诉我们："你必须锐意改革，在竞争中保持优势，永远不要骄傲自满。"

对顾客和竞争对手没有做到知彼知己。强生未能了解消费者，甚至在佳腾公司的产品进军市场整五年后，一位"强生干预系统"的前高级管理人员在接受采访时仍愤怒地告诉我们："心脏治疗专家们没有任何临床结果作为转向投靠新产品的理由，哪怕改用一种新支架，他们也不会取得更好的医疗效果。"而消费者的观点又如何呢？一位专家回答道："可以这么说，从1995年（强生）支架投入市场的那天起，就已经过时了。"

一种新型支架作为竞争对手进入美国市场，无疑是一大威胁，但强生却视而不见。佳腾公司创新进取，敏于商机，享有可靠的声望，是一个强有力的对手。应该严肃谨慎地对待消费者和竞争对手，这一观念不难理解。然而，我们本书中研究的这些公司却在这个问题上一错再错，稍后我们将在第七章中继续讨论。

亡羊补牢：如今的强生医用支架业务

在接下来的约一年时间里，我们将看到强生如何从20世纪90年代中期的这一支架业务的失败中汲取教训。2003年，强生推出了一款药物洗脱支架，支架的表面包裹着一种经临床试验证明能减少心瓣术后再变狭的药物。早在20世纪90年代中期，康迪斯内部的革新能力已逐渐削弱，因此新支架的开发耗时费力，既需依靠新的收购行动，又需在公司内部建立起新的革新力。这种新型的药物洗脱支架并非已有支架的改良产品，而是真正的突破性产品，就如托波尔医生预言的那样："这项技术将成为全新的标准，它在本质上超越了如今的无药物外衣支架技术。"

分析专家预言，强生在支架业务内的市场份额将在数月内从20%多上升到近80%。那么强生准备好了吗？一位高级主管告诉我们："我认为，通过帕玛—夏兹支架的失败，我们已经得到教训了。你可以确定的一件事情就是，我们现在已经充分意识到：坚持到最后才是真正的胜利。"

总之，"强生干预系统"的故事寓意深刻。精明的人物、精明的公司哪怕能充分意识到消费者的需要，依然会失误落马。在本书第二部分，我们将逐一分析背后的原因——为什么像强生这样的成功企业也会有如此让人难以置信的失败。在此，让我们牢记从这些失败中得出的重要领悟。尽管传统分析显示，垄断者应该开发利用他们已有的统治地位，但在现实里几乎没有谁的垄断地位是可持续发展的。要想策略得当，这的确是一场持久战。这场战争在第一回合中是由强生取胜，但它在第二回合中却因策略失误而白白浪费了自己的胜利果实。这场战争持续到今天，并将永远继续下去。忘记这个基本教训的公司将永无出头之日。

接下来，我们将从高科技的医疗器械转到日常生活使用的橡胶制品。在下面的故事中，不是一场革新改变了竞争局势，而是竞争局势改变了革新趋势。

乐柏美怎么了

在全世界只知道有金属簸箕时，你发明了一只红色的橡胶簸箕。在美国经济大萧条时期，橡胶簸箕的售价是旧式金属簸箕的 3 倍。时光荏苒，你的公司变成了一台产品开发的机器，每年都向市场推出大量新产品。公司的发展壮大是通过扩大产品销售点（从百货商店、超级市场到打折店、杂货店）和扩大产品开发范围（既依靠公司内部进行革新也依靠外部收购诸如"小顽童"和"赛科实业"等小公司）来实现的。在公司首席执行官斯坦利·高尔特（Stanley Gault）的管理促进之下，这样的多元性特色保证了公司在 20 世纪 80 年代的持续快速发展，销售额从 1981 年的 3.5 亿美元上升到 1989 年的 14.5 亿美元，增长了 3 倍多。无限的产品革新使这一家中西部地区的小公司一跃成为全美最知名的品牌企业之一。这就是乐柏美。

乐柏美的商标和核心力量——产品革新——是公司的成功之源。产品革新和投入市场的速度使乐柏美在许多产品种类中独占鳌头，这又给予公司充足的时间，在竞争对手来不及仿制其产品设计之前，稳步建立自己的新产品。20 世纪 80 年代后期，乐柏美每年能生产出超过 365 种产品。这一纪录证明高效规范的产品开发过程，使乐柏美能够将新的产品理念迅速推向市场。而开发过程的核心——与消费者的密切沟通、简短的市场试验期以及多功能的队伍——创造出了这样一家速度和革新兼备的、所向无敌的企业。

多功能队伍致力于市场营销、生产、研发以及金融，通过专门开发某一特定的产品系列而拥有专业技能和速度。他们与顾客交流，观察顾客在家里或在工作中使用产品的情况，激发思路对产品进行改进。你生产的是商业厨房用品，你就要先去麦当劳待上好几个星期，摸清楚人们需要什么样的产品，如何使用这些产品。由于公司的研发小组对产品和消费者了解得如此清楚，乐柏美有信心在一件新产品正式投放市场之前只进行最短期的市场试验。这样就极大缩短了新产品进军市场的时间，也大大降低了竞争对手快速推出类似仿制产品的可能性。实际上，乐柏美正是依靠这种效率和革新垄断了许多产品类别，公司利润和在零售业内的权力与日俱增。

从革新、速度到物流和成本

随着 20 世纪 80 年代的"疯狂购物潮"让位于 20 世纪 90 年代的"货以稀为贵"，消费者的需求期望也随之增长。人们寻求物超所值的商品，零售业则做出了相应的反应，打出了诸如"天天低价"的招牌。乐柏美——如今的新首席执行官是沃尔夫冈·施密特，公司传奇领袖人物高尔特 65 岁时已退休——继续保持其优良特色，荣登《财富》杂志评选出的 1993 年"全美最受推崇公司"榜。这一众人觊觎的殊荣的获得，在很大程度上要归功于公司在产品革新方面的显赫声誉。然而，单有产品革新的专业技术是不够的。

权力转移出现在 20 世纪 90 年代。随着合并趋势的出现，市场权力从生产商转向零售商。像沃尔玛这样强大的零售商——乐柏美的产品在这里的零售额占公司总销售额的 14%——开始要求并获得更低的价格、更好的服务质量和更及时的交货。而同时，乐柏美的竞争对手正以低廉的价格、产品质量的大幅提高和对乐柏美新产品的快速模仿，为零售商提供了除乐柏美以外的更多选择。

彻底垮台

一家由《财富》杂志年度调查选出的"最受推崇公司"，是如何在 3 年后降到排名第 100 的呢？在乐柏美公司的案例中，答案就是：一位不敏感的领导，忽视了行业内最明显的改革信号；一家因循守旧的公司，逐渐变得缓慢呆滞、反应迟钝。故事情节非常清楚。多年来，公司内部各级都被灌输以这样的存在目的和理由（raison d'etre，原文是法语）：以新产品和产品设计的不断改善满足消费者的需求。以这种对产品革新的全心投入，乐柏美在一个商品价格上涨、无竞争压力、消费者可塑性强的舒适世界里生存了几十年。然而似乎就在一夜之间，情况突变（这种改变实际上历经了 10 年之久）：新一代的消费者和零售商要求更低廉的价格和更优质的服务，而这正是铆足了劲儿的竞争对手乐于提供的。公司过去的制胜法宝如今已不再受到市场的重视和认可。相反，竞争的规则转向了另一个重要方面，而这正是公司的薄弱环节。以下就是导致公司局面崩溃的因素：价格过高和对生产销售过程的忽视。

价格过高。乐柏美属于业内的高成本生产商，将产品增价卖给零售商一直就是公司的惯例。然而，质量可靠和价格低廉最终战胜了产品革新，成了零售商的新宠。

不幸的是，乐柏美迟迟未能赶上市场规则的这一转变。沃尔玛和其他一些大型折扣商店争取以更低的价格进货，但时值 1995 年树脂价格飞升，乐柏美公司连续几个月都在增加成本价格。大型折扣商店于是将最好的货架区留给了乐柏美的对手，以此报复乐柏美，并警告说："如果再不对产品价格进行控制，终将毁了你们自己的业务。"由于公司内部毫无降价的经验，乐柏美试图转移责任，原料供应商被要求大幅降低原料价格，这使得一些优秀的低成本卖主从此与乐柏美分道扬镳。首席执行官施密特却仍然相信乐柏美还有讨价还价的余地，并督促公司管理者要"全力说服消费者理解价格上涨的必要，我们过去一直拥有顺利进行涨价的成功历史记录"。

就在乐柏美陷入内部分歧的泥潭之时，竞争对手则迅速有效地进行生产并保持较低的售价。由于试图强迫消费者接受更高售价的努力失败，乐柏美公司的利润开始下降。同时，零售商也开始认识到同类竞争产品的优秀质量，并最终将摆有这些竞争厂家产品的货架面积逐渐扩大。在产品质量和特色区别不大的情况下，竞争的焦点就转向了价格，这使得乐柏美措手不及。"曾经一个洗衣篮售价 7 美元，而其他厂家的相同产品价格仅为一半"，这样的时代已经结束，一去不返了。

忽视生产和销售。随着多年的扩大化生产，乐柏美的生产和销售系统已是杂乱无章一团糟。仓库里"看起来就像是一堆乱糟糟的意大利面条。物品到处乱放，成堆的产品和货板随处可见"。各部门间已无法节约成本，甚至有一些重要职能都不再由公司统一管理，例如采购和发薪等。各部门的信息系统也千差万别，各不相同。

送货和交货任务的完成令人失望。准时送货率只达到75%～80%，破坏了商家的及时盘存管理系统，公司为此付出了高昂的代价。例如，沃尔玛超市在对如此不及时、不完善的送货方式失望之余，将大批乐柏美生产的"小顽童"牌玩具从超市的货架上清除一空，将位置留给了费雪玩具。在一家曾是乐柏美产品主要零售公司工作的一位管理者说："他们是如此糟糕的运货人。送货不准时，交货率极低，产品成本过高。他们给你展示一个新的产品系列，然后告诉你他们给你的送货量只能达到你想要的1/3。"为了稳住零售商，乐柏美的销售人员最终只能给他们提供大幅的价格折扣，这进一步影响了公司的利润。

乐柏美离穷途末路已不远了。当公司开始实施应急计划以补救多年的经营不力时，更多问题冒了出来，情况往往如此。在20世纪90年代后期，首席执行官施密特的严厉管理政策加上来自运货方面的巨大压力，使得公司各部门的大批管理者相继离开乐柏美。到1998年，曾经的"头号强大"企业如今已是弱不禁风。于是，纽威尔集团（Newell Corp.），一家专门收购急需改善经营状况公司的资深企业，最终收购了乐柏美。

下面是一位公司内部人员的话：

我们太呆板僵化了。如果有零售商要求一种不同颜色的产品，我们只会回答："不行。你只有蓝色或白色两种选择。"以前的零售商只能妥协答应，因为他们面对的是乐柏美；可如今，他们则会说："不。我想要明黄色。"并把生意交给乐柏美的竞争对手去做。一旦像沃尔玛或塔吉特这样的顾客将生意交给我们的竞争对手，对手必将迅速发展壮大。就因为对待顾客缺乏灵活机动性，我们可能已经给了五六家对手公司发展的可乘之机了。

我们的调查研究得出的最显著发现之一，就是大公司是如何出现失误的。的确也有不少公司，例如价值美国和通用神奇，其成功不过是昙花一现，转瞬即逝。但大多数我们调查的（和即将探讨的）犯下严重错误的公司都是如今的佼佼者。如果强生不能进行医疗器械的革新，如果乐柏美不能针对顾客行为和需要的根本转变做出反应，我们理当为它们担忧。下一个故事也同样令人困扰发愁：拥有长期创新传统的摩托罗拉公司发现，在自己首先创立的这项业务中，最后的失败者竟是自己。

摩托罗拉：手机业务

故事开始于 1928 年，当时保罗·高尔文（Paul Calvin）和约瑟夫·高尔文（Joseph Galvin）兄弟创建了高尔文制造公司。两年后，公司推出了第一款经济实用型车载无线电接收器，冠以"摩托罗拉"（Motorola）的品牌名，意为"汽车"（motor）和"手摇留声机"（victrola）的结合。以此为开端，摩托罗拉公司开发出了一系列的创新产品：从为美国军队制造的世界上第一台双向无线电接收器（即第二次世界大战中使用的对讲机），到第一台售价低于200 美元的电视机（1948 年）。在 20 世纪 50 年代，摩托罗拉参与了美国空间计划，为每一次空间任务提供设备。公司还推出了全球第一部寻呼机，在各医院迅速走俏，极为成功。到 20 世纪 70 年代，摩托罗拉又开发了单片机（成为苹果电脑的首要供应商），进一步巩固了自己全球科技领头羊的地位和美名。然后，移动电话问世了。

美国武士：移动电话一统天下

贝尔实验室于 20 世纪 70 年代发明了移动电话，但移动手机业务的真正腾飞起始于像摩托罗拉这样的公司拥有了自身的业务能力之后。通过收购一些小的通信公司，加上自身的专业技术，摩托罗拉的第一个移动电话系统——Dyna - TAC 于 1983 年开始商业运营。第一批移动电话价格昂贵，这种笨拙的模拟通信设备吸引了商人和专业人士，因为他们在手中没有电话线时仍能依靠移动电话拨打和接收电话。从此，摩托罗拉开始持续统治移动电话业务。

公司内部管理合理正确。当时美国的制造业和日本相比正处于下降趋势，而摩托罗拉采用全面质量管理方式（TQM），重视和信任员工，赢得了专家乃至对手的敬佩。这些努力在 1988 年达到顶峰，摩托罗拉赢得了首届马尔科姆·鲍德里奇国家质量大奖。这一由美国国会颁发的奖项是用以表扬和鼓励美国商界追求质量的。到 1990 年，摩托罗拉的年收入超过了 100 亿美元；公司控制了全球 45% 的移动电话、85% 的寻呼机市场。随着全球移动电话市场的扩大，摩托罗拉的业务范围也以强劲势头发展。如同前首席执行官罗伯特·高尔文所言："我们是全球模拟通信设备无可争议的领头人。"1992—1995 年，摩托罗拉的年收入以平均每年 27% 的速度增长，到 1995 年年收入已达 270 亿美元，纯收益额比上年同期增加 58%，达到了 18 亿美元。这似乎向世人证明了：只要管理得当，大型公司也能取得巨大发展。

转变：数字移动电话登台亮相

1994 年，当摩托罗拉占据了美国 60% 的移动电话市场之时，一项可以替代模拟通信的技术开始初露端倪，吸引了众多无线电话使用者的目光，这就是数字移动电话技术，首次通过被称之为 PCS（个人通信系统）的方式得以运用。模拟通信技术是通过声波传输通话，信号易受到干扰，通话经常断掉且易遭到窃听。而个人通信系统则是将通话转变为数字信号，同时还可以设置安全密码，这样一来，外界对信号的干扰就不复存在。模拟通信技术相对于数字技术的唯一优势只在于：它已经运用多年，其覆盖区域比后者广泛许多，但这也只是短期内的优势。

数字技术背后强大的经济力量，首次提供了一种方式来满足真正大规模市场用户的需要。根据经验，在同样一片无线电频谱固定区域内，由于数字化技术拥有便于操作和"压缩"的特点，数字化网络系统能够容纳的用户数量大约是模拟通信技术用户的 10 倍。实质上，数字化技术能用固定的成本为更多的用户服务。正是这一特色，吸引了提供移动电信业务的商家：数字化技术可以节省成本，虽然价格降低了，但也创造了更多机会以吸引更多用户，这样仍能获得可观利润。

对于摩托罗拉这样的老牌供应商而言，这些变化就意味着要面临一批全新的顾客，而自己对此缺乏经验。与商业人士等这些摩托罗拉过去典型的模拟通信用户不同，数字化技术的用户对产品价格更敏感，对产品功能要求不高但更要求造型美观。预兆已经出现，给模拟通信技术的警钟已经敲响。

反应："4300 万模拟通信用户不可能错"

作为移动电话业的巨头和美国通信界的重要企业（诺基亚是一家芬兰公司，爱立信是瑞典公司），摩托罗拉自然成为了全美无线电通信用户转入数字移动通信时代之际所关注的焦点。听听一位移动电话用户的肺腑之言：

我们告诉他们："我们需要数字化移动通信，我们需要数字化，我们需要它！"他们推出的却是模拟通信技术 Star－TAC，他们对我们根本不屑一顾。销售人员知道现实情况怎么样，每个人都知道。我们在 1993 年和 1994 年去过摩托罗拉在伊利诺伊州的总部办公室，但他们无动于衷，他们认为我们在胡言乱语。甚至在 1996 年他们错过了第一波数字化浪潮后，我们还继续告诉他们我们需要双频手机，这才是我们想购买的。这些谈话可并不友好，然而摩托罗拉还是没有任何反应。而另一边，爱立信推出了相关新产品，然后是诺基亚。

由于未能给消费者提供数字移动电话，摩托罗拉仍然努力推广模拟通信移动电话，使有些顾客甚为不满。有一段时间，摩托罗拉甚至试图鼓动美国电话电报公司的销售人员为自己的模拟通信手机做促销。美国电话电报公司 McCaw 移动通信分公司的一位前主管回忆说："摩托罗拉准是疯了才会想到这样的主意，竟想鼓动我们的销售人员去为他们卖模拟移动电话。他们可真是厚颜无耻。他们真这样做，就会被我们扫地出门。"

当然，不止是顾客告诉摩托罗拉需要数字化手机，竞争对手也以不同方式告诉摩托罗拉这一点。公司多年来一直没有推出数字手机，却拥有几个数字技术的专利权，并批准竞争对手公司，例如诺基亚和爱立信，使用这些专利。摩托罗拉以此获得的专利权使用费就是数字化手机逐渐大受欢迎的明显证据，也是市场变化趋势的早期预警信号。然而，尽管有关市场趋势和顾客需求的信息已如此昭然若揭，摩托罗拉还是选择了依靠公司内部的预测模式所预测的情况：用户还是会偏爱模拟而非数字手机。

因此可以看出，摩托罗拉有生产数字移动电话的能力，也拥有大量足以推测市场需要数字手机的信息。虽然不一定能够最终赢得这场数字手机之战，但完全可以从一开始就参与竞争。然而，公司却选择了无动于衷，因此，我们又一次面对了"疯狂"公司的"糊涂"行动。

人和公司有时候会共同导致一些"疯狂"的行为，就如同他们有时候会做出"英明"的决策一样。在摩托罗拉内部，由于公司实行分权管理体制，也由于管理"四千三百万"模拟移动电话特许经销店的职责在肩，手机业务的部门经理们拥有高度的自治权；他们坚信顾客真正需要的是更优质、更时髦的模拟通信手机。一位手机用户询问摩托罗拉能否提供数字手机之后，得到了这样的答复："想想在第二次世界大战中使用的那种需要背在背上的老式电话吧，数码手机就是那样，我们不能生产它。"相反，摩托罗拉将注意力投在了 Star – TAC，其造型小巧如香烟盒，但仍然只是模拟技术手机。这样"更小巧更可爱的电话"的确是科技精品，但它们不是数字产品。罗伯特·高尔文说："当有人认为我们聪明过头的时候，我们找到了答案，那就是我们的骄傲自大。"

公司奋力挣扎

当时公司很多领导都只关注短期的利润，而忽略了未来的远景。

——加里·图克（Gary Tooker），摩托罗拉前首席执行官，

于 2001 年 7 月 5 日接受采访

前首席执行官图克的话或许有道理，但事情不会这样简单。多年来，摩托罗拉一直实行高度分散的管理体制，业务经营部门享有重大职权。这样高度的自治权往往能引起公司对细节问题的关注，但在摩托罗拉，过分强调以部门为单位的奖励机制却使情况恶化，形成了一个由"敌对部落组成的公司"。这种局面引发了两大发展障碍：

第一，"敌对部落"的心理状态严重干扰了公司各部门间的协调合作；在摩托罗拉决定内部自行开发，而不是从外部购买数字手机必要的芯片时，公司因此浪费了大量时间。

第二，和许多实行分权管理的公司一样，摩托罗拉依靠以部门为单位的奖励机制，激励部门经理。但各部门仍需要负担各自的投资成本，因此实际结果就很可能是"（移动电话业务部门）因为从模拟技术转向数字技术需要大量的前期成本，决策者的想法因而改变"。为此，摩托罗拉的补偿系统创造了短期的控制方式来承担转向生产数字手机的成本。

最后，摩托罗拉的故事将我们带回到公司领导层。当一家公司不愿意——尽管它完全有能力——面对改变并满足明显而执着的顾客需求的时候，一定是领导层出了问题。尽管有些人要对拒不接受顾客需求负直接责任，但问题不是止于他们，而是扩大到公司的最高层——公司所有决策、结构和文化的真正最终决定权在此。罗伯特·高尔文在一定程度上承认这一点："我们对于数字技术的发展速度麻痹大意了，我们显然做了一个糟糕的决定。"然而，企业文化的褊狭和有名无实的部门监管多年来一直存在于摩托罗拉公司系统内，并被放任自流。

面对迅猛发展的移动电话业务，摩托罗拉最后终于在 1997 年推出自己的数字手机，却早已在竞争中落后很远了。市场份额所遭受的打击是沉重的，公司在美国的市场占有率从 1994 年 60% 的巅峰一下降到 1998 年上半年的 34%。而同期内诺基亚的市场占有率则从 11% 上升到 34%。1998 年 6 月，为了降低成本以控制不断降低的利润率，摩托罗拉宣布裁员 2 万人。从此开始了折磨公司数年的一系列的裁员、重组和战略重新制定。总有一天，摩托罗拉会找回过去的辉煌：公司仍然有才能、有技术，时间也能治疗许多伤痛，但公司在这一次关于创新和变革的教训中付出的代价却高达数亿美元。我们希望这次教训是值得的：为了摩托罗拉，也为了你的公司。

创新与变革的衰亡：公司行动僵化

三个关于创新与变革的故事，三次失败。为什么公司在激烈竞争的环境中针对改变做出反应如此困难，更别说参与到变革中去？在这三家公司身处的环境中，顾客需求发生着巨大变化，但他们拒绝做出反应，或者是无能为力。从中得出的经验教训仅仅是"紧跟顾客需求"这么简单吗？三家公司都低估了对手一流的更吸引顾客的产品打入市场的能力。那么，这其中的教训又仅仅是"密切关注竞争对手"这样简单吗？三家公司都任由新技术从身边溜走。那么这教训仅仅是"别忽略业内技术发展"这么直白明显吗？

回答是否定的。关于顾客、对手和技术方面的教训显然十分重要，但若停留于此，我们就只看到了表面病症（尽管表面病症也很关键），而没有发掘出引发创新与改革失败的病灶；而病灶和我们在调查中屡次发现的其他管理错误不无关联。强生、乐柏美和摩托罗拉以及一些别的公司在面对竞争条件变化时，犯下的错误背后都存在行为僵化、刻板守旧的问题；而这正是我们本章集中关注的要点。

我们以上所列举的三家公司中，哪一家都没能有效应对外来的挑战。摩托罗拉的问题源于它分散的公司管理体制和补偿系统；强生的问题来自对专利保护的过度依赖和对自己垄断地位的错误认识；而乐柏美则是因为公司只偏重于将一件事情做到最好，从而不能针对新的现实做出正确全面的调整。这些僵化行为的核心，都是这些公司各自的特征；这些特征曾经是保证公司正常运营的基础，但也是公司潜在危机的根源。

重视企业的历史

若想真正了解一家公司，了解它的历史是极其必要的。无论是分析家、顾问、投资商还是管理者，我们在衡量企业时的通病之一，就是只注意到现状而忽略了往昔。摩托罗拉为何错失了数字手机的商机？公司内部面临的困境之一，就是无从决定将赌注押在哪一种数字手机上。美国市场上有 CDMA、TDMA 和 GSM，不知道哪一款会最终胜出，于是摩托罗拉一直等待着。几年前，公司曾跟随当时在个人电脑行业内尚不成熟的苹果公司（摩托罗拉为苹果生产电脑芯片）。因此，公司很可能担心会再次犯下同样的错误，于是摩托罗拉迟迟没有举动，直到诺基亚和爱立信险些将其挤出美国市场。

企业文化也是企业历史的重要组成部分。摩托罗拉一直是一家众所周知的极有发展动力的企业，了解公司的人把它的一套管理思想比作"内部智囊团"；公司对顾客和市场的关注则被放在了第二位。摩托罗拉企业文化的另一个显著特点则是褊狭：一位见多识广的观察家说公司"思维状态坚固保守，远离现实，却又过于自信，缺乏对外界的关注，因此企业文化逐渐枯竭"。如果对摩托罗拉企业文化的这种描述是准确的，那就不难想象公司高层管理者是如何拒不接受顾客需求，对待顾客时表现出的是如何傲慢的态度。

你或许会认为一段时间之后，他们会吸取经验。当然在一些公司内情况的确如此，但在其他一些公司，比如摩托罗拉，强大的企业文化会维持公司的运作模式和员工的行为方式，年复一年。无论是摩托罗拉作为创新领袖的光荣历史被对市场更敏感的后起之秀挤到一旁这一事实（想想从车载无线电接收器、电视机到数码手机），还是它将技术置于顾客之上的一贯趋势，都必定带来严重后果。一位前首席执行官对我们悲叹道："每一次惨重的失败，都是因为我们曾在某个科技时代太过成功，忽略了应该在新的科技时代到来之际迅速更新自己。"

像摩托罗拉这样强大而成功的企业文化，自然会把新的思维方式拒之门外。实质上，这正是创新的挑战，无论是生产新的手机、新的支架还是找到满足顾客强劲需求的新方法。所有公司都有自己已经形成的理念基础，它难以更改，并决定着公司的管理思维方式。这就是为什么对摩托罗拉手机部门而言，要接受数字手机并视其为模拟手机恰当而及时的替代产品，是一件如此困难的事情。这也是为什么摩托罗拉高管很难摆脱褊狭的"技术高于顾客"的想法。在这两种情况中，摩托罗拉"永不满足"的精神不见了，而这种精神多年来一直维持着公司的革新能力。一旦我们将公司和员工背后的种种潜在因素联系起来，那些看起来似乎是"疯狂"的举动，其实往往只是过于理智的行为。

沉迷于惰性

高级管理人员制作了用来指挥管理行动的"剧本"；尽管有时整个世界都改变了，但他们仍然顽固地死抓着"剧本"不放。他们没有主动应对挑战和错误，也没有积极地从对手的失误中学习经验教训，而是继续放心大胆地寻求必然、稳定和舒适的幻境。

历史学家巴巴拉·泰琪曼（Barbara Tuchman）是《疯狂进行曲》（The March of Folly）一书的作者，她创造了一个完美的词来形容本章中所列举的公司的管理者们：榆木脑袋（Wooden – headedness）。这是指他们的行为只依赖于"预想的、固定不变的观念，却忽视或拒绝任何与之相反的信号"。泰琪曼在书中描述了一些榆木脑袋的例子。例如，1914年法国固执地认为德军将从莱茵河入侵而不肯放弃在莱茵河附近的战争准备，却没有考虑到德军会从比利时和不加防备的法国沿海各省逼近，最终使得整个国家毫无防备、不堪一击。和法国拒绝改变战术一样，我们想知道，为什么有着优良革新传统的公司会不顾顾客的请求，拒绝推出新一代产品。

所有公司内都存在着惰性，它将那些可以针对市场新需求做出改革和调整的机会拒之门外。是否觉得有时候你的公司仿佛陷入泥潭、动弹不得？有这种感觉的不止你一人。以美国海军船舰的管理为例：船上的厨房里只有一个开罐头的起子，一旦它坏掉，厨师就换用小刀开罐头；经过培训的航行电子学家要通过计算有多少水手喜欢吃猪排胜过汉堡包，才能决定水手们订购服装的尺码大小；接受胶印培训的水手们不得不看一些陈旧过时的书，以此谋求升职的机会（尽管美国海军早就不再使用胶印了）。这里没有任何行之有效的奖励机制，劳动力被视为免费商品。关于裁减多余员工、提高人力资源利用效率的计划，其制定的执行日期是在20年之后！凡夫俗子都会困于惰性，不能自拔。

公司管理集团的杀伤力

一家公司的价值是从什么地方创造出来的呢？你向不同业务部门的100位总经理询问这个问题，你将得到同样的答案100次——产生产品市场竞争的那个业务部门。这就是你在支架和手机业务竞争中取胜和失败的关键之地。那么首席执行官、首席财务官以及其他高级管理人员所在的、代表整个企业的管理团体内部情况又如何呢？如果公司经营不止一项业务（绝大多数的大公司都是如此），公司的管理团体担负着制定公司核心准则的责任：如何指导公司管理者和员工的行为表现，聘用和解雇业务经理，评估业务经理的工作业绩，批准公司预算和战略决策，合理分布资源，等等。在这样一张行为准则清单里，没有一处写到管理人员应该实行危险的奖励机制、废除监管职责或是放任部门经理的行为。但正是这些潜藏的危险造成了企业行为僵化。

　　问题在于，管理团体对公司干预过多或太少都会后果堪虞。例如，分权管理结构给业务部门提供了自治权和专注部门工作的自由，因此受到管理者和管理专家们的欢迎。为什么集权的高层管理者就应该约束身处产品市场竞争中的部门经理，限制他们做出他们自己认为正确的决定呢？这样的逻辑很难辩驳，但要是缺乏对部门经理的检查监控，又何来组织团体的观念呢？在摩托罗拉，手机部门就是因为从来不受首席执行官的管辖而一直忽视了数字手机市场。

　　强生公司的情况则不同。我们再问一次："为什么强生没有开发出第二代支架产品呢？"强生干预系统的内部人员说，其中一个原因是他们原本期望通过收购获得新一代的支架技术。然而这最终没有得以实现，佳腾公司以及一些别的对手公司推出了竞争产品，强生产品的市场份额一落千丈。强生不曾料到支架业务的发展会迅速偏离轨道，导致公司管理层毫无准备，无法加大投资力度以保住其专利产品的地位。如此看来，强生的问题就在于公司对资源的分配利用不善，管理层并非无辜的旁观者，却正是这场危机的罪魁祸首。

　　情况原本不至于这样糟糕。例如微软公司，这样一家在因特网的时代依然以"视窗"软件的开发为基础寻求发展的公司，面临反托拉斯裁决这样的挑战，仍然推出了新一代的革新产品。若说强生在支架行业拥有垄断地位，微软在个人电脑操作系统行业内也具有同样强大的力量。但微软公司在首席执行官史蒂夫·鲍尔莫（Steve Ballmer）的管理下，一直在积极寻求其称之为"新一代视窗服务"的领先地位。相比之下，强生与之形成强烈反差。

　　引人注意的是，在我们研究调查的公司中，往往是管理层妨碍了整个公司的创新与变革。当乐柏美公司的首席执行官要求高层管理人员同意提高产品价格时，公司如何能贴近沃尔玛和其他顾客的需求呢？还有，在安然公司，来自管理层的压力如此之大，迫使人不得不做假账。一位前经理人说："人们都靠自己给公司带来的利润数目来谋取自己的地位，无论这些数目是否真实。"显然，肯·莱（Ken Lay）不加疑问地就接受了这些虚假夸张的财务报告。

　　让我们再回到摩托罗拉。在市场转向数字技术产品这段时间内，公司大部分的高级管理者在做什么呢？我们采访了公司的三任首席执行官，除了听到他们承认对手机市场的惨败要负一定个人责任外，我们还听到了许多关于公司态度傲慢和缺乏激励的抱怨。那么该由谁来负责为部门高层经理制定奖励机制呢？摩托罗拉未完的故事，很可能将是公司管理层最终辜负了整个公司。

被揭穿的第二理论

在第一章，我们提出过有关变革的理论，表明在我们研究调查的许多公司里，重要决策者明白他们周围的世界在变化，却仍然没有及时做出相应的反应，有时候甚至是毫无反应。这被证明是我们的研究中最显著的，也是最可恨的发现之一。一个个管理者在面对严峻挑战时都没有反应，无所举动。

让我们回到乐柏美的故事。尽管没有哪位公司领导愿意看到自己管理的公司，由于其核心竞争力的价值随时间流逝而削弱，变得无力应对变化的环境，但这正是乐柏美所经历的现实。多年来，由于在应对挑战方面毫无进展，公司在顾客和竞争对手面前越来越脆弱。但乐柏美的问题不只在于无法应对挑战，更在于不愿适应新环境。就好比时间似乎为乐柏美而停驻，20 世纪 90 年代的一切改变都没有发生过，公司仍然生活在和 10 年前一样舒适的垄断世界里。

革新并不是恰好发生的"事情"，而是开明文化的自然产物，而一位首席执行官如果不是一场竞争游戏中的关键玩家，他就会发现创新变革的挑战异常艰难。他既要能够"传情达意，确保公司全体人员清楚改革的重要性，还要有各种各样的具体行动，这样方能建立和推广具有创新精神的企业文化"。正如曾出任百事公司首席执行官的安德奥·皮尔森（Andrall Pearson）说过的那样："具有创新精神的公司都是由具有创新意识的管理者领导的。"

一旦公司无力适应环境变化，大事就不妙了。而如果这种无能还伴随着公司最高层对变化的厌恶情绪，那么公司的领导层就彻底分崩离析了。看看施温自行车公司的故事吧，某个时代的许多读者都对这家公司印象深刻。施温牌自行车曾是最好的自行车，"施温"品牌不仅在自行车行业内名列前茅，在全美各行各业也是赫赫有名。公司在市场上的领先地位甚至影响了公司业务的正常进行，我们从公司长期竞争对手 Huffy 自行车公司的托尼·霍夫曼

（Tony Huffman）那里得知："施温是当时唯一的全国畅销品牌。在展销会上，施温自行车总是焦点所在。所有的小生产商们都围着它转，连家庭主妇也成群结队，趋之若鹜。"

就在如此大好的局面里，闯入了施温公司无力应对的三个发展改变：第一，山地车和其他一些车型开始风靡市场，而施温却一直观望，没有行动；第二，随着施温产品在市场竞争中逐渐落后，以前忠实的经销商开始向其他公司敞开了自己商店的大门；第三，为了降低成本，施温逐渐将越来越多的工厂从海外撤回，造成了中国竞争对手的崛起。施温的管理者们知道发生的一切（实际上，正是他们亲手造成了这些变化），但他们无力应对。是因为首席执行官艾德·施温（Ed Schwinn）拒绝听取这些问题，还是像公司的设计师告诉山地车生产商家加里·费雪（Gary Fisher）的那样："我们对自行车无所不知。你们这些人只不过是业余的，我们才是最了解整个行业的人。"或者如同施温营销部门的管理者宣称得那样："我们没有任何竞争，我们是施温！"总之，由此你可以了解到他们的情况。施温的失败是可以预见的，公司亲手把自己引入深渊。和摩托罗拉、强生、乐柏美、通用神奇以及其他许多公司一样，公司衰落的根源往往都能追溯到领导层力量的变化——面对必须进行改革的强有力的证明仍无动于衷，毫无反应。那么，使公司领导和管理者陷入困境的这些潜在的变化是什么，你又能针对这些变化做些什么呢？这将是本书第二部分的重点内容。

创新改革备忘录

■ 人们做事总是有很多原因，但其中只有一些原因是明显的。通过强调企业历史和文化的重要性，我们需要往后一步，审视那些很少被讨论反思的过去。要勇于承认公司的历史和文化往往无意间会伴随偏见和自大，这应该成为各管理人员的习惯。

■ 善于提出问题。并非任意的问题，而是要抓住那些和潜在的重大变化密切相关的、会给公司带来巨大影响的问题。例如，数字技术的发展不仅和摩托罗拉这样的公司息息相关，也同样关系到其他许多行业，比如传媒、电脑、摄影、教育、医疗设备、消费者电子工业，等等。波及如此广泛的变化会如何影响到你的公司呢？

■ 对风险的有效管理似乎成了一种失落的艺术。评估企业的管理主动权有多大风险，可能从中发现问题，但至少还有时间进行实时的调整。例如，戴尔就总是先预想公司哪部分操作可能会出错，然后找出补救的办法。

■ 罗伯特·高尔文从摩托罗拉在手机行业的失败中总结出这样一点：每个管理者都应该有一个"预期档案库"，记录下他们对未来市场变化的预期看法，以及该如何应对。尽管不是所有的看法都正确，但这样保持记录的做法是一项很重要的训练。

■ 切记：哪怕是在管理结构最分散的公司，全局管理也是极其必要的。公司所做的最危险的决定之一，就是放弃全局重任，对部门经理不加任何监管。分权管理的优势不容置疑，诸如自治、专注和自主等，但拥有一定程度的监督指导也是必要的。

■ 接下来这一点，则是要强调公司机构间的相互制衡的意义。管理集团对独立部门的控制是必要的，但一味的干预则适得其反。管理集团该如何为部门管理锦上添花，这应该成为公司高层的首要议程。你必须选择如此——如果管理集团不能提供这些有利条件，例如专门技术、知名品牌、成本节约、管理发展以及新的商机，那存在的理由何在呢？

■ 一旦各部门之间的协作具有优势，一定要用整个团队的目标和激励方式来强化这些优势。在老式保守的、以部门为基础的激励机制占统治地位时，别指望你的这些"部落"会自觉主动地合作。

■ 如果你非常希望看到公司锐意创新和改革，你必须既要激发员工的改革意识，也要为改革的具体行动创造条件。当这些行为通过补偿和推广的方式得到奖励，通过公司文化得到巩固援助，各部门经理们将会引起重视。然而，要想鼓励部门经理行动起来，你也必须接受一定程度的试验行动以及可能随之而来的试验失败。我们稍后将继续讨论这个问题。现在，让我们记住，鼓励全体员工担负起公司创新和变革的责任十分重要，同时每位领导者也必须为其他员工树立典范。

第四章　合并与收购

——寻求综效，谋求整合

一项什么样的全球性商业行为需要每年花费数以亿计的美元，却在如今商界的失败率从50%上升到75%？你的答案是合并与收购，你答对了；要是你身处并购游戏中，那么你就输了。这里有一些统计数据：由所罗门·史密斯·巴尼（Salomon Smith Barney）进行的一项研究表明，1997—1999年被收购的美国公司中，在宣布并购之后，收购方公司的股票价格低于标准普尔500指数14个百分点，低于同类公司4个百分点。普华永道对1994—1997年并购的公司进行了调查，结果发现收购方公司在交易一年后的平均股价要比同行其他公司的股价低3.7%。由科尔尼管理顾问有限公司对全球115家20世纪90年代中期合并的公司进行的一项调查表明，有58%的接受调查的公司，和同类公司相比，股东的总投资回报情况不容乐观。通过到20世纪80年代为止的许多学术研究结果的总结（这样的总结到今天还在继续），金融学教授迈克尔·詹森（Michael Jensen）和理查德·卢拜克（Richard Ruback）给并购做了十分干脆的评价："投资方公司的股东们还没有什么损失，最好的情况也不过如此。"

面对如此让人失望的记录，为什么还有许多公司继续重蹈覆辙呢？毕马威国际咨询公司对1996—1998年700桩最大并购案进行的分析调查或许可以给我们一点启示。公司咨询人员发现，他们分析的并购案中，有83%的并购没有提高股价，而53%的并购甚至使得股价降低。然而，该调查最引人注意的部分则是毕马威对这些并购公司107位管理者的采访。当问及他们的并购是否成功时，82%的管理者的回答是肯定的，这或许反映了这些人中只有不到一半的人在收购后做过认真调查。这就是对"不闻不问"原则的遵循：如果情况看起来不妙，就最好别对发生的真实情况追根究底。

从调查所反映的情况来看，毕马威的调查完全说明了许多公司抱有"我们与众不同"的心态：许多别的公司并购失败并不代表我们公司就必然没有成功的可能性。从一定程度上说，既然大多数的管理者都清楚这些关于并购的大概数据，那么这样的心态几乎贯穿于每宗收购案中。如果你不认为自己的能力或情况比别人好，那为什么仍然要进行收购？一家大型制药公司的高级管理人员告诉我们："在公司高管中有这样自尊自大的想法，认为我们能够买进任何业务加以改善提高。他们相信可以大摇大摆地参与到别的公司的业务里并对别人指手画脚。"

当然，不是所有的交易都是失败的，自然还是有许多成功的并购案，例如 IBM 收购莲花软件（Lotus），以及伊顿电子公司（Eaton）收购西屋电子（Westinghouse）的销售渠道和控制技术。最重要的经验教训就来自成败的对比。例如，在科尔尼公司的调查中，并购公司中表现最差的所得到的股票回报率与其工业指数相比，是负 41%；而那些表现出众、名列前茅的公司其股票回报率与同类公司相比平均高出 25%。这些差距从何而来，那些一再发生应该引以为戒的错误是什么呢？

现在，我们将调查研究在并购游戏中失败的三家公司。桂格麦片公司（Quaker Oats）收购适乐宝（Snapple Beverage Company）成了众所周知的失败收购案，告诉人们大公司在收购小公司过程中会出现怎样的错误。如果从损失总额、浪费总额以及跨国经营的复杂程度来衡量，第二宗收购，即 1989 年索尼收购哥伦比亚影业则更是一大失败。第三家公司盛世长城广告公司的故事常被用来作为因狂妄自大而导致失败的经典案例，时刻提醒人们并购行动和领导策略中存在的问题。

桂格遇见适乐宝：一见钟情的故事

建于 1891 年的桂格麦片公司是美国最老牌的食品公司之一，如果你吃过燕麦片，你肯定知道。如果你喝过佳得乐（Gatorade），你一定也知道桂格。当然，也可能你不知道桂格，即使是威廉·史密斯伯格（William D. Smithburg）做 CEO 时代的桂格。1983 年，史密斯伯格在 Stokely-Van Camp 公司的收购案中发现了"宝藏"，将这宗收购转变成了运动饮品开发的动力之源。然而，桂格和史密斯伯格却是因为另一种饮料产品而更加声名远扬的，尽管这样的出名方式并非他们所愿。1994 年，桂格对适乐宝公司的收购触及了要害。这宗收购几乎从一开始就成了头版商业新闻，并一直保持头版头条新闻的地位，直到适乐宝以 3 亿美元的价格被转卖给 Triarc 公司，这个价格比桂格当初付出的价格低了约 14 亿美元。出了什么错？这家以佳得乐饮料而大获全胜的公司是如何在类似业务的竞争中一败涂地的？想要寻找问题的答案，我们就需要转向那些关键人物——适乐宝公司创建人之一、大型销售商、引发局势转变的 Triarc 公司前任 CEO、公司知情人士以及史密斯伯格本人。下面，故事开始了。

适乐宝饮料公司的兴盛

"我们生产出了全球第一瓶味道不像电池酸的即饮型茶饮料。"

——阿诺德·格林伯格（Arnold Greenberg），适乐宝公司联合创建人之一，《公司历史》，1993 年

适乐宝公司过去叫纯净食品公司（Unadulterated Food Products, Inc.），创建于 1972 年，由当玻璃擦洗工的连襟里昂纳得·马什（Leonard Marsh）、海曼·戈尔登（Hyman Golden）和一家保健食品商店的店主阿诺德·格林伯格联合开办。1986 年，这三位纽约商人开始向当地的保健食品商店销售果汁、纯天然苏打和苏打水以及果类饮料，通过公司的口号"好产品源自最好的原料"，强调有益健康的产品形象。第二年，他们推出一款精心酿造、口感绝佳的新一代即开即饮型茶饮料，开始进军处于发展中的冰茶饮料市场，这被证明是公司早期最关键的行动。

公司在被融资收购之后更名为适乐宝，1993 年正式上市。为了将自己的品牌推向全国，适乐宝通过员工温迪·考夫曼（Wendy Kaufman）走"平常人"主题的路线：温迪以亲切友好的"来自适乐宝的问候"，加上她喜欢通过无线电波回答"温迪迷"们的来信，迅速成为适乐宝电视广告的形象代言人。同时，适乐宝也大力招募"不走寻常路"的人员——包括广播明星霍华德·

斯特恩（Howard Stern）和拉什·林博（Rush Limbaugh），以此树立个人主义特色的产品形象，获取崇拜者的支持。公司率先对茶饮品采用热包装法，利用新颖的带玻璃窗的自动贩卖机和冰柜来展示其独特的宽口瓶饮料。这些做法使得公司日益受到欢迎，其创新精神也为人们所认可。

适乐宝成功的秘诀在于拥有广泛可靠的联合包装工人和销售人员网络。他们为公司产品备货、装瓶、存货，然后销售。公司栽培训练销售商，这一点非常成功。一位销售商说："他们派人到我们这里来和我们一起工作，与销售人员一起出去销售产品。他们在零售环节投入了大量时间和精力，虽然这个环节并不起眼。因为他们清楚知道这里才是他们事业的根基所在。"创新的产品、灵巧的营销，加上极度忠实高效的销售商，使 20 世纪 90 年代初期的适乐宝公司财源滚滚。

麻烦即将来临

融资收购两年后，市场发生了变化。和通常一样，警示信号十分明显。到 1994 年年底，即饮型茶饮料市场的发展速度开始变慢，首次低于 50% ~ 100% 的发展速度。由雀巢和可口可乐、立顿和百事可乐联手的这些茶饮料合资企业迅速成为行业内的主要竞争力量。新加入的竞争者，例如亚利桑那冰红茶（Arizona Iced Teas）、楠塔基特岛甘露饮料（Nantucket Nectars）以及 Mystic 饮料公司，也在通过各种巧妙策略和创新产品动摇适乐宝的市场领先地位。最后，1994 年，出人意料的凉夏和清秋给适乐宝带来了致命的打击。公司的股票价格从年初的高价跌落了 50%，由此可窥见公司的困境。

就在此时，桂格来了。1994 年 12 月 6 日，桂格以 17 亿美元的价格买下了适乐宝，这一价格是适乐宝公司收益的 28.6 倍，总收入的 330%。不久，为了偿还由此带来的债务，桂格停止了一些长期以来收益稳定、遍及全球的投资业务。公司卖掉了宠物食品和糖果业务，却因为这些交易所产生的庞大的资本收益税而给自己带来了更多的麻烦。情况很快变得明朗：桂格对适乐宝的投资势必成为一场艰巨的战役。

桂格的失误：适乐宝不是佳得乐

想重新回到最辉煌的成功时刻再次体验美好经历，这是人类的天性。对大型企业的首席执行官来说更是如此，他们总是清楚地记得过去的辉煌。更重要的，是与这种成功相伴而至的个人成就感。

然而，许多公司正是由于沉迷于过往而停滞不前，尤其是他们错误地相信过去的经验能够照搬过来应付如今的问题。对于桂格来说，其辉煌历史就是 1983 年后佳得乐的大获成功。桂格公司首席执行官威廉·史密斯伯格将其视为他最大的功绩：

我们把佳得乐从 1998 年价值仅 9 千万美元的一桩小生意发展壮大为今天超过 20 亿美元的大业务；它如今还保持着两位数的增长。甚至在 20 世纪 90 年代初可口可乐和百事公司参与市场竞争之后，佳得乐的市场占有率仍高达 80% 之多。他们不可能胜过我们，除非他们中的一家必须买下我们的公司以获得佳得乐。

适乐宝能为桂格提供再现辉煌的良机吗？毫无疑问，桂格的管理层十分看好适乐宝的发展潜力，认为它和十年前的佳得乐一样，并相信那些将佳得乐开发成为大牌饮料明星的营销技巧也适用于适乐宝。公司饮料部门经理说过这样的话："对于佳得乐，我们有优秀的销售和营销队伍。我们深信自己有打造名牌、发展业务的实力。我们的目标是使适乐宝和佳得乐的销售更上一层楼。"同样重要的是，人们普遍相信桂格能够"开发利用合并后的综效优势"。然而他们没有看到的是，一切都有所不同了。适乐宝是一种"形象"饮品，而佳得乐是一种"液态替换产品"；适乐宝当时的成功是通过稀奇的营销手段建立了这种风靡一时的时尚饮品，而佳得乐则是通过更传统的方式稳固地进军市场和得以推广；适乐宝依赖企业的销售商，而佳得乐采用的是仓储式销售系统。Triarc 公司前首席执行官迈克尔·温斯坦（Michael Weinstein）告诉我们："桂格相信佳得乐模式可以运用于适乐宝，但这只会扰乱公司体系的正常运作。史密斯伯格永不能据此取得成功。"

还记得成功秘诀吗

有了这些提示，剩下的故事就像一部电影，你猜得出到最后谁会死，只不过不知道怎么个死法而已。在桂格，销售商是主角。公司成立了一个新的饮料部门负责佳得乐和适乐宝，还计划建立一个混合销售系统。如果适乐宝的销售商同意将尚未经过冰冻处理的适乐宝饮品转交一部分给佳得乐的"仓储式销售系统"，他们就能获得特权，可以通过佳得乐的"直接储备送货体系"销售佳得乐饮品，然而这种条件交换失败了。原因有二：第一，一些适乐宝的老牌销售商们不信任桂格，原因是桂格在收购适乐宝后的第一举动就是试图重新协商具有永久效应的合约。不用说，这种做法根本就行不通。第二，利用适乐宝来和佳得乐做交易，这是商业大忌。销售商们告诉桂格，适乐宝"每盒4美元的利润几乎是佳得乐的2倍"，这比软饮料产品1～2美元的平均利润都要高出许多。"我们只看到了损失。我们眼睁睁看着业务流失，无可挽回。我们不愿意放弃自己多年苦心经营起来的权力。"

由于销售商们不愿意合作，"开发利用合并后综效优势"的策略失败了。而那些通常都会在一桩交易完成后出现的"出人意料"的意外情况，则让问题变得更加复杂——生产速度比预想的慢很多；过期的适乐宝罐头产品在仓库堆积成山；销售人员大批离去（这又一次打击破坏了公司与销售商的关系，因为销售商时常依靠这些销售人员）；紧跟着就是管理层人员的流失（其中包括3位合办者中的2位）。经过了近一年半的时间，直到1996年5月，桂格才恢复了销售系统的运作并推出了一项新的营销活动。然而，茶饮料和果汁饮品市场的竞争从1994年开始就变得异常激烈。面对丢失的市场份额，桂格已无力回天。

残局

最终，随着公司在1997年将适乐宝转手卖给Triarc，这场试验宣告结束。适乐宝不是佳得乐，而认为两者一样的想法被证明是一个代价高达10亿美元的错误。当桂格试图把适乐宝"佳得乐化"时，忽略了适乐宝的独特文化——那些关于顾客、销售渠道和产品促销的独特文化——而是固守于自己那一套如何销售瓶装饮料的方法。这恰恰浪费了被收购的适乐宝公司的精华。里昂纳得·马什，适乐宝公司三位创办者中唯一留在桂格的一位，能够代表适乐宝的独特文化。然而，就像他说得那样："我只是有名无实的执行副总裁。"我们还有什么可说的呢？

索尼叫板好莱坞

快速抢答：日本最有名的公司是哪家？论名声和影响力，几乎没有哪家日本公司能与索尼抗衡。然而，像索尼这样厉害的公司也有马失前蹄的时候。1989 年，从可口可乐公司手中买下哥伦比亚影业，索尼的确栽了大跟头。

关于 β 制大尺寸磁带录像系统（Betamax）的教训

1946 年，井深大和盛田昭夫两人创建了东京通信公司（即东京电信工程公司），希望公司能成为一家"精明的企业，以灵活的方式生产高新科技产品"。到 1957 年，随着电子晶体管、盒式录音带及超小型便携式收音机相关科技的发展，公司根据拉丁语中的 sonus，即 sound（声音），将公司更名为索尼（Sony）。1967 年，索尼公司与美国哥伦比亚广播公司（CBS）合资，在日本生产和销售唱片。到 1975 年，随着 Betamax 家庭录像机投放市场，索尼公司跻身一流公司行列。

Betamax 对于索尼来说，是一个转折点。这是一种突破性的产品，消费者能够随时录制、播放喜欢的电视剧或电影。然而，就在此后的两年时间内，索尼的劲敌松下公司采用 VHS 家用录像系统推出的新型录像机，迅速成为消费者的首选。为什么会这样呢？索尼固守 Betamax 格式，不像松下那样积极吸收其他电子公司加盟。当 VHS 家用录像系统开始流行，电影制片厂也随之采用这种格式，不采用 Betamax，发行了大量的收藏作品。这就将 Betamax 降级到失败产品的队伍里去了，尽管它还是有一些技术优势的。事后，当谈到松下敢于批准别人使用自己的技术，聚集整个电子行业的力量来对付 Betamax 这一事实时，盛田昭夫如实说道："我们没有尽力去团结其他公司。而对手，虽然进入市场稍晚，却做到了这一点。"

软件设备的介入：哥伦比亚唱片和哥伦比亚影业

在 20 世纪 70 年代后期，我们开始意识到要将索尼的业务扩展到硬件设备之外。经过了 Betamax 的教训，我们发现促进硬件购买力的强大动力来自软件设备。

——米基·舒尔霍夫，索尼美国公司前总裁，《财富》，1991 年 9 月 9 日

在第三章我们已经说明，公司的历史非常重要。想弄清一家公司的策略，你首先要清楚它的历史。在索尼，历史的经验教训是一目了然的。首先，索尼在 1988 年以 20 亿美元的价格收购了哥伦比亚唱片。抱着对哥伦比亚唱片公司的唱片发行量能够保障激光唱片的成功销售这一信念，索尼指望哥伦比亚唱片提供必要的软件设备，以确保它的新型数码录音磁带大获成功。

在收购哥伦比亚唱片之后不久，索尼又收购了哥伦比亚影业及下属的哥伦比亚和三星（Tri - Star）两个产品部门和一个影片库，该库藏有《阿拉伯的劳伦斯》（Lawrence of Arabia）等经典影片和《杜丝先生》（Tootsie）《捉鬼敢死队》（Ghostbusters）等当代影片。在哥伦比亚的大旗之下还有一个联合的电视剧工作室，包括了一些风靡一时的电视剧，例如《拖家带口》（Married … with Children）和《幸运之轮》（Wheel of Fortune）等。然而，公司的 CEO 却并没有随着收购而来，即将离职的老板维克托·卡夫曼告诉索尼，他不会在公司合并之后继续留下来。索尼工作室有了一个候补，还需要一个管理团队。

雨人：古伯 - 彼得斯娱乐公司

索尼北美公司的总裁米基·舒尔霍夫负责为哥伦比亚影业招募一位工作室主管，他最终选择了经营古伯 - 彼得斯娱乐公司（Guber - Peters Entertainment Company）的彼得·古伯（Peter Guber）和让·彼得斯（Jon Perters）。古伯，典型的加利福尼亚人，因《往日情怀》（The Way We Were）和《深渊》（The Deep）而声名鹊起。当我们和古伯谈起他的成就，他说："我首先是依靠直觉，因为我相信任何商业决定都是创造性的决定。我的直觉事实上结合了我所有的智慧、经验、观察和潜意识。我相信直觉，因为在直觉里，我无所畏惧。在我进入睡眠以获得更多潜意识之前，我会专注于我的远大目标或大好机会。"

彼得斯因和他当时的女友芭芭拉·史翠珊（Barbra Streisand）共同出演

《星梦泪痕》（A Star Is Born）而名声大噪。1980 年 5 月，古伯和彼得斯联手推出了许多成功影片，包括《闪舞》（Flashdance）和《紫色》（The Color Purple），进一步巩固了他们的声望。然而，好莱坞的内部人士却对两人颇有微词，尤其是针对彼得斯臭名昭著的坏脾气。据说史蒂文·斯皮尔伯格（Steven Spielberg）本不想让他们两人参与《紫色》的摄制组。尽管由这二人制作的影片《雨人》（Rain Man）获得了奥斯卡奖，哥伦比亚公司前总裁弗兰克·普来斯（Frank Price）仍宣称："事情快做完了，他俩才姗姗来迟。"无论如何，可以肯定的是，古伯和彼得斯拥有参与制作华纳兄弟有史以来收益最高的影片《蝙蝠侠》（Batman）的亲身经验。

古伯－彼得斯娱乐公司近期所取得的成就，加上古伯的优雅举止，足以说服索尼相信自己已经为电影工作室找到了一支合适的管理团队，尽管古伯和彼得斯刚和华纳兄弟签订了一份 5 年合同。这表明，要想得到这精力充沛的二人组，索尼就必须买下他们的制作公司。索尼确实也这么做了：以 2 亿美元的价格买下了他们的公司，比其市场价值高出了近 40%。古伯和彼得斯两人平分了卖出公司股份而赚来的 8000 万美元。同时，作为工作室的负责人，5 年后他们还将获得 270 万美元薪酬、因工作室的市场价值增值而带来的股利以及 5000 万美元的红利（两人可自由分配）。

哥伦比亚影业卖给索尼的价格是 34 亿美元，加上它带来的承继债务，索尼花费的总成本将近 50 亿美元（其中额外费用占到 70%）。当时，华纳兄弟的老总史蒂夫·罗斯（Steve Ross）到最后时刻仍不允许古伯和彼得斯两人毁约，索尼只好做出让步：第一，将哥伦比亚公司管理下的伯班克（Burbank）制片厂与华纳管理的位于偏僻的高尔文城的米高梅（MGM）制片厂进行一部分的股份交换；第二，利润颇丰的哥伦比亚音乐邮购商行 50% 的资产转让给华纳；第三，华纳有权通过自己的电缆网销售哥伦比亚的收藏作品。这样的清算条件被认为是如此的"对索尼不利，以致在随后的几个星期内一直都是人们餐桌上的话题，并被戏称为'珍珠港复仇计划'"。这一举动的总价值超过了 5 亿美元。

古伯和彼得斯接管

到两人开始接手管理时，索尼收购哥伦比亚付出的账目已高达近 60 亿美元，古伯和彼得斯随即开始了挥金如土的奢侈管理。对与华纳交换来的老米高梅制片厂进行了一次彻底改造，花费了近 10 亿美元。他们用每张 26000 美元的古董桌椅来装饰办公室。另一个非常有名的例子，就是让·彼得斯有一次批准了一位制片人 25 万美元的装修预算；在一次采访中被问及此事时，他不置一词。

在接下来的两年中，在制片、管理和电视剧制作方面的花费不断增加。到 1991 年时，公司的日常管理费用增加了 50%，达到了 3 亿美元。这比另一个主要工作室的费用高出了 6 万美元；同时，7 亿美元的制片费用预算几乎是其同行对手的两倍。索尼影片的平均成本是 4000 万美元，而业内的平均成本只有 2800 万美元。随着公司影片票房的年年下跌，直到 1991 年暴跌到 20 年来的最低，下降了 25%，公司终于觉察到了如此高额的管理、制片费带来的压力。公司管理也很不稳定，工作室负责人的频繁更替不可避免地带来了高额的解雇费。甚至彼得斯也离任了（带走了 5000 万美元，开办了一家新的制片厂）。哥伦比亚管理层的人员流动引起了媒体的注意。《情报》（Spy）杂志这样写道："好莱坞如今最热门的游戏就是索尼乐透牌戏——一种暴富主题游戏。幸运的玩家通过被工作室解雇而大发横财。"

尽管面对巨额花销和局势动荡，古伯仍坚持认为索尼花费 20 亿美元买来了一个好结果——索尼 1991 年的票房收入位居第一。实际上，索尼在 20 世纪 90 年代早期的票房排名全凭它与两家小制片公司 Castle Rock 和 Carolco 签订的销售合同。其中，仅 Carolco 制作的《终结者 2》就为索尼带来了 1991 年一半的票房收入。甚至在 1992 年，索尼表现最不凡的一年，公司 4 亿美元的收入也完全被银行利息和信誉花费消耗殆尽。随着日本经济萧条期的到来，硬件设备的销售量大幅下降，日元对美元的汇率上涨，索尼东京公司的管理者开始给工作室施加一定压力以提高工作效率。

渐入"困"境

索尼决意通过 1993 年度众望所归的大片——阿诺德·施瓦辛格主演的《末日英雄》（The Last Action Hero）来摆脱困境、重振雄风。这部投资 9000 万美元的电影是对索尼公司软、硬件设备"综效"的全方位展示：由索尼高清晰电视设备拍摄而成的索尼影片；极具索尼的品牌风格；由索尼音乐制作发行的影片音乐；在配有索尼动态数字伴音系统的索尼剧院举行的影片首映式。一切都很完美，除了一件事情：这部造价高昂的影片却惨遭票房大败！接下来的一系列高成本、低宣传的影片都惨遭失败，使工作室陷入瘫痪境地。到 1994 年秋天，古伯已经有几乎半年时间没有批准任何剧本投入拍摄。1994年年内，索尼发行的 26 部影片中有 17 部票房亏损，给当年的制片部门带来的总损失高达 1.5 亿美元。

索尼终于忍无可忍了。1994 年 9 月 29 日，古伯"辞职"了。但他仍没忘记抓住最后一次"大好机会"——一套价值 2.75 亿美元的影片，包括了一份估计在 500 万～1000 万美元的年薪。索尼影片公司的股价在1991—1992 年大幅上升之后，如今退回到了 1989 年的水平，然而公司财务上的损失却一直未被披露。古伯–彼得斯时代在 1994 年 11 月告终。索尼宣布哥伦比亚影业损失 32 亿美元，意味着索尼股东资产损失近 25%。不久后，随着索尼开始重建自己的电影业，索尼（美国）总裁米基·舒尔霍夫也可能会被辞退。当问到他有什么不同举动时，他回答："或许，他们应该改变管理方式。"

尾声

从索尼对哥伦比亚影业的收购中我们能学到些什么呢？不错，他们为电影工作室投入了巨大的资金，也确实放弃了对工作室的管理甚至对这两位好莱坞人士的必要监管，这最终给他们带来了更多的损失。但是，再仔细想想这宗收购背后的逻辑。记住，索尼一直都是第一流的硬件设备公司，却认为硬件新技术的发展必须配合发展市场需求的相关软件设备。这一逻辑正是索尼 Betamax 录像带和激光唱片遭遇的直接产物。想想看，一方面，家用录像系统大受消费者欢迎，促使电影工作室都采用这个格式制作电影，于是 Betamax 被迫退出市场。另一方面，CD 机的大受欢迎则是因为飞利浦（旗下拥有保利金唱片）和索尼（通过哥伦比亚唱片）将产品积极地推向日本、欧洲和美国市场。

尽管软件设备的确是硬件设备成功的重要驱动力，但在现实工作中还有另一个动因，可惜这个动因只被索尼内部的少数人所认识，根本没能在公司决策安排中引起注意。前任索尼公司社长盛田昭夫承认，这个因素就是"建立一个大家庭"的必要性。松下公司建立了广泛的联盟，削弱了索尼的市场领先实力，使得 Betamax 的市场需求落后；正是由于 Betamax 的这一经历，盛田昭夫坚信索尼也需要一个更有力的"大家庭"。按照这样的分析，专门格式的软件设备能够获得成功，其实是松下公司创立的成功联盟的结果——家用录像系统的录像带占领了硬件设备市场，那么软件设备的生产商们会生产的产品还能是什么呢？

这里最有意思的一点在于，只有在我们认可接受所谓的"软件逻辑"而非"家庭逻辑"的前提下，哥伦比亚影业的收购案才有意义。因为哥伦比亚影业永远不可能单靠自身就取得市场支配力，去支配市场接受索尼的硬件设备产品。公司对一个电影工作室的控制管理被视为是对 Betamax 老问题的新解法，以及促销索尼新产品——高清晰度电视和 8 毫米录像格式——的杠杆。然而不幸的是，不完整的经验教训误导了他们——软件产品的市场可行性是市场支配力的结果，而不是原因。

有时候，合并产生的问题是因为整体战略逻辑失误，而另一些时候这些问题则来自个人的因素。我们的下一个故事就将说明领导者动因的影响力能有多大。

盛世兄弟的传奇

> 登上悬崖。登上悬崖！！！
> 实在太高。他们来了。
> 登上悬崖！他推他们下去。
> 我们可以飞翔。而他们飞了起来。

在短短 16 年内，从伦敦一家无名的小广告社，发展成为全球最大的广告集团；从广告设计到为雇员赔偿、专家评奖等诸多事宜提供咨询意见；从房地产战略开发到计算机系统；从一名不值的伊拉克移民到托利党党派人士，莫瑞斯·萨奇（Maurice Saatchi）和查尔斯·萨奇（Charles Saatchi）兄弟改写了广告业的规则，创建了了不起的公司，但也因自身的缺陷陷入了典型的希腊悲剧式的结局。

无拘无束

他们从一开始就咄咄逼人。他们拒绝加入英国广告协会，因为协会为了促进职业道德标准，禁止成员争夺竞争对手的客户；莫瑞斯·萨奇公然给对手的客户打电话推销自己的服务，而查尔斯·萨奇则将他们新近获得的客户泄露给行业期刊。哪怕是作为一个小小的起步者，他们也不曾想过要收购另一家伦敦广告社，不管它规模和价值几何。

这对无所顾忌的兄弟是何许人也？查尔斯被形容为一位"有活力的创业者，聪明且极具创造力的天才"。他从 18 岁就开始了自己的广告生涯，那时他在伦敦一家小广告社做办公室助理。不久后，他加入到当时伦敦最有革新力的广告社 Collett Dickenson Pearce，迅速以自己的创意能力建立起名声，然后开始建立自己的广告公司。莫瑞斯则是贸易和管理方面的好搭档。他从伦敦经济学院获得社会学学位之后，进入一家以伦敦为基地的贸易杂志社工作。1970 年，兄弟俩联手创立了盛世长城广告公司，当时有员工 9 名，家庭小型办公室一间。查尔斯负责广告创意工作，莫瑞斯处理销售、财务管理和长期战略制定。

他俩善于雇用人才，创作广告佳作。1975 年，公司为英国健康教育理事会制作了一个十分著名的广告，引起公众对计划生育的关注。广告上是一个面部表情十分焦虑的"怀孕"的男人，并配有插图说明："如果怀孕的人是你，你会不会小心行事？"由于其新颖的广告创意，盛世长城公司很快就获得多项大奖，吸引了业内最有创意的专业人士。兄弟俩付给员工业内最高水平的工资，希望树立创意自由的声誉。多年以后，经理和员工们还会回忆起那首让人热血沸腾的老诗，那"对每个人都是一种神奇的魔力""人们愿意为他们做任何事"。甚至，我们还会听到下面这个杜撰的故事：公司想挽回一名已经跳槽到其他广告公司的精英，但在同盛世长城商谈回到公司的条件时，她说："好，我愿意回去，但是我想要一辆轿车……红色的。"当她回来上班的时候，果真开着一辆红色轿车，一辆红色法拉利。

盛世长城的愿景：争做第一

什么才叫"第一"？对于盛世长城而言，争做第一就是跻身世界上游，打败他人，让别人知道你取得了胜利。争做第一就是比他人更大更好更强更占优势。这需要花费若干年的时间，但是兄弟俩却实现了这个愿望，至少在广告业。20世纪70年代，盛世长城吞并几家英国的广告公司后，在1982年迈出更巨大的一步，兼并了老牌Compton广告公司。此举打开了盛世兼并的闸门，从此开始在欧洲和美国相继收购了一些广告公司。

到1986年，盛世长城已成为全球最负盛名的广告公司。公司收购了几家大的广告公司，包括以4.5亿美元买下了Ted Bates公司，从而将盛世公司推上了全球第一广告公司的宝座。由于兄弟俩热衷于兼并，因此内部整合甚至价格因素都居于次位。例如，他们曾经将两个行业竞争对手兼并到一个门户下，这显然违反了利益冲突原则，使得盛世公司付出了为高露洁公司的棕榄香皂做广告的所有收益。

想象一下，一个对专业服务性公司进行全球收购的公司，却不用遵守原则，不用考虑使并购过来的公司和母公司在结构和业务上配合默契，而且丝毫不考虑价格因素。那是盛世长城公司的鼎盛时期。同样重要的，盛世公司没能将其核心竞争力——以胜利为目标的企业文化和匠心独运的广告创意——移植到并购于旗下的公司当中，这或许是因为萨奇兄弟俩创造的广告太有影响力，太受欢迎了。盛世公司的底线就是："并购策略相当愚蠢。"

尽管这些危险的裂缝在最初还很小，但却是盛世兄弟一手制造的，而且它们越来越大。10年的收购狂潮使盛世公司成长为世界上最大的广告公司，拥有75亿美元的年收入，在65个国家拥有18000名员工。1987年，盛世耗资10亿美元收购了37个公司，成为世界上第一个在伦敦、纽约和东京三大股票交易所上市的公司。

一个狂妄者的故事

当定下争做第一的目标时，你会怎么做？盛世长城的兄弟俩从没说过只成为"广告业的第一"，而是"第一"。于是在20世纪80代中期，盛世公司加快了收购的步伐，这次是咨询和通信公司。从最初的薪酬补偿专业咨询公司合益集团（Hay Group）开始，公司陆续在 12 个咨询公司投入数亿英镑的资金。接着，作为一种反抗，盛世公司参与竞标，旨在收购经营不善的米兰德银行（Midland Bank）。尽管这次行动失败，却表明收购银行甚至都不算是盛世公司进入国际资金市场的第一步。一名分析师叹息道："无论如何，我无法看出这些收购能产生何种协同效应。"很快，盛世长城的股票下挫了 8.2%。

现在人们开始质问这样做究竟有何意义，原因何在？为什么要进入咨询业和银行业？莫瑞斯·萨奇说："我们想在每个行业都成为市场的领先者，对此我们并不感觉不好意思。"或许他们在世上的最大愿望就是希望被人们谈论，但他们的眼光显然放得更远。所以，从开始购买广告公司，再到收购咨询公司和银行这些他们并不具有竞争力和热情的行业，每一步都是小事一桩。

对盛世兄弟而言，他们成功的欲望甚至比索尼动画的皮特·古伯、让·彼得斯还要强烈，这种欲望诱发了深藏的危机，使得他们不能控制局面。同仅仅经营一家广告公司，即使是世界上最大的广告公司比起来，和英国社会的上流人士打交道，和政治高层觥筹交错，显得重要得多。即使成为世界上最大的专业服务公司这个愿望还不能让人满足，就像莫瑞斯曾经说的："光是我们成功还不够，其他人必须失败。"

对桂格和索尼而言，不能了解领导艺术以及作为企业生命之源的员工，就不可能了解并购，甚至是企业的战略。盛世兄弟对整个公司的影响不仅持久而且还很深刻，在对老盛世长城公司的员工进行的采访中，不时听到相同的声音："没有什么不可能""人们愿为公司做任何事情""兄弟俩是富有创造力的天才，聪明有活力，富有企业家精神"。

随着公司的日渐成功，这种影响越加持久，盛世兄弟也改变了。现在人们说，"他们不用按常理出牌""争做第一的决心超过了其他任何事情"，甚至"这些人都是疯子"。由于公司仅仅关注增长，结果除了增长其他方面毫无起色，兼并带来的一些基本错误接踵而至。由于高层的领导者一心要成为第一，这便促使高级经理人进行一个接着一个的收购，却没有在并购后发展竞争力。这不仅使公司战略逻辑全面崩溃——在咨询业和金融业的兼并中缺乏实际的协同效应——更是公司勤奋和整合带来的基本错误。这是一个永无止境、野心勃勃、自我膨胀的故事，一个值得其他争强好胜、拥有不切实际愿望的首席执行官引以为鉴的故事。

盛世兄弟惹上官司

1989 年 6 月，盛世长城宣布将卖出旗下的咨询分公司，正式宣告高速增长战略的失败。更糟的是，在 1989 年中期开始并延续到 20 世纪 90 年代早期的经济衰退严重打击了盛世长城：收入下降，债务增多，1989 年股票价值缩水 98%。盛世兄弟请来了擅长救局的专家罗伯特·路易·德赖弗斯（Robert Louis – Dreyfus），放弃了 12 个子公司，不断降低成本，撑过了 5 年多的时间。在那段艰难的岁月里，创造的火花似乎也熄灭了。所以，当 1994 年 12 月，股东最终联合起来要求查尔斯·萨奇和莫瑞斯·萨奇离开他们 24 年前创建的这个公司时，他们自己也算有所解脱。

盛世的回归

失败的将军还会卷土重来吗？首席执行官能从错误中汲取教训吗？盛世兄弟俩，特别是莫瑞斯的复出，是最近业内最出其不意的举动。在离开了以他们姓氏命名的盛世公司不到一年内，兄弟俩建立了 M&C 萨奇广告公司，很快从以前公司那里挖到了一些客户，如英国航空、澳洲航空和托利党。以前的创意又回来了，1996 年 M&C 萨奇广告公司在戛纳国际电影节上将年度最佳广告公司奖拿回了家。

7 年之后，盛世兄弟发现他们再次成为世界广告界的精英。M&C 萨奇广告公司现在在四大洲拥有 12 个分支、550 名员工，创造价值达 6 亿美元的巨额收入。作为世界第八的广告公司，M&C 萨奇广告公司的排名只落后老盛世公司三位。公司开始频频获得业内的各种奖项，包括《战役》（Compaign）杂志 2000 年度最权威广告公司奖。现任总裁莫瑞斯（一段时间以来，查尔斯只偶尔负责一下公司的事务）已经找到一家法国公司作为其国际传媒服务的合作伙伴，该公司的首席执行官是莫里斯·列维（Maurice Levy）。

同时，老盛世广告公司已经在一定程度上走出困境，但是在几年内还只是二流公司，部分也是因为将其旗下诸多公司进行整合，进行了许多的企业改革。2000 年 6 月，法国 Publicis 广告集团（M&C 萨奇广告公司的合作伙伴）购买了盛世公司。这笔交易创建了世界第五大广告公司，或许更为有趣的是，列维可能最终将盛世广告公司和 M&C 萨奇广告公司合并。

一次在英国接受"独立者"节目采访时，莫瑞斯回顾曾经的错误时说：

我们（M&C 萨奇）公司已经不像原来的盛世长城那样一心只想直奔目标。我们不需要成为同行业的佼佼者，不需要立志比别人做得更好。现在我可以好好享受这个美好的地方，不会为老想着要去做下一件事而焦虑不安。过去，不安全感和偏执的想法一直折磨着我。如果把曾经所犯的大错小错罗列成书，都可以装满大英图书馆了。傲慢自大？也许就是吧。

并购的策略错误：从协同发展到骄傲自大

研究收购失败的事例通常会让事情变得更复杂，并非更清晰。桂格（或者更确切地说，史密斯伯格等人）犯了一个错误：在被桂格并购后，适乐宝丢失了 3/4 的收益；索尼（更确切地说是舒尔霍夫，还有古伯和彼得斯）也犯了错：索尼在收购哥伦比亚电影公司后，承担了 32 亿美元的债务；萨奇兄弟在广告界业绩喜人，但在收购中却同样丧失了理性和直觉，犯了错；盛世长城在无节制的收购狂潮后几乎破产。这些决策者的错误可以让我们知道怎样才能高瞻远瞩，并购成功。

实现协同效益和创造价值为何如此困难

让·玛丽·梅西耶（Jean – Marie Messier）过去在法国经营一家水利设备公司。在此以前，他抢购了西格拉姆集团（Seagram）（连同环球影视和环球音乐公司）、付费电视台 Canal Plus 公司、移动电话公司 Cegetel、美国网络公司（USA Networks）、Houghton Mifflin 公司，以及多种多样的电话公司、软件开发商、多媒体机构等，进入了娱乐业。他的伟大计划是：把娱乐业务和无线传播结合起来，创造一个强有力的直线式的综合多媒体巨头。但不幸的是，现实不如想象那么壮观，维旺迪环球公司（Vivendi Universal）决不会创造出交易后的协同利益。相反，付出的代价是：股民的几十亿美元和梅西耶的饭碗。

协同效益。协同效益，即创造出更大价值的资产合并，它来自节约成本或增加收入。当波音和麦道（McDonnell）于1997年合并后，波音使用麦道未利用的航线和工具制造能力；伊顿于1994年收购了西屋的流通和控制部门后，把工厂和产品紧密联合了起来。从无数诸如此类的例子可以看出，协同效益成本常常对具有战略意义的合理交易至关重要。

有时决策者会尽力利用资产互补的优势，为并购后的企业增加收入。例如，联合利华收购了Ben&Jerry冰激凌公司，为自己带来了全球范围的流通网络，从而扩大了Ben&Jerry的市场。索尼断言收购哥伦比亚影业是基于这样的考虑：软件销售可以带动硬件的销售。桂格期望通过把营销特长传授给适乐宝的方式增加收入。虽然几乎所有的并购企业都断言会实现成本或收入的协同效益，但成功与否却是另一回事。

所有的协同效益不都是相同的。对于协同效益，首先要记住的是：看起来容易，做起来难。效益潜力越具深远意义，挑战就越大。如果效益潜力一般（如两个公司几乎没有共同业务和共同顾客），那么要实现这些效益目标就相对容易些。例如，把财力和法律服务结合起来并不难，但收益有限。由于效益潜力日益相互覆盖，要打胜仗的难度也就增加了。维旺迪永远不知道怎么靠累积的巨大资产去挣钱。业务和流通似乎可以同时发展，但问题是怎么发展？维旺迪永远也不能找到答案。

时间很重要。现值是一个基本概念。同样基本的是：决策者有时似乎会忘记，在并购后的3年里实现成本节约，不同于眼下的成本节约。协同效益难以获得，所以实现周期长，低于那些短期效益。一旦签订并购合同时所做的承诺随着时间的推移变得完全不乐观，市场就会降低价格——这正是美国在线和时代华纳了解到的事实，因为当时的CEO杰拉德·莱文（Gerald Levin）做出现金流增加10亿美元的承诺，实际上永无兑现之日。

协同效益不是免费的。实现协同效益是要付出代价的——裁员费用，花在协调和互动上以实现效益的时间，额外的培训和重新安置费用，以及整合的杂费。这些费用不仅仅与合并交易相关，还与协同效益的实现有着最直接的联系。单凭经验来看，实现协同效益的成本常是每年协同效益值的2~3倍。

消极的协同效益。人们期望索尼收购哥伦比亚影业会产生协同效益，但到目前还没有产生。为什么？企业的软件部门和硬件部门目的不同，文化也不同，因此为什么一个要向另一个妥协呢？例如，尽管有一长串的产品名单，索尼还是没有在美国成功地开发出数字音频带（DAT）和微型光盘格式棒。失败的部分原因，是由于索尼的软件部门担心数字录音技术存在被盗版的可能。而索尼的软件部门和硬件部门间的协调也由于在工资、应有的工作道德及地理位置（硬件部门在日本，软件部门在纽约）上的根本差异而恶化，甚至在1998年索尼音乐娱乐公司拒绝了索尼电子生产便携式MP3循环播放器的想法。这一犹豫让竞争对手在MP3循环播放器和数字业务上有了一席之地。

怎样判断收购是否明智

让我们从第一条准则开始：只有当决策者采取强硬方式实施公司全面向前发展的战略时，才可以并购。决策者们必须有说服力："通过并购，我们可以增强在市场上的竞争力。"

第二条是资产结合所创造的价值是否比损失的多。理查德·帕森斯（Richard Parsons）是美国在线和时代华纳的CEO，在2002年的危机时就非常明白这个道理。他说："合并为整体的资产应该而且在这个管理团队的领导下将会比零散的个体更棒。"

如果消极的协同效益普遍存在，那么并购企业将如何克服缺点，产生积极效益呢？实质上，达到第二条准则需要实现节约成本和增加收入，还要超过并购交易所花的费用。关键的问题是：作为母公司，怎样才能创造出更多的协同效益，又可能在哪些方面造成价值毁损呢？你怎样才能使这些费用降至最低呢？价值创造测试为合并提供了理论基础，同时也为破坏合并提供了理论基础。例如，当3Com窒息了Palm的发展机遇问题变得很突出时，后者于2000年从前者中分离出来（独立的Palm可以用股份吸引工程师，但作为3Com的一部分时却不可以这么做）。另外，这两家公司实际上从事完全不同的业务：Palm做的是手提电脑，3Com是网络设备。这对协同效益毫无益处。在无价值创造却有价值损失的情况下，分离是正确的选择。

收购有合理性吗？ 组织内部应该绝对明确收购的目的和重要性。不但你会鼓动他人，收购的合理性也能成为灯塔，指向正确的方向，解决在整合过程中出现的问题、复杂情况和疑惑。

你的核心竞争力是在并购吗？ 成功的企业发展关键的核心竞争力，以此推动竞争战略。同样，成功的并购公司必须发展核心竞争力，做到胜人一筹。这难以做到，因为每一次收购都是一次独特的经历。所以，应该记录下每次参与并购交易中学到的经验，运用到另外的并购交易中去，并在以后的交易中积累更多的经验，就像思科、通用、伊顿和其他的并购商那样。

你的并购战略适合你的组织吗？ 对任何一家公司而言，恰当的并购战略应该与自己的能力、人员和总的竞争战略相适应。别的公司所需要的东西不一定适合你的公司。例如，尽管康塞科公司很善于买进小型保险公司并将其纳入自己的系统——此举避免了重复和不必要的管理费用，简化了办公程序。但公司在 1998 年对"绿树"（Green Tree）公司进行收购时，情况却有了不同。那是一家与康塞科业务互补而非业务相同的公司。绿树公司已经将自己的不动产抵押给了一些低收入顾客，而这些顾客正好是康塞科公司保险产品的目标客户。这就迫使康塞科不得不研究如何经营自己不擅长的业务，而不再致力于如何提高工作效率。

尽职调查的关键是什么

适乐宝合并就是一个典型的因尽职调查不力而失败的案例，被独立的分销商拒绝的杂乱的分销系统是这个案例的关键，然而桂格从来没有意识到分销商掌握了所有的主动权——他们和适乐宝的合同赋予了他们进行生产的无往不胜的永久权利——可见保守的桂格公司和敬业的分销商们是多么的不同。资深的适乐宝分销商这样分析这个问题："桂格就是不懂我们的业务。"史密斯伯格承认道："我不是在批评分销商。我们的错误就在于我们应该理解他们或他们的业务和文化，但是我们没有做到。"

作为品牌经营商，桂格是否被适乐宝带来的机会和过分的自信冲昏头脑了呢？Triarc 的前总裁迈克尔·温斯坦在购买了桂格后，使得 Triarc 经营好转并远超适乐宝，这位总裁这样说道："桂格相信三个从布鲁克林来的巨头参与了这些商业活动，并取得了成功。在董事会中增加一些睿智的头脑会使整个工作更加顺利。桂格只是不知道商业的企业精神所在。"在把适乐宝卖给 Tri-arc 3 年之后，史密斯伯格认识到了尽职调查的缺陷："引进一个新的品牌会让群情振奋，声名远扬。本该有人来告诫我们这些新的品牌的缺陷在哪里。"

几乎所有的人都知道什么是尽职调查，它就是确保让你买得放心。然而某些精明的合并运作者，比如 HFS 的亨利·西尔弗曼（Henry Silverman），也对兼并伙伴 CUC 国际公司的不良会计行为熟视无睹，结果导致 28 亿美元的股票问题。这应该为我们敲响警钟，对危险信号引起警觉。当澳大利亚安普公司在 1998 年收购了 GIO 之时，是在 GIO 公司刚刚宣布了它的再保险业务的出人意料的损失之后。不到一年，这些损失就高达 10 亿澳元之多（约 6 亿美元）。当美泰公司不幸地以 35 亿美元在 1999 年收购了 Learning 公司时，评论界给了大量的警告，然而美泰却仍以高达 4.5 倍的价钱收购了后者。首席执行官们不顾风险大量收购可能跟他们对于未来业务的无限热情有关，而尽职调查中有一些重要原则却是必须考虑的。

细节。尽职调查就相当于细节，这些细节都是需要人们去关注的。在大量公开的有关公众和许多私人公司的数据中，没什么可以阻止一个未来的收购者进行自己的数据收集。要被收购的工厂有多少员工？数数停车场上的车就知道了。这个工厂的内部建构如何？这些建筑蓝图通常在分区办公室中可以找到。工厂的经济实力如何？看看一些危险信号就可知道：比如新项目投资的减少，广告费用的减少，其他杂七杂八的消费和未完成的预定的工作。这个工厂的产品和服务如何？买下他们的产品，用一用，仔细研究一下构造。供应商、竞争者、分销商和消费者是怎么评价这个工厂的业务的？直接问他们就好了，人们会很乐意和你分享心得，而你只需做个好的倾听者。

速度太快。新经济所标榜的是速度，但是收购和合并的速度太快，尽职调查就会失败。1999 年，思科以 72 亿美元收购了纤维光学制造商 Cerent 公司时，据说谈判的时间 3 天加起来只有 2.5 小时。但是，这么快的速度也是基于几个月的前期准备活动。一些缺乏经验的人可能想不到这一点，他们可能错误地认为，就连思科都花这么少的时间来收购，我们还用花那么多的时间吗？实际上，思科在 1998 年之后就已经拥有了 Cerent 公司 9% 的股份，思科对 Cerent 的业务和研发有所了解。思科首席执行官约翰·钱伯斯和 Cerent 的首席执行官私交甚密。思科对市场了如指掌，对收购活动的战略思维再清楚不过。思科还拥有资深的整合团队，擅长高技术含量的合并工作，在收购之后，他们能够快速有效地完成整合。思科之所以有能力快速运作，是因为收购之前的准备工作。大多数收购都需要时间，大量的时间。

从各种渠道获取信息。你有很多选择，或者用自己的信息资源，或者通过投资商来辨别收购候选人的资质。你可以和供应商、消费者甚至竞争对手谈话来获取信息。你也可以在竞争渠道中从分销商处获取信息。问问他们是否注意到有人对某种市场上可获得的产品和服务感兴趣，也可以问问他们是否发现某人有管理的天分，等等。或者，你可以等等看，一些书会在华尔街出现，目的很明确，就是诱使你以最高价购买市场上流通的一些商品。这就看你怎么选择了。

许多医药和高科技公司（包括默克、英特尔和思科），成打地收购新开公司的小额股票，通过这些股票可以预见公司的潜力。这样的公司大多是小型私有的，他们各方面的信息很容易被有实力的信息猎头公司捕寻到。如果相关的市场机会变得无限巨大，这些投资或联合投资就是绝好的资金兑现的机会。而且，公司过去成功收购的经验会使它名声在外，把潜在的消费者吸引到自己身边来。口碑是至关重要的，因为潜在的消费者很可能告诉他们的首席执行官以前收购的公司如何如何，并让高管们了解整个过程是怎样的。要相信他们可是有好多话要对执行官说的。

整合：千百次的错误导致失败

人们不止一次听到："整合的失败导致收购的失败。"这种失败好像无人能幸免，即使是 1997 年斯蒂文·科维（Stephen Covey）帝国（曾带给我们《高效能人士的七个习惯》）和时间管理励志公司 Hyrum Smith 合并建成 Franklin Covey 公司后，也陷入了这种老套的窘境：一个公司有两个总部，对员工不能一视同仁，一种"你们和我们"的思想充斥着两个帮派，他们都按照过去在自己公司的老路行事，而无视新公司的建构。结果是老一套：协同优势根本不存在，甚至企业的日常管理费用从合并前销售额的 35% 上升到了合并后第一年销售额的40%。

看看桂格、索尼、盛世长城是如何进行整合的吧。桂格的问题一个接着一个，而有些问题是能在尽职调查里预见的；索尼遇到的是两个总是相伴而生的问题：文化和协调的问题；盛世长城是只要能逃脱，就视整合问题而不见。我们的研究表明，合并整合的错误之所以一再发生，是因为合并之后，因文化的分歧，因合并带来不可预见的弱点等，公司不知该何去何从。

合并之后应该怎么做

把握时机。合并的时间越长，从协同优势中失去利益的风险就越大。幸好收购带来了很多内在的机会，可以更好地利用时间。举例来说，从收购开始到结束所需的时间，可从几个星期到几年不等。这段时间就是开始转变并制订详尽的整合计划的时候，就好比在1994年，伊顿收购了西屋电子的分销和控制业务，这一收购是在反托拉斯议案出台前拖延的那段时间进行的。收购计划就包括详尽的数以千计的对各个分公司及产品种类、产品样式等内容进行评估。因此，他们有充分的准备在合并正式完成之后，迅速走向巩固和合理化。

推举合并核心人物。合并的核心人物为整合收购承担个人责任，被授予相应的权威。核心人物常常是最先看到收购机会的经理人，他们自然会因为收购而充满活力，也明白收购对于公司的意义所在。事实上，在思科，一个部门总经理要是对一个公司有兴趣，认为有被收购的潜能，他或她必定会成为这次收购事件的实际核心人物，对目标公司的成功整合和后续运行负有责任。

对前15天的工作进行记录。如同旧金山前49人队的传奇教头比尔·沃什（Bill Walsh），他提前进行一系列的整合行为，留出足够时间进行管理，思考和处理合并之后产生的各种事先很难预见的问题。这些步骤中最重要的，必然是薪酬问题。让你所收购的公司的员工感到不受重视的最好办法，就是把他们的薪水搞得乱七八糟。

组建并授权整合管理工作组。任命一个小而精的整合专家工作组，在各个专业职能工作组中（例如财务、人力资源、工程服务、生产制造以及信息服务）起到催化和促进作用。尽管工作组的大部分工作时间都是在并购之前，但他们迅速的组织能力和享有的特权势必能减少被收购方的一些不确定因素。

防患于未然。关于整合有一件事肯定是意料之中的：总会有意料之外的事情发生。核心人物的任命、行动细节的制定和整合专家组为我们提供了框架结构和行动计划，但我们绝不能自欺欺人地认为一切尽在掌握之中。要想成功扑灭那些突发的"大火"，拥有优秀的后备力量至关重要。就像伊顿那样，公司的"海豹特遣队"随时准备开往突发事故现场，扑灭意外的"大火"。

克服企业文化障碍

当戴姆勒－奔驰和克莱斯勒于 1998 年 5 月宣布其价值高达 360 亿美元的合并时，许多评论家都为之欢呼雀跃，认为这一大胆举措极有远见，将可能改写全球汽车工业规则。克莱斯勒能为德国带来自己专长的小型汽车技术，这正是当时它与智能型汽车苦苦抗衡的一种汽车制造技术。而梅赛德斯的工程师们将重新激活克莱斯勒的生产线，带来更多关于小型厢式送货车业务的技术知识，提高克莱斯勒汽车的整体质量。通过两家公司的联手，新合并的公司应该足以在汽车工业内拥有绝对实力，一如既往地以全球主要玩家的身份与通用汽车、福特和丰田相竞争。然而，公司实际上花了数年时间才勉强达到这个最初的目标。这主要就是因为大量的文化障碍使得公司的收购与整合陷入困境。我们来看看这些文化差异：

补偿与利益。克莱斯勒高管的收入高出戴姆勒高管 2～4 倍，但在个人花费方面都出手小心谨慎；戴姆勒高管则出手阔绰（尤其是出门旅游之时）。这导致双方为了价值 500 美元的西服和是否搭乘协和飞机的问题而争论不休。

管理方式。约尔根·施伦普（Jürgen Schrempp，戴姆勒首席执行官）自信、热情、专注、精力充沛、性格外向，而罗伯特·伊顿（Robert Eaton，克莱斯勒首席执行官）则敏感、自制、不好出风头。

等级制度。戴姆勒的高管有自己的助手团队，他们在做出任何决定时都会准备详细的意见书；而克莱斯勒的高管则依靠自己的信息网络。

财务管理。德国人更关注年度收入而不是季度收入，通常希望在年底时能一鸣惊人。而美国人注重经常分析、预测，尽力避免任何意外。

诸如此类的文化障碍确实是一大隐患，导致其他一些与整合相关的"企业神经官能症"，使企业整合问题更加严重。下面是我们在其他一些合并案例中观察到的"企业神经官能症"病例。

"我宁可杀了你也不跟你合作。" 医院之间的合并是典型的出于降低成本的需要，以此来应对激烈竞争、管理压力及医保制度的经费缩减。此类合并经常会因为医疗体系中医生的权力过大而忽视了真正的运营上的整合。波士顿的贝丝以色列医院（Beth Israel）与女执事医院（Deaconess）在合并中就恰好遇到了这些问题。例如，麻醉科的合并就花了18个月的时间。其中，女执事医院的麻醉科专家宁可辞职也不愿在诸如工作时间、奖金补助和部门管理等问题上做出让步。

"买吧，但别插手。" 外国的收购者，尤其是在大交易中，常常在整合过程中明显地"使不上劲儿"。不管是出于对政治和舆论影响的担心，还是先入为主地认为自己对国外业务缺乏理解，一些公司显示出的是一种近乎殷勤谄媚的整合方式。在日本普利司通轮胎公司收购凡世通后的5年内，普利司通无视凡世通曾有的不良业绩，将凡世通的高管放任自流。到1992年，公司的总体损失达到了10亿美元，最终迫使普利司通不得不派自己的专业人员去解决问题，并花费了15亿美元来扩大和提升凡世通的业务运作。不幸的是，这次收购的收益底线却年年下降，先是因为1995年工人大规模罢工使公司上了新闻头条，甚至还累及当时的总统克林顿；然后是因为最近的福特汽车轮胎爆炸事故而大量召回凡世通轮胎。

"我们其实并没有那么不同。" 有时，患神经官能症的企业就采取了相反的策略。这时他们显然根本没有觉察到文化和管理模式上的差异，正如1995年的法玛西亚（瑞典）和普强（美国）合并一案。尽管瑞典和美国在许多方面相似，但是习惯风俗方面的一些小小不同却能带来巨大的差异。比如，瑞典通常在7月有很多假期，而普强的高管没有意识到这个习惯，在7月安排了一连串的会议，惹恼了他们的瑞典同事。另外，美国的管理是指示性、细节性的，这与瑞典的公开讨论、达成一致的倾向没有很好地吻合。这次合并用了很长时间进行自我纠正，正是对文化相似的误导性猜想引起了两个公司之间无尽的摩擦。

"我们不需要改变。" 大多数人喜欢稳定，而不是改变。所以，在并购案例中能看到这种对改变的排斥也不足为奇。例如，有一个很老的故事，麦道飞机制造公司的工程师们在与道格拉斯合并为麦道·道格拉斯公司之后还会刻意将道格拉斯的名字用铅笔划去。甚至高层的管理者也觉得维持现状比做出改变要容易。戴姆勒的德方负责人被问及是否未能理解克莱斯勒公司的文化或者说美国商业的特性时，公司首席执行官约尔根·施伦普把克莱斯勒称作一个部门，并烦躁地拒绝了其他文化方面的问题。"我们的管理风格是给予部门领导最大限度的自由。"他说道，"这是我们一贯的管理作风，在克莱斯勒的案例中也是如此。这就是我的回答。"

小心关键利益相关者问题

收购后的整合过程是一项棘手、复杂而费时的工作。事实上，这项工作耗时非常之久，管理者只忙于融合工作而开始忽视顾客和员工。这时，合并就可能导致重要利益相关者问题。

顾客。合并之后，你必须特别留意自己的顾客，否则他们就会被你的竞争对手抢走。1998 年康柏收购数码设备公司后，戴尔公司首席执行官迈克尔·戴尔说："我确信这些人给我们送了一份大礼。"戴尔为此采取了很多行动，也确实在紧接的收购后整合时期与康柏在市场份额上达到了持平。2002 年惠普和康柏合并时，戴尔也说了许多同样的话，这也不会使人感到惊奇。再往回几年，当富国银行和美国银行进入收购热潮时，加州一些存贷款的小银行就在当地的报纸上登出大幅广告，承诺提供大银行因为合并而丢掉的一些个人服务。

在并购之后需要做出特别的努力，以防失去客户。伊顿公司指定整合经理和经营经理共同努力，确保在进行整合的过程中，对顾客的注意力没有转移。在整个整合过程中，顾客的满意度应该被仔细并有规律地监察。而且高层的管理人员一定要尽早去走访主要的客户，解释合并的原因以及这对于客户意味着什么。

员工。有一个现实的风险，那就是你的一些最具价值的下属会将合并视为另谋高就的机会。当合并之后一切事情正在进行的时候，公司很容易转移注意力而忽视了重要的员工。很多专业服务公司都有人员保留问题。1997 年美国银行（前国家银行）以 13 亿美元收购了蒙哥马利投资银行，不久就由于管理上的冲突导致了上百名蒙哥马利员工的离开（去了由蒙哥马利投资银行前主席汤姆·维斯尔创立的公司）。要记住，收购中挂在管理者和员工嘴边的第一个问题就是"我将会怎样？"你的反应是一个透镜，他们会通过它来决定去留，是斗争和破坏，还是顺应和调整。

骄傲走在……前

在谈论收购的话题时，不能不提及首席执行官们的狂妄自大和感情用事。看看索尼对哥伦比亚影业的收购吧。在讨论并购的价格时，索尼前首席执行官盛田昭夫说："钱我是总能收回的，但人力和公司却没那么容易，所以从长远计划来看，钱付得多一点或少一点都没什么关系。"人才和企业的重要性虽然很清楚，但这种逻辑却多少有些超过了限度。关于索尼收购哥伦比亚影业，彼得·古伯（新力电影总裁）说："对于一项交易来说，这是一种情绪化的势头。一旦掺入了这种情绪，什么事情都阻止不了交易的进行。"这种说法是不是听起来有些熟悉？

在一项对首席执行官的自大所做的有趣研究中，马修·海沃德（Mathew Hayward）和唐纳德·汉姆布瑞克（Donald Hambrick）两位教授调查了这种自大是否与其公司在进行收购时所付的价格有某种关系。把媒体上对首席执行官的正面报道以及他们与二把手相比所得的薪水作为衡量自大的标志，他们发现首席执行官的自大心越强，花出的钱也就越多。比如，平均每多一篇高度赞扬的报道，所付的价钱就有5%的增加。确实如此，这些富有光彩的报道使首席执行官们信心膨胀，相信自己可以多付一点钱，因为他们完全有能力再赚回来。不幸的是，桂格、索尼和盛世长城那些聪明的高管发觉并购远比他们想象得要困难得多。

关于合并和收购的备忘录

■ 正如安然和泰科的董事会成员须为会计丑闻横行时袖手旁观而承受责难，他们也必须为有悖常理的收购而负起责任。盛世长城为何要买下米德兰银行？它本不该如此。

■ 整合作用最易忽视。收购前的分析必须实际地估计潜在的协同作用，要对负面的企业协同作用、时间的紧张以及其中的代价给予特别的注意。

■ 买房买车的时候我们肯定对要买的东西进行仔细研究。购买公司不也一样吗？看看桂格吧，考虑不周带来的损失比交易中的其他任何方面带来的损失都要多。

■ 买卖完成的时候艰苦工作才刚刚开始。有效的整合并非易事，然而对于合并带来的影响漠然视之则没有一点用处。索尼和盛世长城对交易的后果不予重视，为此付出了代价。

■ 收购并不是一次性的交易。聪明的收购者会从每一次的交易中有所收获，并将其谨记，作为成长的武器。

■ 建立管理的连贯性。正如组织内部专属小集团的知识需要在收购过程中被发现和转化，参与整合的经理就是富有价值的资源。很好地利用他们的专业知识就相当于培养了一批把合并和收购作为首要职责的精英骨干。每一个交易之后的融合阶段，都使这些人的知识基础得以扩展，从而使公司成为不可战胜的竞争者。

■ 不要忘记庆祝成功。整合背后的工作非常艰难，常令人感到沮丧。提前期待小小的成功，并给团队机会庆祝这些成功。

第五章　战略失误：错误的选择

——战略家们缘何错估竞争对手，选择"非理性"战略

　　什么是战略？数不清的图书、MBA 课程、管理教育项目和咨询师都可以很详细地回答这个问题。但是我们长话短说，战略就是一个公司为了在竞争激烈的市场里完成其设想，选择做什么或不做什么。戴尔的战略是直接给顾客提供装好的个人电脑（最近又推出与电脑相关的其他产品）。西南航空则是给那些看重高速度、低价格的乘客提供一流的服务。

　　关于战略，有三点你必须了解：

　　■ 要建立一个稳定的战略，你必须了解自己公司的状况：你的顾客群是谁？戴尔使顾客满意的是其方便的定做服务以及高效率的专递，西南航空的顾客看重的是其低廉的价格。你的产品是什么？戴尔的产品是值得信赖的电脑，西南航空则是舒适惬意的航程。你怎样销售产品？戴尔注重的是物流和执行，西南航空注重的则是客户服务和飞行速度。

　　■ 在一个战略中，选择不做什么和做什么同样重要。如果你什么都想做，那么你几乎没有什么战略。戴尔并不通过零售商来销售品牌产品，西南航空的机舱也不是一流的。对高级主管来说，这一点最难把握：有时候必须说"不"。

　　■ 并不是所有的战略都是同等的。战略必须建立在顾客足够重视而且能够支付，同时对手又不能轻易模仿的基础之上。惠普知道如何生产个人电脑，但是它比戴尔稍逊一筹，因为它不能轻易将重点从销售渠道和零售商们转到直接与顾客建立服务的模式上来（如果你试图绕过零售商直接与顾客联系，他们会极为不满）。许多航空公司在"9·11"之后都遭到重创，因为它们标准的操作程序使其很难采用西南航空的经营模式。

的确，我们都知道战略是复杂的，而且比我们所讨论的要复杂得多。但是重视这些基本原则很有价值，尤其在于：战略里的大部分计划是对这种理念的阐释。不仅如此，这些原则还可以在很大程度上帮助我们了解这一章所讨论的公司在哪方面出了问题。当然，虽然没有完全注明，但在整本书中，我们都在讨论战略的问题。它使我们懂得为什么有些冒险策略能够立竿见影，而别的则不然。战略使得创新和变革如此之重要；合并和收购也用来促进一个公司的战略。在本章，战略是我们的讨论重点，因为它不仅巩固了第一部分的主题，而且在本章也是重点（在本章，我们讨论 Indiana Jones 公司，并从行为模式方面挖掘导致失误的深层原因）。一如前一章，我们讨论的公司来自世界各地，而且分处于不同行业、时代及地域，所以通过分析得出的共同之处对其他相近的高管和投资者有很大的借鉴意义。

王安电脑——希腊式的悲剧

　　希腊式的悲剧，经常牵涉导致主人公最终堕落的自身缺陷。可悲的是，这种"自身缺陷"，无论是骄傲也好，自大也好，或者是对权力的渴望——都往往与杰出的才能相伴而生。在古典传统中，这些造就主人公伟大的特性也将最终导致其走向毁灭，这正是王安及其电脑公司失败的原因。

　　王安是个与众不同的人：他是发明家、创新者，真正的商界奇才。当年他两手空空来到美国，1948 年获得哈佛大学博士学位，并发明了磁芯存储器，这种技术在未来 20 年里对电脑界产生了巨大影响。他第一个发现并认识到计算机市场的潜力，而且还申请了大量的专利以及产品构想。他对于重大科技发展的探索不仅是自己的发展动力，而且也体现在其公司文化中。他所创建的王安电脑迅速发展为拥有 2 亿美元的大企业。

　　该公司的早年发展似乎有一定的预示性。王安电脑从一开始就与 IBM 纠缠不清，在经过 4 年艰难谈判之后，王安将磁芯存储器技术卖给了 IBM。众所周知，仅仅在这一交易完成几周之后，王安就获得了这一技术的专利。几年后，王安就以 IBM 侵权为名结束了这项交易。

　　在 20 世纪 50 年代末，王安相继开发了几项发明，但是他的商业才能与其科技才能相比则稍逊一筹。王安的纸孔带加工装置，亦称纸孔排字机获得了专利，这种机器提高了报纸印刷效率，但是他没能很好地完成注册协议，因此失去了独家生产权。在缺乏资金来源的情况下，王安极不情愿地将公司25%的股份以 15 万美元的价格卖给了一家机械工具公司。王安后来写到，他后悔当时仅仅因为这么低的价格就放弃了那么大的控股权。

接下来的 20 年里，王安的发展极为顺利。1965 年，台式对数计算器的引进打开了台式计算机的市场，王安凭此技术统治该领域将近 5 年。趁热打铁，1967 年 7 月，王安电脑大张旗鼓地上市了，王博士自己一人控制了公司 50% 的股份。王安于 1973 年首次推出了 2200 小型机以及尖端的 1200BASIC 文字处理器，但是直到 1976 年，公司引进了阴极射线管技术生产文字处理机之后，王安才算完成了他另外一个壮举。到 1978 年，王安公司已成为全球第 32 大电脑供应商，而且他们已具备相当的实力并推出一个大型的电视广告活动，向当时排名第一的 IBM 公司宣战。王安甚至大胆地宣称他的公司将于 20 世纪90 年代中期取代 IBM，统领电脑界。一位前任经理告诉我们："他有两件灰色的套装，在他的前胸口袋里总放着一张王安公司如何超越 IBM 的图表。那时，IBM 的销售额为 470 亿美元，王安公司的销售额仅为 30 亿美元。"

自大 + 憎恨 + 不尊重你的对手 = 灾难

文字处理机和个人电脑的例子彰显了战略失误的风险。王安已不再将文字处理机看作产品，而是不可自制地爱上了它。一个创新型的公司必须爱上开发新产品的过程，但是正如我们在第二章所讨论的，爱上实际的产品却很危险。所以，在上面的例子里，当王安之子弗雷德（Fred Wang）指出个人电脑对文字处理机构成很大威胁时，王安说："个人电脑是我所听过的最愚蠢的东西。"然后，同苹果公司一样，王安公司反对申请这项技术。王安不仅对个人电脑的市场反应迟缓，即便在其进入该市场后，仍然选择不与 IBM 的系统兼容。一方面由于过去长期的成功所形成的自大，另外一方面则出于对 IBM 在个人电脑业霸权的蔑视，王安对 IBM 的盲目憎恨使其形成了一个不可能胜利的战略。自从王安将磁芯存储器技术卖给 IBM，他就觉得自己被这一电脑巨头所骗，他绝对不能容许这样的事情再次发生。

要了解战略，必须仔细研究战略家

王安以及个人电脑的例子犹如一个寓言，给我们提供了了解王安的封闭世界的窗户。早在一开始，王安就同时身兼数职，既是总裁、首席执政官，又是研究主管，形成了一种独裁式的管理。他对公司的各个方面都要保持最终控制权。他的儿子弗莱德告诉我们这样一件事，从中可以看出王安的控制欲甚至已经扩展到公开募股（IPO）过程：

他习惯在晚上入睡之前读一本阿加沙·克莉斯蒂（Agatha Christie）写的推理小说。通常在读了一两页之后，他就睡着了，而书则啪嗒一声掉在地上。1967 年夏天，就是公司上市前夕，他找到一些关于公司上市的指南书，其中一本有大型画册那么大。有一天晚上，他就抱着那本书上床了。读了几页之后，我们听到了那本书掉在地上的声音，整个屋子都随之一颤。在整个夏季，他差不多读完了那本书，已经能够分析并指导那些帮助我们进行公开募股的投资银行家了。通过仔细阅读相关资料，他所掌握的知识比他们还多。

他这种先入为主的控制欲从何而来呢？除了一定的心理动力，王安的这种行为最主要的原因还在于他一直懊悔自己在公司第一次上市时放弃了太多控制权。他很可能觉得自己遭到了 IBM 公司的欺负和利用。当时，他还因为一份不够严谨的专利使用权转让协议而丧失了大部分生产控制权。从那以后发生的许多事情都反映出王安在努力尝试避免重蹈覆辙，但他每一种解决问题的方式却比他试图解决的问题本身更有害无益。这三件事的主题都是控制权的丧失，促使王安做出了亲手毁灭自己公司的错误决定。

其中有两个最为关键的决定。20 世纪 80 年代早期，王安电脑的规模逐渐扩大，他一个人进行管理已经远远不够了。由王安提拔出任公司经理的第一人是一位经验丰富、深受信任的主管人员，但只在这个职位上干了 3 年，因为王安显然有意提拔自己的儿子弗莱德出任经理一职。然而，当弗莱德真正走马上任时，许多人怀疑他是否是这个职位的合适人选。

尽管连续起用家族成员出任公司的 CEO 并非王安一家公司的特殊做法——施温、库斯和巴尼斯等公司也都十分看重保持家族企业的传统。但对王安而言，他做这个决定很可能是为了他的遗产而不是整个家族企业。从这个角度上来看，王安与施温、库斯（Coors）和巴尼斯（Barneys）等家族企业大不相同；弗莱德的继位只是为了证明王安在事业和生活上的成功。甚至当1990年王安临终之前，他还写了一个潦草的字条并用医院的医用胶布封住，叮嘱当时的CEO理查德·米勒（Richard Miller），不管公司未来如何，都万万不可更改公司名称。

随着市场趋势从文字处理机到个人电脑的转变，加上王安延误了参与市场竞争的时机，公司出现了大问题。公司的销售人员对个人电脑业务置之不理（王安在个人电脑行业显然是个失败者）；公司确实还在文字处理机业务上拼命努力，挣了更多的钱。唯一的问题在于文字处理机市场在持续委靡萧条。公司损失不断累积，而王安做出的第二个致命决定使得销售损失的影响格外严重，最终摧毁了公司。这是王安在公司发展阶段所做的一个决定。他对自己在公司首次上市时被迫放弃了很多权利一直耿耿于怀，因此他拒绝减少自己在公司的股份和增加其他资金来源。如此一来，公司利用股份筹资的机会就十分有限，剩下的唯一出路就是贷款。到1989年，王安成功地筹集到了10亿多美元的资金，其中包括5.75亿美元银行贷款。尽管公司在随后数年内一直苦心经营，但到1992年这笔资金也最终耗尽。王安电脑——历年来电脑行业内最具革新力的公司之一——最终不得不申请破产保护。

王安电脑可以说是自毁而亡。一位乐善好施、睿智英明的统治者，有着想要掌控公司方方面面的急迫欲望，这一点曾造就了公司的辉煌业绩，却也将公司带入了深渊。王安电脑的悲剧是一个典型的创业夭折的例子。受到欲望的驱使，想要在周围环境中最大限度地控制自己能控制的东西，加上被致富的成功冲昏了头脑，王安逐渐犯下了一系列的基本错误，最终断送了公司的前程和自己的财产——他曾急切想拥有的一切。

接下来的两个案例里，问题的关键不仅仅是在公司的高层，而是扩展到了公司中层。在这两个公司中，中层给公司带来了大麻烦。而且，这两个故事听起来也似乎都是精明管理者做糊涂事。第一家公司是一家销售奶和肉制品的日本公司，第二家则是美国新英格兰地区的骄傲——波士顿红袜队。

雪印乳业公司过而不改

1955 年 3 月 1 日，东京地区 9 所小学相继报告发生严重的食物中毒事件，1900 多人受到影响。两天后，东京的政府官员宣布，他们在雪印乳业公司生产的低脂牛奶中发现了葡萄球菌。这家公司成立于 1925 年，最初是农场主的合营企业。公司位于日本最北端的北海道，当地因农业和乳制品生产而闻名。当中毒原因被追查到雪印乳业公司位于 Yagumo 的工厂时，公司上下震惊了。中毒事件是由于北海道的临时停电和新设备存在的一些问题而引发的。

雪印公司很快对此做出反应。首席执行官佐藤光治立刻做出回收产品和停止所有销售的决定。他在所有主要报纸上都发表了一份公开道歉的声明，并亲自奔赴工厂调查此事。公司成立了独立的部门，加强质量管理和检测，把多层的质量检测融入到生产过程中。佐藤还开始把质量观念注入雪印的企业文化中，不断地教育雇员要重视产品质量，把优质定位在公司信条的核心位置。这些举措都十分有效，雪印逐渐成为日本国民最信得过的品牌之一。到 2000 年，公司成为日本国内最大的乳制品厂商。

在第三章，我们介绍了一些公司，如摩托罗拉和乐柏美，说明一个公司的历史能够对其下一步的战略性举措产生大的影响。在雪印公司，东京食物中毒事件被广为流传了很多年。公司通过不断地向雇员介绍这一事件来提高大家对产品质量重要性的认识。但是不知从什么时候开始，记忆开始消退，公司不再遵循生产高质量产品的准则。而且到 20 世纪 90 年代，市场情况发生了变化。超市购物的自由性使超市发展得越来越大，地位不断得到巩固，讲价的权利也从厂商转移到了零售商。零售商们愿意在货架子上堆满自己生产的产品，所以就连著名的品牌雪印也被迫降价，以便与之竞争。为了在竞争激烈的市场上达到赢利的目的，工厂经理们不惜一切代价降低成本。产品生产不仅在竭尽全力满足市场需求，而且不断从有限的设备上发掘最大的生产能力。

尽管有降低成本的压力，但还要考虑日本消费者对新鲜产品一贯的偏好。长期以来，日本的食品生产者会在标签上标注生产日期和保质期，而不像现在这样只标注有效期限。牛奶的生产则更进一步，实行"D－1"战略，即牛奶在生产出来的第二天送到客户手中。而产品检测则在牛奶向商店运送的途中进行；尽管检测需要16小时，但若发现问题还有时间回收产品。随着对产品新鲜性要求的不断提高，牛奶生产者甚至开始实行"D－0"送货服务，就是在产品生产完成的当天送货到商店。但是实行当天送货妨碍了对产品质量的及时检测，增加了食物中毒的危险。尽管日本的农林渔业部建议厂商不要实行"D－0"策略，但是包括雪印在内的一些公司还是坚持了这一方案。这样一旦发现问题，就丝毫没有补救的余地了。

灾难发生了

压力增大，就必定要放弃一些东西，那就是质量。大阪的工厂开始每日生产10万吨牛奶，远远高于其6万吨的生产能力。他们隐瞒了生产日期，还瞒着消费者把从商店退回来的牛奶重新用在其他产品上，很多生产程序都不符合卫生标准（例如，机器的气门管道不进行充分的冲洗和消毒），还伪造操作记录。

而公众对此却一无所知……直到2000年6月27日。那一天，日本西部的客户服务中心收到一份顾客投诉，说大阪的工厂生产的牛奶使一些人喝后恶心呕吐。后来又陆续收到了许多份投诉，但是大阪工厂并没有采取任何行动，不但没有向东京的总部报告，而且还继续实行了两天"D－0"服务。

第二天，也就是6月28日，大阪市公共卫生办公室收到一位医生寄来的检验报告，证明最近发生的食物中毒事件很明显是由雪印公司生产的低脂肪牛奶导致的。公共卫生官员马上对大阪的工厂展开调查，但是那些有问题的牛奶依旧摆在商店的柜台上。6月28日正是雪印牛奶公司召开股东大会的日子。大阪工厂仍然既没有向公司的西部分公司报告，也没有向公司总部报告。

雪印的最高管理层最终在6月29日上午才得知大阪工厂生产的牛奶造成了食物中毒。那一天下午4点，大阪市正式宣布雪印牛奶应该为造成两百多人中毒的事件负责。那天晚上9点45分，也就是得知第一条中毒事件后60个小时，雪印牛奶公司的日本西部分公司召开记者招待会，承认是公司的产品造成食物中毒。而在整个这一期间，雪印牛奶一直都摆在商店的货架上，摆在顾客的冰箱里，损害着其他许多人的健康。

到7月1日，已有6千多人出现中毒迹象，而在东京的公司高层管理人员还没有承认这起事故，更不用说承担责任了。众多消费者和媒体对此都异常气愤。三天后在一个深夜召开的记者招待会上，雪印牛奶公司的总裁石川突然停止回答问题，冲向电梯试图离开。许多记者追上他，要求继续召开记者招待会，他却从电梯里生气地向他们喊道："我还没睡觉呢！"

一个记者反问道："那又怎样？我们也没睡觉呢！你有没有想过那些中了毒在医院里痛苦挣扎的可怜的孩子们？"

石川无话可说，默许继续进行记者招待会。这一幕被人拍下来并在国家电视台反复播放，不仅让大阪的消费者愤怒异常，整个日本的消费者、分销商，甚至雪印的员工都被激怒了。两天后石川宣布引咎辞职。

在随后的调查中，大阪工厂极不卫生的恶劣行径被曝光。在这次中毒事件中，总共有1.3万人受到影响，这是继第二次世界大战以来最严重的灾难。7月份雪印牛奶的销售量与前一年同期相比降低了88%。市场份额从6月份的40%降低到不到10%。公司1999财务年度的净利润达到了33亿日元，而2001财务年度却产生了516亿日元的亏损。

灾难又一次降临了

除了规模较大的牛奶业务，雪印乳制品公司还包括几家分公司，其中一家是雪印食品公司——日本主要的牛肉、鸡肉和猪肉生产商。2001年9月，日本的牛肉行业受到了牛海绵状脑病（疯牛病）的巨大冲击。日本农林渔业部采取果断措施来保护牛肉行业。第二个月就开始实行计划，回购本国生产的必须销毁的牛肉，以防止传染。

由于销量锐减，还有早些时候雪印牛奶的骄人战绩带来的压力，抄近路、耍诡计的念头再次萌发了。以下就是雪印食品公司想出的骗局：他们从澳大利亚进口价格低廉的牛肉，却标注是日本牛肉，拿这些掩盖了差别的牛肉给政府官员检验。但是他们不够走运，政府在第二年的1月份检查了公司的一个牛肉加工中心，发现13.8吨的牛肉使用的是伪造标签。在政府和消费者的压力下，3天后公司主动停止出售新鲜牛肉和加工牛肉。后续调查又证明，该公司不仅在其他加工中心也使用了同样的伎俩，而且在相当长的时间内隐瞒牛肉和猪肉的产地，以抬高销售价格。

公司很快就受到了应有的惩罚。2002年2月1日，政府以欺诈罪起诉该公司，警察对公司总部和其他营业处突击检查，以收集更多证据。食物中毒事件后才两年，公司的信誉就已经丧失殆尽；仅3个月后，雪印食品公司就彻底停业了。雪印牛奶把它的一些业务（包括婴幼儿奶粉的制造和销售）分出去组成合资企业，想尽办法把损失控制在一定的范围内。但是股价还是一落千丈，2002年5月，降到了每股150日元（一年前曾达到每股600日元），然后才略微回升了一些。雪印牛奶还可能生存下来，但是损失已经造成，无可挽回了。

事情是怎样发生的

回过头来看，雪印的管理层就好像在一个真空里进行经营决策。当天送货的服务，在一个要求100%安全和可靠的行业中是非常危险的策略。只是一个错误就可能导致很多不可弥补的恶果。与其他可靠性要求高的组织，如军队、核工厂以及飞机制造厂等类似，生产过程中缺乏监控是非常严重的错误。但是雪印竟然有意地避免和绕过原有的对质量的监督控制，这是为什么？

主要有三个原因。

第一，对经营成果的重视给管理者带来了太大的压力，工厂的管理人员无法自控地去冒险，不断地做出不道德的和违法的行为。对高效率的一味追求到了何种程度就会让人胆敢跨越那个界限？在高压环境中，管理人员应该怎样确定这个限度呢？这也许就是为什么最初的丑闻出现很久后又不断地抖出安然、世通和泰科的违法行径或歪门邪道。例如，就在泰科前首席执行官科兹洛斯基辞职后几个月，我们仍然在读着《华尔街日报》上关于该公司ADT子公司如何为其撤销安全警报合同作辩解的文章。在后来的一段时间里，似乎世通公司的会计账目中的"错误"每周都在不断地增长。一个企业的文化要是发生了偏差，就会渗透到它的整个组织中，并深深地隐没起来，可能要很多年才会暴露。

在上述关于雪印的叙述中一直没有提到高层经理人员——他们不仅可以设法提高资本利润率，还可以确立完善的道德准则，提供指导性见解，使公司达到那些难以达到的经营目标。如果没有清晰的指导原则，告诉员工怎么做合适，怎么做不合适，有些人就可能会跨越那条准绳，走向极端。再加上竞争环境非常严峻，追求经营成果的压力很大，其他人就很可能追随他们。雪印的中层管理人员就受到这种强大引力的控制，不能自拔。

第二，雪印的企业文化，不善于承认错误和改正错误。它确实是一个成功的企业，一个星级企业，曾经创造了非常良好的信誉。当牛奶中毒事件发生时，大阪工厂震惊了。但是他们拒不承认事情已经发展到非常糟糕的地步，还是幻想着他们能够自己解决问题。他们一直拖着不向总公司汇报，充分说明他们认为能够摆平此事的狂妄自信，还说明他们非常害怕承认雪印牛奶的质量不过关。说公司总部正在召开股东大会，显然只不过是不想向老总们汇报的一个托词。但是就在大阪工厂试图寻找如何自己解决这场灾难的办法时，它的产品还摆在商店的架子上、顾客的冰箱里，毒害着其他原本不必受害的人们的健康。

第三，在牛奶和牛肉的事件中，不法的操作和活动都持续了相当一段时间才被发现。事实上，如果没有发生牛奶中毒事件，或者政府没有对牛肉加工厂进行检查，这些操作和活动还都将继续下去。这不是一次两次的违规和犯罪，而是一种稳定持久的恶劣行为。如果高层经理人员对他们的行为有过疑虑，这些行径就不能持久。但是雪印的经理层从来没有想到过他们会被发现并曝光。这是一家有着一流品牌和良好声望的公司，他们不可能失足……所以他们那样做了。公司对于媒体公布的中毒事件的反应就充分说明了这一点。他们不承担责任，不进行正式的调查，与公众直接接触的 CEO 又表现出一种明显的冷酷。然而雪印食品公司的高级主管没有人能看清这一点，几个月后又在牛肉行业重复了错误，再现了灾难。不是他们不会接受教训，而是拒绝接受教训。

尽管反面教训相当明显，公司仍然拒绝改过，波士顿红袜队就是这样的一个典型。与我们所调查的所有其他案例截然相反，我们所采访的很多公司员工——包括红袜队的第一位黑人棒球手庞普西·格林（Pumpsie Green）和杰基·罗宾森夫人（Mrs. Jackie Robinson）——都拒绝让自己的评论出现在报纸杂志上，哪怕他们已经接受了大量的采访。为什么他们如此敏感？因为红袜队这么晚才打破棒球队中的肤色歧视，这牵扯到了种族问题，这恐怕是最典型的不理智行为了。

波士顿红袜队及其取消对非裔美籍球员的隔离

对于球迷来说，只要棒球手能够进球，他是哪一种族无关紧要。爱尔兰人、犹太人、荷兰人、中国人、古巴人、印第安人、日本人以及所谓的盎格鲁·撒克逊人，只要他们能够投掷、击球或者接球，他属于哪个民族都无所谓。在棒球组织中，应该没有种族差别——只是很多人都有潜在的意识，认为埃塞俄比亚人没有资格成为棒球手——关于这一"真理"，我们不作讨论，只是想说：仅由于这一条，棒球史上最伟大的棒球手就可能会被拒之门外。

——未署名社论，《体育新闻》1923 年 12 月 6 日

1959 年 7 月 21 日，以利亚·格林（诨名"庞普西"）作为波士顿红袜队的一名替补跑垒员出现在芝加哥康敏斯基公园棒球场上，成为在例行赛中穿上波士顿红袜队队服的第一名非裔美籍球员。这距杰基·罗宾森以其球技使布鲁克林道奇队（Brooklyn Dodgers）名扬全美已经整整 12 年了。在美国职业棒球联盟中，红袜队是最后一支消除种族偏见的球队。20 世纪 40 年代后期，红袜队成为美国棒球联赛中主要的球队之一，1946—1950 年平均每年获胜 94.6 场，获一次联盟赛冠军，两次分区赛冠军。但是自 1951 年起，该球队的运气逆转了，情况迅速恶化。1951—1959 年，红袜队仅有年均 80 次的获胜率，获胜数量比联盟总冠军落后 18 场。

尽管有很多原因造成球队的退步，但最重要的一个决定因素是它的管理人员不愿意在球队中摒弃种族意识。这一案例引发的问题直接指向领导方法的精髓，以及我们这部著作的核心。为什么在第一支联盟球队引进非裔美籍球员 12 年后，红袜队才这样做呢？球队的管理人员为什么不去努力适应充满活力的多样化的人才市场？而且，更为重要的是，为什么面对球队在战绩和声望上的重大损失，他们仍然固执己见呢？

种族融合的历史以及黑人球队的兴起

从一开始，种族偏见在棒球组织中就根深蒂固。早在 1867 年，美国的第

一个棒球联盟国家棒球运动员协会（National Association of Base Ball Players）就拒不承认非裔美籍球队俱乐部的地位。尽管 1900 年以前有 60 名非裔美籍球员在美国职棒联盟中打球，各棒球队经理之间的"君子协定"仍然将摩西·弗利特伍德·沃克（Moses Fleetwood Walker）排斥在职业棒球队之外。沃克曾在托莱多 Mudhens 队当接球手，他是杰基·罗宾森之前最后一个在美国职业棒球联盟中打球的非裔美籍球员。

由于这种非正式的隔离，到 20 世纪 20 年代，"黑人球队"尽管开始例行参加联盟比赛，但他们在筹集资金和组织能力的稳定性上比起著名的联盟球队还是受到很大的限制。大部分有组织的黑人球队通过在全国巡回比赛逐渐发展起来，有时一天要打好几场比赛。正如 20 世纪三四十年代的黑人球星詹姆斯·贝尔（诨名酷爸）（James "Cool Papa" Bell）后来所描述的："我们经常一天打两三场比赛。有时黄昏打一场，然后驱车行驶 40 英里，在灯光下再打一场。"尽管黑人球队的组织有些混乱，人们对他们的兴趣却很高，1942 年最多时有 300 多万球迷到场。然而，是众多参加过第二次世界大战的非裔美籍人推动和呼吁种族之间的融合。这些人在场外呐喊："枪林弹雨我们都能抵挡，何况小小的棒球呢？"尽管 1942 年之前已经有一些联盟球队对黑人球星表现出很大的兴趣，但是直到棒球协会委员、种族融合运动顽固的反对者凯内索·芒廷·兰迪斯（Kenesaw Mountain Landis）去世两年后，这一进程才算开始了。

1945 年，布鲁克林道奇队的总经理布兰齐·里基（Branch Rickey）对于球员薪水的不断上涨忍无可忍，开始考虑黑人联盟，希望找到开价不高的天才球员。他对负责探星的秘书说："棒球史上尚未被发掘的最大的人才库就是黑人。黑人球员会让我们在不远的将来成为赢家。这样做后我还可以幸运地成为人人称颂的好心人、慈善家以及消失已久的博爱者。"事情的结果是：1947 年 4 月，杰基·罗宾森在赛场上一鸣惊人，成为职棒联盟的第一位黑人选手，紧接着被评为 1949 年最有价值球员（MVP），继此开始的 11 位最有价值球员中，有 9 名都是非裔美籍人。

红袜队终于摒弃了种族隔离

这是美国棒球联盟中最古老的球队之一，最初成立于 1901 年；1903—

1918 年，在 5 次世界职业棒球锦标赛中获胜，很快成为一支主要的棒球队，这就是后来的波士顿红袜队。在红袜队 1919 赛季将贝比·鲁斯（Babe Ruth）转出后，著名的"宝贝的诅咒"（"Curse of the Bambino"）令红袜队一落千丈，成为一支二流球队，一蹶不振很多年。但是到了 1946 年，这个棒球俱乐部再次成为美国职业棒球的精英队伍，在全明星球队中占据了 8 个位置，并进军世界职业棒球大赛，直到后来在 7 场比赛中败给圣路易斯 Cardinals 队。在后来的 4 年中，红袜队跻身于美国职业棒球联盟的顶级球队，球迷们希望他们每年都能争夺冠军。

与联盟的其他球队一样，红袜队在道奇队与杰基·罗宾森签约后也面临着考验。在 20 世纪 30 年代，是否应该在棒球领域进行种族融合这个问题刚刚出现时，红袜队的组织者全然不为所动，对此没有丝毫的兴趣。种族主义（无论敏感与否）似乎在棒球俱乐部中极其盛行。正如戴维·哈伯斯坦姆（David Halberstam）在《1949 年的夏天》（Summer of ' 49）中所说："红袜队的管理者大部分是爱尔兰人，属于波士顿最有权势的阶层。他们创立了自己的道德等级秩序，他们对白种盎格鲁·撒克逊的新教徒非常尊敬和崇拜，因为他们原先来自英国；对犹太人既崇拜又怀疑，因为他们非常聪明，但似乎又过于聪明；对意大利人近乎蔑视，因为他们是天主教移民者，而又非爱尔兰人。对于黑人的印象，则还远远低于意大利人。"

具有讽刺意味的是，1945 年 4 月 16 日，当罗宾森在同黑人联盟的另两名球员萨姆·杰斯罗（Sam Jethroe）和马文·威廉姆斯（Marvin Williams）到芬维公园参加预选赛时，红袜队曾有机会和他签约。然而对于这个预选赛，红袜队更注重的似乎是安抚种族融合的支持者伊萨多·马奇尼克（Isadore Much-nick），因为他是波士顿市议会的议员，有权否决把比赛安排在星期日这样利润丰厚的方案。红袜队的一名星探观看比赛后，认为罗宾森的潜能绝不亚于他所见过的任何一名球员。但是，很显然红袜队的管理者认为黑人球员还不适合参加联盟，尤其不适合分配到位于种族歧视严重的路易斯维尔的红袜队 AAA 分部。

威利·梅斯（Willie Mays）是又一个漏掉的巨星。现在举世公认，梅斯是历史上最优秀的全能型棒球手之一；1949 年，他只是在一支微不足道的小球队伯明翰黑色男爵队（Birmingham Black Barons）效力。黑色男爵队与伯明翰男爵队在同一个棒球场练球，而伯明翰男爵队与红袜队属于同一个分会。红袜队当地的星探乔治·迪格比（George Digby）为梅斯出众的球技震惊了，他立刻给红袜队的总经理乔·克罗宁（Joe Cronin）打了一个电话，告诉他梅斯是"我这一年内见到的最具才华的家伙"。当时只要5000美元就可以签约。后来克罗宁又派了另外一个星探去观察梅斯，这个星探回来后向梅斯报告说，他不是"红袜队所需要的类型"。于是，这个棒球俱乐部又错失一次与一位未来的名人堂球员签约的大好时机。

尽管1959年庞普西·格林的加盟终于打破了红袜队的肤色障碍，但做出这个决定也绝非易事。1956年，格林就已签约红袜，并青云直上，使一些球队为了他放弃了种族隔离。1959年赛季前的春季集训开始了，红袜队受到要求把格林写入职业棒球联盟名册的巨大压力。1958年6月，奥奇·维吉尔（Ozzie Virgil）在底特律老虎队（Detroit Tigers）内部消除了种族隔离，红袜队成为最后一支引入非裔美籍球员的队伍。整个春季赛季格林相当出色，垒打在全队无人能敌，被波士顿的评论家们推举为春训中的年度最佳新人。《波士顿环球报》登载："庞普西·格林今年春天的表现将为他在红袜队赢得举足轻重的地位。"但是，经理麦克·希金斯（Mike Higgins）又把格林送回到小职业球队联盟，声称"庞普西·格林还不具备条件"。

这种降级引发了大众狂风暴雨般的批评。全国有色人种协进会的一篇评论文章认为，这样的举措是"蛮横无耻"的，并提出抗议。愤怒的球迷们举着标语在芬维公园外声明"我们需要的是冠军，而不是一支白色球队"。马萨诸塞反种族歧视委员会也对此展开了调查，迫使红袜队的总经理布基·哈里斯（Bucky Harris）承诺，红袜队在亚利桑那州斯科特斯德市进行春季训练时各种族球员融合训练，并尽快取消球队中的种族隔离。然而，直到那年夏天希金斯被解雇，比利·贾吉斯（Billy Jurges）取而代之，格林才又重新回到联盟球队。

如果早些聘用非裔美籍球员，红袜队的表现会好一些吗

在种族逐渐融合的年代，波士顿红袜队的种族主义却一直根深蒂固，这

一点众所周知。但是，在这一段时间，种族偏见是否真的应该为该队消沉的战绩负责呢？为了回答这个问题，我们收集了职棒联盟各队1947—1959年的数据，以考察联盟中黑人球员的存在对球队胜负的影响。

首先，我们确定了所有1947（5名）—1959年（75名）在职业棒球联盟打球的非裔美籍棒球手以及他们所在的球队。然后，我们把球队的胜负记录与该队黑人球员的数量情况作了整理统计。我们得出以下结论：黑人球员的数量与球队获胜的比率成正比，而且16支球队中有13支在增添了黑人球员后提高了战绩。总体来说，比起黑人球员较少的球队，拥有非裔美籍球员越多的球队获胜率也越高。

关于这种"不理智"行为：红袜队为何冥顽不灵地坚持种族隔离

我们的数据充分证明：拒绝在名册上添加非裔美籍球员，或者晚于对手这样做的棒球队，在胜负榜上的排名会靠后。换句话说，如果我们假定棒球队采纳了会导致不理想战绩的策略是不理智的，那么固守种族隔离政策就是极不理智的策略。那为什么这种情况还会发生，为何波士顿红袜队会如此不理智呢？

简短的答案就是：种族偏见本身就是不理智的。但是，人们为什么要选择会降低组织价值的策略，这仍然有必要进行探讨。这是一个典型的"愚钝"的案例，如果我们排除仇恨的因素，就和摩托罗拉以及王安电脑这样的公司所采取的降低自身价值的不理智策略没什么区别。在每一种情况下，都有一系列基本的选择，有时是个人，有时是一个群体，而这些选择为公司带来的不利影响和竞争劣势可能需要很多年才能消除。当摩托罗拉在手机市场上落后时，整个集团都在走下坡路，使公司一下子沦落为二流企业，尽管这种境况并没有持续太久，但公司那时的地位确实不适合这样一个历史悠久的、著名的成功企业。而王安电脑却再也没有恢复过来，挣扎了十几年后被拍卖了。波士顿红袜队先放弃了杰基·罗宾森，又放走了威利·梅斯，直到12年后对手们开始改变战略才考虑转换思路，这无可争辩地成为该队历史上最糟糕的决策。

在波士顿红袜队的组织体系中，有两个不合理的因素使不理智行为占据了上风。首先，汤姆·尤奇手下的管理者们缺乏警觉性和逻辑性；其次，该队发掘和评价棒球高手的组织系统被个人的偏见占据了上风。

很少有人认为汤姆·尤奇本人有很强的种族观念，但是他所领导的组织却充斥着种族偏见和种族主义的行为。首席行政官不仅应该负责确立组织的道德规范，还决定着处于支配地位的决策原则。与许多首席执行官一样，他依靠他的组织来成事，但是他所领导的这个组织一直在避免种族的融合。有些人甚至说，种族一旦融合了，尤奇就会让他的星探们去寻找有潜力的黑人棒球手。所以原先的那些星探们通常都不会去选择黑人，当他们偶尔去看黑人比赛时，通常也会做出很低的评价，不给他们任何一点机会。棒球史学家格伦·斯托特（Glenn Stout）在接受《波士顿环球报》的戈登·伊兹（Gordon Edes）采访时说："尤奇很可能叫来红袜队的星探们，问他们：'为什么我们连一名非裔美籍球员都没有？'星探们可能会回答：'我们找不到合适的。'尤奇可能就会说：'如果找不到就算了。'"

除了星探队伍不称职，尤奇还太过于依赖那帮过惯了舒适日子的"老伙计"，他总是把个人生活和职业生涯混淆在一起，雇用自己的朋友为红袜队工作。这种任人唯亲的聘用制度对俱乐部是非常不利的，因为其管理和聘用决策都受到朋友情感的影响，而不是建立在客观、公正的基础上。领导层薄弱，组织体系纵容成员的嗜好和偏见，这些都束缚了红袜队的发展。没有好的道德规范来突破这些障碍，也没有优秀的决策方法能将组织的目标置于个人目标之上，所以红袜队才会采取"不理智的"战略，导致长期的严重不良后果。

第二次世界大战后，世界的环境变了，而红袜队却不能做出相应的改变。但是，仅这一事实并不能清晰地表述出应该从体育史上这一令人痛心的一章中得出的教训。最显而易见的，是首席执行官和关键管理人员的疏忽；红袜队本来应该是一个多元化的组织体系，具有健全的程序规范和制度，但是却是人——个别的人——拒绝顺应职业棒球联盟中种族融合的潮流。面对球队不断下滑的战绩（和大部分迅速选择融合的球队都表现得更好这个现实），他们还是选择不去变通。坚持种族主义很不理智，大部分人对此非常清楚。其他组织拒绝变通的形式尽管不像红袜队那样令人生厌，却也极端恶劣。例如，新科技可以使组织已有的地位进一步提升，他们却止步不前。管理的作为或不作为可能会导致同样灾难性的后果。对于红袜队，这种人为错误的根源在于领导和组织的交织，因此，每一个公司都应该引以为戒。

战略反思：寻找教训

战略什么时候会出错？正如我们前面已经提到的，很多公司表面的运营情况深处潜伏着致命的弊端，可能会爆发出来摧毁公司的战略计划。管理者的思维弊端、错误的态度、组织管理上的失误以及领导上的偏差都可以使公司的战略陷入停滞。但是无需事后分析，战略上的失误就可以归结为两点：想法错误，以及对想法实施得不力。想法的"错误"不仅仅在于它本质上不好，更严重的是执迷不悟、固执不改。这样的错误最初就不应该出现，但是出现了，通常是因为没有很好地掌握竞争的基本形势。某个想法可能在很多方面都几乎是荒谬愚蠢的，而这个想法的经营者（不仅包括首席执行官，还包括负责实施想法的经理人员）在试图让那个荒谬的念头成为现实的过程中又使自身的境况进一步恶化。

王安电脑成为战略失误的经典案例，就是由于这个原因。王安认为在实施能够击败 IBM 战略的过程中能够控制方方面面，这个观点就是荒谬固执的。目标不仅没能实现，而且把注意力从市场和客户的需求上转移开了。王安在管理中遵循的行为逻辑阻碍了而非有助于公司的竞争。对客户需求的误解，过分依赖所有制，限制股权的分散，这一切都使那个糟糕的战略后果更加恶化，最终该战略彻底失败。雪印、波士顿红袜队、通用汽车、美泰玩具、施温等公司都经历过类似的由于想法荒谬和经营不利而导致的战略失误。让我们再看看由下面这些案例中引发出来的教训。

错看竞争形势

王安电脑低估了 IBM 个人电脑的实力，又太注重所有制体系（犯这种错误的不止他一家，1980 年前后苹果电脑也是如此）。红袜队没有认识到其他球队通过种族融合如此迅速地提高了水平。类似的，雪印牛奶没有意识到迫于竞争压力而实施的"当天送货，保证新鲜"的策略可能会极大地损害整体业务。

通用汽车公司曾在 20 世纪 80 年代经历巨大战略失误，这是误读竞争所致的最具破坏性的案例之一，通用汽车甚至因此一蹶不振。虽然这个故事一直为人所熟知，但人们尚未充分认识到对竞争格局根本性的误读是其问题的症结。

20 世纪 80 年代，通用汽车面临两个现实问题。首先，低成本、高质量的日本进口车开始在美国市场上占据一席之地。其次，通用公司的劳资关系非常糟糕。该怎么办呢？通用公司首席执行官罗杰·史密斯（Roger Smith）提出的如下问题很容易证实。通用财务表上所列示的最大的开支项目是什么？工人。是谁因为老是威胁要罢工而影响工作进度的提高呢？工人。是谁在生产线上的错误导致次品车的产生？工人。又是谁不听从指挥，而使经理们的日子很难过呢？还是工人。

罗杰·史密斯的解决方法异常简单，大胆而聪明，现在看来更甚于一个疯子。他想把工人全部替换掉，一了百了地解决问题。激发他的是这样一幅景象：工厂没日没夜地全速运转，不需要付给工人工资，没有抱怨，没有罢工，也没有工人的失误。这样的理想怎样才能实现呢？机器人。罗杰·史密斯要把工人全部换成机器人，只有那样通用公司才可能在竞争中获胜。

这太荒诞了。机器人技术确实在飞速发展，日本也已经在大规模地使用机器人。要在装配机器人方面赶在日本人前面，这个想法听起来不错。最重要的是，罗杰·史密斯对于未来工厂的设想在其他公司管理者看来就像一片乐土。他们热切地盼望着史密斯带领他们到达那里。

问题在于，自动化战略是建立在一个错误的假想之上的，即以机器代替人能够回击日本人，并使通用汽车重新成为国际汽车行业的主导者。通用公司没有采用丰田直到今天都视为法宝的精简制造技术，而一味迷恋虚幻的机器人技术。他们不明白人和机器能够怎样有效地结合起来，没有抓住丰田低成本生产获得成功的本质原因。原福特公司总裁菲尔·本顿（Phil Benton）这样认为：自动化并不能解决 20 世纪 80 年代汽车行业所面临的一系列重大难题。生产制造的一致性比自动化更为重要。举个例子，丰田的自动化程度没有日产高，但却比日产更为成功。"所有一切都归结到管理上。你所需要做的是依照工人的技术来安排产品的生产。"

日本人在简约式生产的其他基本方面也同样出众，包括及时制存货管理、供应链整合以及质量管理。"（自动化）并不能为公司解决太大问题，因为通用汽车仍然需要人力。"工厂的一位自动化工程师查尔斯这样解释。劳动力不匹配，就简单地使用机器人技术，"结果只能是生成混乱"。罗伯特·卢茨（Robert Lutz）先后做过福特、克莱斯勒的资深高管，最近又在通用汽车公司任职，他亲眼目睹了汽车行业这些年的种种变化，做出这样的评价：

> 使用这些完全自动化的设备，就彻底失去了灵活性，而且它们是极端资本密集型的。北美的生产成本会计系统显示：削减劳力会使成本降低。但是他们忘记了，在降低直接劳力成本的同时，却代之以间接劳力成本，还有巨大的资金成本。因为一个自动化的工厂所需的技师和其他人力比普通的小时工要昂贵得多。你需要观察每一个工人，考察他们生成价值的时间和等待时间的相对比率，在安排生产流程时，应该尽量延长每个工人生产价值的时间，缩短等待的时间。你应该把精力集中在工人身上，而不是在机器上。只在必要时使用自动化设备。

最终，通用汽车在20世纪80年代投资了450亿美元用于自动化，这笔资金已经足够收购丰田和日产两家公司。加州大学洛杉矶分校的马文·利伯曼（Marvin Lieberman）和拉吉夫·达文（Rajeev Dhawan）研究了从20世纪60年代中期到20世纪90年代汽车行业的生产力趋势，他们的研究证实：通用汽车的生产力原本就已经落后丰田好多年，1984—1991年这段期间更是大滑坡，根本没有实现自动化战略应该得到的利润。

被迷人的假象所迷惑：固执地走向灾难

我们具有避免不确定因素的天性，所以当我们发现所选择的方向和行为是万无一失的，即确定的战略时，我们就会非常满意。但是世上的事情并不全是确定的。在很多案例中，全世界的所有其他人都朝一个方向前进，而某些管理者和组织却固执地隐没在他们自己认定的天地中，转向相反的方向。本章列示的企业所采取的战略都具有这一特点。他们固执地选择了灾难。

王安电脑和在第二章介绍的其他由创始人掌控的企业一样，总裁的决策在公司很少会遭到反对。只要他的想法和行动纲领被确定为目标，所有的人都会事业成功、一帆风顺，正如公司刚刚成立的那些年。但是行业的情况越来越复杂，王安的这种体制也就不再行之有效了。

在通用汽车，人员的警觉性分为两种。一方面，罗杰·史密斯的权力太大，很少有个人会发表意见；另一方面，董事会又缺乏预见性，不能正确判断重要决定的可行性，例如在机器人技术上投入的450亿美元。

雪印非常注重完成其赢利目标，经理们敢冲破一切限制，例如减少工序、偷梁换柱，而高层领导也很少过问外面生产车间发生的事情。甚至在牛奶丑闻完全暴露后，雪印的首席执行官让其他高管负责解决，而不亲自处理。

最后，当其他球队已经在逐渐去顺应形势时，波士顿红袜队的整个组织还是死守着种族观念不放。最高领导层没有明确表示这种行为已经很过时，或者至少是起阻碍作用的。因为对星探在评估非裔美籍球员时的准则缺乏有效控制，发生这样的事情并不奇怪。

对于那些追求确定性的人来说，这里所讲的每一个案例都是一个忠告。正如我们在前面几章所论述的，现状中存在着真正的危险，当现状的坚定拥护者掌管组织时，风险就达到了最大。正因为风险的存在，所以需要灵活性和开放性，这两点是实行有效战略和领导的核心原则，我们将在后面几章中继续介绍。

战略家的头脑

当我们谈论起战略，毫无疑问我们也必须讨论战略家。对公司情况进行战略性的分析，要建立在对竞争对手的特点和行为、经济、人口和技术的发展状况，以及内部实力和弱点进行正确评估的基础上。我们是否也经常考虑谁是主要的战略决策者？我们是否经常通过注意谁坐在公司"驾驶员"的座位上来分析对手的举措？我们有谁见过哪个企业缺少做决定或不做决定的人？战略家们的选择都是建立在他们自己的经历、价值观以及个性的基础上，你越是了解这一点，你就越能理解为什么公司会做出这样或那样的选择。

把这一点和我们在第三章中总结的观点，即公司的历史也对其有影响结合起来。企业的文化和作为主要决策者的战略家是战略分析中的两个弱点，他们将决定企业的决策。如果你了解王安和他的助手们，你就会很清楚王安电脑下一步将会做什么。如果你知道波士顿红袜队的历史和文化，你就不会因为它成为最晚接受种族融合的球队而感到那么惊奇。仔细研究一下你的公司文化和你的战略家，它们将是公司战略的真实反映。

绝望中的管理

在铱星、通用神奇、摩托罗拉和盛世长城这些公司中，我们注意到一种模式：越是失去机会，反而越坚持自己的做法。但我们还注意到一些公司在翻船前试图力挽狂澜，这类公司比我们事先预想的要多。当市场于你不利，并会对未实现的目标和偏执古怪的策略实施报复时，这种情况发生的概率最大。2002 年，泰科宣布放弃一度使它业绩斐然的核心发展战略，除此以外，还能如何解释泰科这一举措呢？内外压力不断增加，财务问题也频繁出现，经济衰退，泰科的股票一落千丈。没过多久，首席执行官丹尼斯·科兹洛斯基（Dennis Kozlowski）宣布析产分股终止，各方的压力和市场都给予泰科无情的打击。就称它为绝望式的管理吧——希望在最后一轮与赛扬奖得主的对抗中击出一个五分的本垒打。

对于困境中的管理，市场和客户都是从属性的因素，只有领导才起关键作用。泰科如此，百时美施贵宝公司 2001 年对英克隆生物技术公司的投资也是如此。首席执行官皮特·道兰（Peter Dolan）接收的这家公司使自己的药物供应渠道瘫痪了，迫不得已去寻找下一个投资者。有很多预兆他都没有注意到：英克隆生物技术公司的首席执行官山姆·瓦克萨尔（Sam Waksal）的业绩糟糕，而且美国食品药物管理局是否真的会批准英克隆的抗癌新药爱必妥（Erbitux）投放市场也是一个未知数，但他却莽撞地给英克隆付了定金。

绝望式管理会使公司从一个方案迅速转向另一个方案，而在这一过程中很难找到正确的方向。例如，凯马特为了赶超沃尔玛，从多项经营（如 Office Max 和 Sports Authority 等）转向 IT 行业。

在世通公司，传统的负债和采购模式已经不能使企业成为从前的通信行业的霸主了。可能是为了避免即将到来的灾难，公司的一些人把几十亿美元的经常性支出改为资本性支出入账，以提高收入。

最后，雪印公司大阪分厂的领导们拼命地寻找解决危机的办法，一直拖着不向董事会汇报实情，使那些劣质牛奶在商店多停留了很长时间，结果彻底毁掉了产品的牌子，造成了更大损失。所有这些案例的共同之处，就是他们的战略太落后了，似乎只有祈祷才是唯一的出路。有两个非常明显的教训：对于首席执行官，不要过于迷信一个战略，以致放弃调整自己的其他机会；对于董事会来说，在首席执行官已经苦苦支撑了 4 个月后，就不应该让他继续负责到底。

有时候，一个失误的影响太广

在一个频繁发生首席执行官渎职或出现道德问题的时代，想一下子摆脱困境的欲望是无法抵抗的。通常的方法是解雇首席执行官，董事会越来越倾向于这一粗暴的做法，希望能出现转机。此类企业包括安达信、全球有线通信、Qwest 国际通信、康塞科、安然、世通、泰科、阿德菲亚有线电视、维旺迪、Lernout & Hauspie、凯马特。实际上，在过去 5 年，很多领域的著名企业都曾经把首席执行官撤换下来。这些企业包括：美泰、雪印、麦当劳、福特、百时美施贵宝、CMS 能源、网上快车、英克隆、盖普、德国电信、美国在线时代华纳、朗讯科技公司，还有许多别的公司。

首席执行官被当作替罪羊撤换掉，到底是否能够为企业带来转机，这一点丝毫不能为人们所淡忘。在有些情况下，决策失误给组织带来的损失已经根深蒂固，或者对一个错误想法的执迷坚守，以至于仅仅撤换首席执行官根本无法使公司起死回生。职业棒球联盟中，如果一个球队表现很差，教练很可能被解雇，以期挽回球员们不断恶化的状态。但是原先策略的影响还存在着，因为不可能撤换整个球队。同样，如果仅依靠撤换首席执行官来解决企业存在的问题，也是很有风险的，尤其当问题是源于企业人员和他们所生活的企业氛围时。

雪印的经历很好地诠释了这一误区。当牛奶中毒事件发生时，很明显，首席执行官在危急时刻的领导极为不力。他在那年 7 月份新闻发布会上糟糕的表现使他正好成为替罪羊，但是他离开后，公司丝毫没有好转。几个月内，其牛肉业务再次发生丑闻。就好像组织内发现了肿瘤，为了排除癌变，首席执行官被切除，但是癌变已经扩散到企业的各层管理部门。

那么这是否意味着你永远都可以不用撤换首席执行官就可以实现业绩好转呢？当然也不是。在很多案例中，董事会必须做出这种强硬的决定。读过第九章后，读者就会坚信这一点了。但是问题的关键是，有时解雇首席执行官不能解决问题，哪怕是有正当的理由。我们千万不能想当然，应该考虑得更远一些，首席执行官在任期内可能会造成企业文化的崩溃（反过来文化的崩溃也会迫使首席执行官下台）。如果想不到这一点，董事会、投资者、员工等关键的利益相关者难免会大失所望。

继续向前发展

撤换首席执行官可能是正确的，但是这样的举措并不能保证会得到预想的结果。这是战略出了差错的企业所面临的真正危险，对于我们也是一个很重要的警示。我们需要对造成战略错误的原因在更深层次上做出诊断——究竟是首席执行官的决策错了，还是组织本身需要承担一定的责任？高管们是怎样想的，他们的思维跟现实世界有多大差距？决策人是否愿意征求别人的意见，判断一下怎样做对，怎样做不对？组织的系统和程序是否限制了其应对挑战的能力？要想回答类似这样的问题，需要对失败的真实原因进行深刻分析。所以不应该对组织的各个阶段和每一次变迁无论是新的项目、新的挑战、兼并和收购，还是重建竞争战略进行失误分析，而要关注那些贯穿所有阶段的会造成失误的潜在因素。

在分析讨论失败的原因时，我们不但要考虑从业务的转型和各个阶段中得出的教训，而且要考虑现在仍然存在的问题。为什么根本性的管理失误不断地出现？为什么成功的大企业不能很好地反思自己的行为？为什么组织要采取那些毁损价值而不是创造价值的系统和规程？为什么很多领导者不仅不会应对变化，而且根本就不愿意应对？哪些迹象能够提示我们灾难即将来临？为什么对于组织和其领导者而言，从过去的经历中吸取教训会如此困难？最重要的是，怎样才能使组织和领导者不要不断地犯错误，不要陷入每一个组织都容易陷入的误区，使它们能够超越日常业务中的喧嚣与混乱，能够异军突起而不是一败涂地？我们将在本书第二部分找到这些答案。

关于战略和应对竞争性威胁需要牢记的要点

■ 所谓竞争，不过是别的公司的一群人，他们相信能够为客户提供比你现在能够提供的产品更优越的产品。留心这些竞争对手正在为客户做什么，这是至关重要的。

■ 有很多种方法来评价你在市场上所处的战略地位，但是一些简单的方法就会很有效，如利用"谁、什么、怎样"这样的框架。你要把产品卖给谁，卖什么，怎样卖？

■ 要了解一个公司的战略，你必须了解它的战略制定者。要是不知道王安的经历，你能真正理解为什么他的公司会做出那样的决策吗？

■ 你把你的竞争者看作有实力的对手吗？要小心，作为市场的主导企业很容易过于自信。很多行业的领头企业都败给了并不被看好的新生企业，这样的例子屡见不鲜。

■ 要认真听取你所能够获得的研究战略的各方信息，尤其是每天直接与客户接触的销售人员的信息。广泛接触各种信息，能够有效地防止盲目守旧分子无视可能产生截然不同结论的信息。

■ 陷入困境的管理人员很容易凭着自己的个人偏好来做决定，而这些个人偏好往往又缺乏足够的理由来支持。通用汽车采用机器人技术的方案如果事先进行公开讨论，恐怕就不会实行了。

■ 注意，一些首席执行官试图奋力用一个适当的决策来扭转败局，但结果往往更为糟糕。

■ 不要想当然地认为经理人员会完全按照高管们原本的想法来实行他们制定的战略。正如波士顿红袜队和雪印牛奶，它们的目标、动机和方法都可以把自己引上歧途。最好的方法之一是：最高领导者建立一般的原则，中层经理人员按照这些原则来工作。

第二部分

失败的原因

本书第一部分侧重记录了一系列公司受挫的案例、受挫的历史，诠释了面临严峻挑战时可能犯的错误。在第二部分，我们将寻找各种类型的公司失败的共通的深层原因。第二部分对落败公司的高管行为的一般模式进行了更深入的分析。我们发现的四种破坏性的症状包括：高管对公司现状的分析有偏差，组织内部人员正视现实不足，组织的信息和控制系统不恰当，组织的领导者有很不成功的习惯。第二部分的4章，每一章都讨论一个造成败局的内在因素，帮助我们更好地理解第一部分所述案例，还有我们日常生活中仍然可以看到的案例背后的落败原因。

　　通常有关败局的探讨，根本无法解释我们在第一部分中所见证的惨败景象。造成败局的不是高管的无能；你无须认识那些高管，如王安、乔治·沙欣、马克·波瑞、李健熙、威廉·史密斯伯格、莫瑞斯和查尔斯·萨奇、沃尔夫冈·施密特等，就可以评价他们的才智。造成失败的也不是不可预见的事情；正如第一部分所述的施温自行车、摩托罗拉、强生、乐柏美、王安电脑以及波士顿红袜队，他们事先都发现灾难已经在酝酿中，却没有马上采取补救措施。失败也不能用其他简单的原因，如执行动机、领导能力、诚信、执行力或者资金实力来解释。事实要复杂得多，神秘得多……

第六章 聪明地追求错误的幻想

——高管的错误决策是怎样把企业推向绝境的

特种部队以神奇的效率推进。行动的每一阶段事先都进行了周密的计划。士兵们不能准确地预测敌人将如何反应，但是他们针对每一种可能的情况都进行了反复演练。每次发生意外他们都知道该如何应对。高科技通信系统也使他们之间能够时刻保持联系。他们的武器也非常厉害。行动结束时，他们将所攻打阵地的每一个人都杀死或俘虏，而自己几乎没什么伤亡。只有一个问题：他们所占领的是友军的阵地。特种部队消灭了本该支持的部队。

为什么会发生这种事呢？一种可能是，特种部队被空投错了地方。另一种可能是，目标是由空军侦查队确定的，没有经过地面侦查员的确认。还有一种可能，原来这块阵地确实是由敌方占领，但是战线刚刚发生了变化。

无论原因何在，士兵们确实精彩地完成了任务，但是他们的任务是错误的，而且是严重错误的。

大多数企业的失败都类似于这样。我们在本书中接触到的，没有哪一次失败是因为公司的计划实行得差。每一个案例的真正问题都是，公司的战略计划本身是错误的。

当然，一个公司的弊病如果已经达到一定程度，那么常规的运营也会开始瘫痪。我们所研究的公司中有很多最终到了几乎什么事情也做不好的地步。不能很有效地运营是公司弊病的一种症状，但是通常只是后期的症状，而非公司瘫痪的原因。你可能会为分析运营中的失误而焦头烂额（当然确实应该加以分析）。但是，为了保护你自己和你的公司，我们必须了解并学着避免本书中介绍的那些导致摩托罗拉、王安电脑和网上快车瘫痪的根本弊病。

几乎所有的重大失误的真正原因，都是把企业引向错误轨道并坚持走下去的某些因素。在企业完全瘫痪之前，通常已经有一些部分出了差错。但是在几乎所有重大的商业灾难的中心部位附近，都有一个盲点：高管对于现实的认识非常不准确。

这些对于现实歪曲的反映源于何处呢？为了了解高管的思维偏差及其对公司的不良影响，我们需要考察一下更为普遍的一些特征。这些案例通常听起来就像暂时的癫狂行为，但是在惊讶的同时我们应该想一想，为什么高管们会那么容易接二连三地陷入同一个误区？

战略上的误区

20 世纪 90 年代最伟大的思想之一，就是战略家们常在著作中提到的战略意图。这个思想的表述相当直截了当：把注意力集中到一个能够体现公司成就的清晰而强有力的目标上；把所有资源都投入那个方向，毫不动摇。在原则上，这是一个很有效的思想。但是实际上……人们总是要犯各种错误。看似符合逻辑的目标，当高管们沉浸于自己"雄伟计划"的幻想中而丝毫不顾及该逻辑的自然和实际约束时，这个目标往往会失败。我们所研究的公司的战略失误，大致有三种类型，每一种都蕴涵着一个生动的比喻：追寻神奇方案，寻找圣杯，误信错误的记分牌。

神奇的方案

所有的战略失误中最具诱惑力的是"神奇的方案"。经理人员基于一个被当作成功的秘诀的原则来决定所有的事情。正是这种对美好方案的执着追求，使他们只坚持一个原则或一种模式，摒弃所有其他方案。这就造成一个大的赌局，而且往往是错误的赌局。

大多数神奇方案都过于注重单独的一个诱因。这些方案在局部上是有效的，但是对于整体现实以及所有的可能性，他们的反映往往过于简单、片面而不准确。本书所讨论的很多失败的案例都是由于公司在追求神奇方案时，却疏忽了其他更重要、更紧急的事项。20 世纪 80 年代，处于罗杰·史密斯管理下的通用汽车就把机器人技术当作一项神奇的方案。这使公司为自动化投入了几百亿美元的资金，但实际上，公司面临的问题更多的是源于生产流程，而非劳工纠纷。索尼认为在电子消费产品领域获胜的神奇方案就是拥有兼容的软件，公司忽视了与硬件厂商的联合，致使其电子产品根本没有兼容的硬件与之相配套。

长期资本管理（LTCM）公司就是一个最好的例子。对冲基金就是一个充满诱惑力的神奇方案，尽管它在世界商业历史上积累了惊人的负债，老板们还是觉得它是万无一失的。他们就好像赌桌上的赌徒，确信他们的方案最终一定能够得胜。是什么使他们如此自信？因为他们有一个定理。

据说支持该公司的几位诺贝尔奖得主曾经证明，投资于某些证券组合能够保证获利。这一理论的根据是，最高收益率相同的证券，其价格将随时间推移而收敛于某一点，到期时它们的价值将会相同。LTCM 所要下注的只是看定价高一些的证券贬值是否与定价低一些的证券升值在同时发生。只要证券价值收敛，不论汇率将其真实价值抬高还是降低，LTCM 都会赢利。从商品交易的角度出发，期权定价公式似乎要优于永动机，因为你不需要考虑如何控制输出量。你只要坐等着收取利润就行了，因为你坚信那些数学模型会保证财源滚滚而来。

一旦有人把定理和业务操作联系起来，可能就会对警钟听而不闻。定理是在一个假定的抽象系统内可以通过有效推理证实的命题，但是定理的真实性并不能说明这个假定的系统与真实的世界相符合。

LTCM 就忘记了这个差别。这是因为，作为它的核心的期权定价模型与现实几乎完全吻合——但只是在特定的市场环境和特定条件下。特别的是，LTCM 的这种管理方法要假定证券会持续处于交易中，而且市场持续正常运作，没有考虑到现实的市场可能会由种种途径被外界因素搅乱。人们可能会被这个神奇的方案冲昏了头脑，忽略了要成功实施这个方案必须具备的约束性前提。当 LTCM 设想的景象最终被现实事件戳破并不再适用时，结果就将是灾难性的。损失会超过 10 亿美元，对冲基金将损失 92%。

圣杯

如果说一些企业走上歧途是因为在所有情况下都采取同一个所谓的神奇

方案，那么其他企业可能因为寻找圣杯而惨败。商业领域的圣杯是指永远都无法实施的战略。神奇方案过于注重唯一的因素，圣杯与之不同，它所注重的唯一因素根本就不存在。

在近期的商业史上，最具诱惑力的圣杯要数"首发优势"。还记得那个引发了大量的早期网络投资的形象比喻吗？"这是对土地的争夺！是高科技的淘金！赶快去占领土地吧！"使如此多网络先驱者混乱地冲向战场的主要动力就是对首发优势的幻想。这个幻想看似永远飘在上空，但却永远达不到。它让每一个人蜂拥而上，乱闯一气，但还是遥不可及。到底是为什么呢？

如果存在首发优势，它会有三个来源。第一，首发者处在学习型曲线的最前端，后来者的专业技能无法与之匹敌；第二，首发者获得了最优的固定资产，后来者只能使用落后的；第三，首发者已经争取了大量的客户和供应商，而这些客户和供应商以后若想转移业务，其损失将会很大。

网络领域的企业家们倒是很乐意引用学习曲线这个论据。已在因特网上征战多年的著名网站 eToys 的一位高级经理夸口说："我们做这一行的时间比其他公司长，我们用了很长时间才使网络业务步入正轨，他们不可能赶上我们。"这里所说的"他们"是指网络商店玩具反斗城（Toys"R"Us）。尽管刚刚接触电子商务的特殊规程，还不很熟悉，但玩具反斗城毕竟已经在玩具销售领域打拼多年，积攒了丰富的低成本大宗销售、扩大市场的经验。在更大规模的商业游戏中，eToys 和其他网络公司在学习曲线上是比较落后的。

网络公司通过率先进入市场能够获得最优资产，这个观点同样也是错误的。因特网"不动产"的"最佳位置"数目并不是有限的。只要需要，电脑空间可以随时创建起来。

最后我们可以证明，"锁住"顾客和供应商的想法在网络世界中近乎是一种纯粹的幻想。在互联网上购物的顾客不会把自己局限于某一个网站。转向一个新的卖主只需点几下鼠标，既简单又无需什么成本。供应商也不可能被"锁住"。很少有供货商愿意给一个网络商店折扣，因为那样会危及他们建立已久的销售渠道。就提供商品来说，那些不断蜂拥而上的新的 B2B 电子商务公司都在互联网上提供完全相同的服务。2000 年网络高峰时期，《商业周刊》（BusinessWeek）估计，一共有 800~1400 个 B2B 网上电子市场。在这种情况下，先入者会有多大的优势呢？

"首发优势"这个说法会让大部分的网络公司疏忽大意。古老的传统贸易方式中，先入者确实有首发优势。但是网上交易代表了一种全新的事物，它的首发优势或者不存在，或者必须以崭新的方式来实现。风险资本家威廉·格利（William Gurley）说："好消息是你可以在一夜之间进入市场，坏消息是其他每一个人都可以。"

那么，为何众多聪明人仍然在网上交易中对首发优势这个圣杯穷追不舍呢？部分原因是害怕自己被落在后面，被新的商业革命淘汰，但也是因为圣杯的幻象本身。商人们周期性追寻的圣杯确实不同凡响，但圣杯通常并不存在。

错误的记分牌

你顶住了神奇方案和圣杯的诱惑，但仍然可能选错目标。当公司选错了记分牌，就会发生这样的事情。简单地说，错误的记分牌就是不恰当的测量成功的尺度。选错记分牌的公司可能会对自己在其他领域打算做的事情建立过于理想化的设想，但是在评价时却选错了指标。一旦公司的决策者所关注的指标不能准确反映其成功的真实水平，公司就有损失的危险。如果继续发展下去，只利用这个错误指标而排斥所有其他指标，灾难就会降临了。

最常见的错误记分牌就是市场份额。当然，在很多情况下，市场份额是评价公司运营状况的一个重要指标。但是它并不能衡量公司创造的或者可以获得的真实价值。而且，市场份额并不一定能够转化为获利能力，因为要占有市场首先必须有巨额投资。索尼影业公司收购哥伦比亚影业就是一个很好的例子。在预测电影制片厂的前景时，公司将市场份额看作电影制片行业的首要因素，同时忽视了要想占有市场份额必须花费的巨额支出。结果是：尽管哥伦比亚制作的影片确实吸引了广大观众，但同时过高的成本令公司损失惨重。

有时公司会选择一块不同寻常的错误记分牌。如果公司因为一项优势而被广为称颂，决策者们会更加重视那项优势。如果某个数据旨在测量那个方面的优势，决策者们就会瞄准那个数据。时间一长，就可以证明那个记分牌是错误的。

乐柏美公司的错误记分牌就是推出新产品的速度。当它还跻身于美国最著名的公司时，公众就不断称赞其新产品开发和设计创新的速度惊人。记者们经常称该公司为"新产品机器"，管理方面的权威总爱引用该公司在上一年推出的新产品的数量。逐渐的，公司自己也开始在公开声明和年度报告中采用这类指标。在评价业绩时，乐柏美把新产品推出率放在高于一切的位置上。

这不仅是一块错误的记分牌，它还要求乐柏美进一步提高生产率，但是公司却一直没有注意这一点。要迅速地把新产品投放市场，就没有足够的时间进行市场调查，更没有时间试销。结果，乐柏美越来越不了解顾客的需要——通常是低廉的价格。同时，公司坚持独家生产每一种新产品，这就意味着在成本的竞争上缺乏经验。事实上，因为过于关注新产品推出率，以致都不知道自己在竞争中其他记分牌上的位置，例如单位成本。仅在一个核心功能上占优势就够了吗？当然，只要这项优势是顾客最关注的。

这些战略误区的案例应该让我们驻足思考。聪明的决策者明白，设想一个美好的蓝图非常重要，甚至非常关键；但是在试图设计那个令人信服的"宏伟"目标的过程中，很多人都会陷入上述三个主要的陷阱中。希望我们都能从本章所讲的经理人的失误中吸取教训，但是即便我们这样做了，也未必就能避免迷途的后果。除了战略上的误区，我们在研究中还经常发现一种很隐蔽的情况，所以要在此强调一下，以便帮助经理人避免在自己的公司中犯同样的错误。这种情况就是："消极移用"。

消极移用：聪明的才智，却用错了地方

我们经常听经理人、顾问和学者谈论"核心能力""知识管理"和"学习型企业"。毫无疑问，在过去的15年里，很多公司把资源集中在几项核心能力上，（追随市场领导者英特尔、微软、高盛、默克和通用电气等的步伐）大力发展智力资产，在市场上赢利颇丰。不幸的是，虽然很多公司因精于此战略而获利，可是我们所研究的公司中有相当一部分在这个赛场上栽了跟头，而且栽得很惨。可是我们不能说这个战略无效；研究显示，成功的路上会有

无数意想不到的陷阱，其中一个主要的差错就是消极移用。

我们给出了经理人的四种失误，集中说明为什么基于智力资产的战略不能永远奏效。每一个案例中，聪明的经理人对于（自己公司或者竞争者）什么战略有效、什么战略无效的假设都有缺陷，这样就导致战略行动不恰当。在读接下来几页时，想一想你是如何看待自己的世界（商场或者其他地方）的，想一想你对于什么有效什么无效的判断是否经得起推敲。

昨天的方案

在商业领域，昨天的方案是指曾经有效，但现在已经不再适用的情形。昨天的方案有一点极具诱惑力，那就是它似乎已经经受住了实际应用的考验。拥护昨天方案的人都会指出它曾经是多么的成功。他们即使不是直接地，也会隐讳地说："你不能和成功争辩。"仍然沿用昨天方案的公司都假设过去有效的战略现在仍然有效。但是在一个瞬息万变的世界，这样的假设通常都不成立。

很多过去的方案都可以用这句话来总结："我们知道客户需要什么。"纽约的巴尼斯服装店就是一个非常典型的例子。继承这家商店的普雷斯曼（Pressman）兄弟自认为了解客户的需要，相信能够让他们乐意花高价的因素就是独特性，而实现独特性的最佳方法就是大量地投资于豪华店铺的室内陈设。曾撰写巴尼斯服装店兴衰史的约舒亚·利维（Joshua Levine）把这种经营理念描述为"普雷斯曼法则"——即"你在内部装潢上的任何花费都会通过超高价的服饰得到补偿。"就是这个理念使巴尼斯服装店在 20 世纪六七十年代一直兴隆昌盛。

但是到了 20 世纪 80 年代中期，时代变了。营造豪华商店所需氛围的花费暴涨，尤其对于巴尼斯这样的大型商店。与此同时，一些时尚的设计小店却能为顾客提供更为精彩的购物经历，这些经历是大型百货商店无论怎样奢侈布置都无法提供的。普雷斯曼兄弟尽管意识到了这一点，却进一步采用过去的方案来应对。这就是对原方案消极的移用。

关于昨天的方案，最常见的例子就是设计出众、制作精良、在过去能够满足顾客需要但现在已经不能了的产品。通常，生产厂商对自己过去的产品过于骄傲和自满，认识不到顾客的品位永远都在改变。施温继续生产传统样式的自行车，而不转产山地车、拖车、特技车以及其他人们越来越喜爱的自行车，这就是在沿用过去的方案。摩托罗拉也犯过同样的错误：不去生产需求量大的数字产品，却仍然制造复杂昂贵的模拟电话。这些公司通常都有著名的品牌，而且总在不断地改善产品，但这一事实又使他们认识不到自己已经无法了解顾客的需求了。

事实上，即使公司了解顾客的需求，在满足顾客需求时仍然采用过去的方案，还是会造成巨大的损失。这一点非常明显，尤其是回顾过去新科技出现的时候。美国的小钢铁厂出现后，仍然依靠巨型钢铁厂的钢铁公司就是最好的例子。因为不能获得关税形式的巨额补贴，它们几乎不可能存活。世界在不断前进，如果仍然依赖昨天的技术就注定要失败。但是昨天的方案也可以是任何不能再满足顾客需求的经营惯例，尽管其成本可能会和新近的惯例一样低。

波士顿红袜队的错误就在于依靠过去的方案来满足顾客的需求。他们对于球迷们想观看棒球队的精彩表现并赢球这个事实非常清楚，但是球队的经理和所有者认为，他们不需要聘用非裔美籍球员就可以满足这个要求。十几年来，红袜队的对手都不断地引入非裔美籍球员来增强实力，但是红袜队固执地沿用过去的对策，输掉了比赛、失去了球迷、损失了金钱。

同样能够毁掉公司的另一种方式，是在谈判时沿用过去的策略。在不同的市场条件下，依然假设公司的交涉能力跟过去一样，这是最常见的错误。犯此错误的公司会告诉自己："对方非常需要我们，他们只能按照我们的方案来办。"

在这方面，大英百科全书的经历堪称神奇，高层决策者在与软件供应商的谈判中使用昨天的方案，最后令公司的价值损失大半。光盘、高容量硬盘和互联网的出现，使人们能够更方便更廉价地搜索和传递一部百科全书中的所有信息。很多根本买不起印刷出版的百科全书的人会愿意花少量的钱买一部电子版的全书。那样，只要愿意在比传统的销售市场更广泛的领域接受相对较小的份额，公司就会拥有巨额资产。微软等一些大公司有兴趣为著名的大英百科全书制作电子版，也了解现实情况。但是百科全书在与这些大公司谈判时仍然沿用以前的惯例，还认为对于高价产品的最佳战略就是获取尽量大的市场份额。谈判破裂后，公司自己制作了百科全书的光盘，但是由于价格过高，很少有人问津。就是在今天，该公司还在试图销售一部电子版的百科全书，以期能够与微软的 Encarta 百科全书和其他相关产品一争高下。

决策者不但可能在产品设计上沿用原先的方案，还会经常在商务谈判中犯同样的错误。例如，施温自信拥有忠实的客户群，所以控制着像捷安特、CBC 那样的供货商。实际上，施温与这些公司的关系已经发生了根本性的转变，施温才是真正的依赖方，公司的供货商们只要生产出能够满足施温顾客需要的价格低廉的产品，就可以绕过施温直接向市场进行销售。

不同的游戏

公司对于现实的认识经常会过时，并非因为时代变了，而是在新的时代里公司对于现实的认识不再正确了。通常情况下，要是公司在一个市场上已经非常成功，就没有多大的发展空间了。为了进一步提高核心能力，公司就会努力把这些核心能力运用到别的似乎非常相近的市场。但它往往会忽视两个市场之间的深层差别，没有采取不同的策略。

在这种情况下，公司加入的是一场"不同的游戏"，但是决策者尚未认识到这一点。他们通常认定，适用于过去的技术和模式在新的市场中或对于新的产品仍然有效。如果有人对此提出质疑，他们就会说："我们在这方面可是行家。"举个例子，Toro 原本是生产割草机的，后来转而生产铲雪机，两种产品的顾客似乎非常相似。但是尽管表面相似——季节性市场、适中的价格、需要持家的顾客——却还有一个简单但是很关键的差别。草总会长的，但雪并不总会下。整整一个冬天都没有下雪，但是 Toro 接着生产铲雪机，结果又一个冬天没有下雪。正如 Toro 总裁大卫·麦克兰林（David McLaughlin）所讲："我们对风险简直是熟视无睹。"

当公司转移或扩张到新的地理区域时，可能要经历不同的游戏。新旧地域可能貌似相同但实际上并不，Food Lion 公司就提供了这样一个例子。在美国东南部时，公司低成本低价格的战略满足了顾客的需求，但移至西南部后就遇到了麻烦。尽管表面看来大致相同，但是西南部的顾客希望有更多选择和更完善的服务，而 Food Lion 公司对此并不擅长。大力削减成本在这场不同的游戏中却是一步败招。

即使不发生地理区域的变化，公司仍然可能进入不同的游戏中。桂格燕麦公司就有此经历，公司本来因佳得乐饮料而闻名，但是收购适乐宝导致巨额亏损。佳得乐模式并不适用于适乐宝，因为桂格的高管不了解两种品牌在形象和销售方面的差别。这是一场截然不同的游戏。

错误的自我形象

对自己能力的错误估计可能与对游戏的错误看法同样具有破坏性。事实上，公司要是建立了一种虚假的自我形象，其活动的任何扩展和变化都会使其卷入不同的游戏中。公司会努力恢复竞争能力，但是由于对自身的错误判断，公司会去做并不真正擅长的业务，试图转移自己甚至不曾拥有的智力资源。与此同时，公司可能会忽视甚至挥霍掉自己真实的力量。

曾经非常成功但不明白真正原因的企业会经常遇到这种问题。例如，一个公司最初是制作鞋或从事广告业务的，后来可能开展了一项与此业务紧密相关的活动，进一步走向成功。但公司的自我形象通常还是建立在最初的业务上，而不是建立在真正使它成功的业务上。

盖尔就是绝好的例子。公司误以为自己是运动鞋的制造商和销售商。"等一下。"你可能会说，"盖尔确实是运动鞋制造商和销售商。"没错，那是公司最初从事的业务，但使公司在 5 年内把营业额从 1100 万美元提高到 8.2 亿美元的却是少女服装设计。企业家罗伯特·格林伯格（Robert Greenberg）注意到他女儿的初中同学都穿着男孩的高帮运动鞋。于是，他在原先卖帆布运动鞋的柜台上摆出了适合女孩的高帮运动鞋，以粉色、青绿色和银色镶边。这一批鞋走红以后，他又在鞋上添加了莱茵石、棕榈的剪影，以及其他时尚的饰物。又经过电视广告上性感女孩在南加利福尼亚享受田园景色的生活方式，这些鞋的销路一下子就打开了。很快，盖尔公司成为紧随耐克和锐步之后的运动鞋制造商。

问题是罗伯特·格林伯格认为盖尔公司擅长于制造和销售运动鞋，而实际上擅长的是女孩的时尚装饰。这一误解使公司突破了女孩的时尚鞋，开发男性的高性能运动鞋。这种全新的产品需要不同的制造技术和营销策略，目标顾客也不同。但是面对新的市场，格林伯格仍然在鞋上使尽了种种更适合于13岁的"山里女孩"的花招，完全损害了男士们"酷"的形象。在一场电视直播的篮球赛中，赠送给球员们的盖尔运动鞋突然裂开，成为戏剧性的一幕，给盖尔鞋的销售以沉重的打击。销售额下降了80%，仓库中卖不出去的鞋很快达到1200万双。盖尔错误的自我形象最终使公司破产。

电影制片人的错误

犯电影制片人的错误，是指未能足够重视让某一事业成功的具体而独特之处。我们把它叫作"电影制片人的错误"，是因为没有哪个商业群体会比电影电视制作人更严重、更频繁、更公开地犯这种错误。每当一部片子在电影院或电视上一炮打响，都会有几十部本不应该制作的代价昂贵的跟风作品……它们与成功的大片仅有表面上的一点联系。如果根据一本连环画改编的电影获得成功，就会有很多电影紧随其后，除了都是根据有关超级英雄的连环画改编而来之外，几乎一无是处。如果一部描述犯罪现场调查的电视剧获得巨大成功，又会有一连串同样描述犯罪现场调查的毫无特点的系列片、试播节目、电视形式的电影出现。

大型制药企业史克比成（SmithKline）和礼来公司（Eli Lilly）也犯过这种电影制片人式的错误。对手默克（Merck）公司收购了一个药物利益管理机构（PBM），两家公司大为吃惊。PBM是一个新概念，从前两个公司的战略中都没有。后来礼来公司的首席财务官说："我们注意到默克的举动，然后纳闷儿：'PBM到底是什么？'"但是两个公司又认为，默克做决策必定理由充分，如果默克有了PBM，他们最好也各自有一个。所以下一年史克比成花23亿美元购买了一个，礼来花40亿美元也购买了一个。这次购买的基本论据是：药物利益管理机构有助于更好地控制下游的分销。但这一战略还尚未经过检验，对于默克来说，可能理由更充分一些，因为默克为此制订了详尽的计划。果然，不出几年，这两个只知道效仿的公司就把当年收购的PBM以较大的折扣卖了出去，甚至连默克也想摆脱自己的PBM，Merck – Medco。其他行业，如娱乐业和银行业，在20世纪90年代末期，也经历过类似的效仿性的合并浪潮，而且现在仍然受其后遗症的困扰。

犯电影制片人错误的公司并不一定是试图仿效获得成功的对手。很多时候，在不能确认某项策略是否正确的情况下，公司仍然会盲目地效仿。1989年，美国西部航空公司购买了在菲尼克斯太阳队基地布置其标志的权利，紧跟着，另外7家北美的航空公司购买了在各种体育馆、赛场的命名权。但是，这些花费中有多少能有效地提高航空公司的客座率呢？乘飞机去其他城市参加或观看体育赛事的人毕竟只占航空市场很小的比例。那为什么还有这么多航空公司犯电影制片人的错误呢？这些公司大多认为美国西部航空公司比他们经营得更好，但是不懂得如何在更深层次上学习，所以只是很肤浅地仿效。

航空业经常出现这样的情况：不能确切了解对手因何获胜，却盲目仿效其策略，激烈程度甚至到了白热化的地步。在统治加利福尼亚南部市场多年后的1994年，美国联合航空发现自己已经在客户服务、客机周转速度、机票价格等方面远远落后于西南航空。联合航空的解决方案是：仿效西南航空。所以一群穿着短裤和高尔夫球衣的地面工作人员出现了，以期达到降低机票价格、提高服务效率的目的。不幸的是，西南航空成功的真正秘诀是公司员工：从驾驶员到空姐都是忠实、充满活力、富于创造力和激情的员工。联合航空的雇员却经常会抱怨："我们总是被当作生气的小孩子，似乎不配有自己现在的所得。"这就是消极转移最典型的例子：联合航空试图仿效西南航空的一些策略，但他们并不真正理解其战略的核心因素——人。

不能正确认识对手成功的深层原因可能会导致电影制片人式的错误，不能正确认识自己成功的深层原因也同样会导致这样的错误。一种情况是：公司在一个领域取得了成功，又想开发另一个领域，认为"这也是我们擅长做的事情"。例如索尼，收购CBS唱片公司获得了巨大成功，使得经营者错误地认为可以用同样的政策、也有同样的能力来收购另一家美国娱乐业公司。其结果就是，索尼犯了电影制片人式的错误，卷入了电影制造业。

关于消极的移用我们就讨论到这里。很多读者可能会发现自己或自己的企业就犯过本书所述的错误，这就是我们的目的。认识消极移用可以开阔眼界，给人们深刻的教训：知识和才智不总是有价值的，知识还可能真的毒害人。对战略的消极移用可能会被种种表面现象所掩盖，而且经常是被关于核心能力的看似无懈可击的逻辑所掩盖。所以我们必须特别警惕，逻辑如果只是在浅层上运用，是非常有害的。下一部分将不再讨论消极移用，而要瞄准我们研究发现的三种思维错误，均为"一根筋脑子"。

一根筋脑子

在公司你可曾发现，所有业务问题的解决方案都一样？当回头再看一个你所做出的重要决定时，可曾疑惑：为什么所有人的想法都和你不一样？顾客、合作伙伴、雇员以及其他利益相关者似乎不能理解你的方法，你可曾为此而感到奇怪？事实很可能是：并不是其他人不理解你，而是你自己被一种难以置信的褊狭的想法所束缚，不知道什么是可能的，也不知道人们应该怎样做。

这是个小圈子

事后反思，企业经常犯一些很明显的错误，很难想象怎么会有人犯这样的错误。"他们当时是怎么想的？"人们会难以置信地问道，"他们怎么能想象这样的事情会成功？"在很多情况下答案大致是：他们处在"一个小圈子"中。决策者、高级工程师以及其他人是以他们的经历为基础对现实进行评估，而他们的经历往往不能代表更广阔的现实世界。

按小圈子的经验来进行决策，最常见的例子是工程设计公司的一群精通技术的决策者有了关于"一个全新事物"的想法……无论花费多少时间和金钱，他们都不放弃这个想法。铱星系统究竟是什么？一位才华横溢的工程师在试图解决妻子打长途电话的问题时，酝酿出一个想法。有个知情者这样评论：摩托罗拉的目标是"设计、建设、提供世界上最优秀的无线电系统……所以他们一定要把这个非常不理智的幻想付诸实践。这不是战略问题，而是虚幻的空想，是歇斯底里的疯狂"。

摩托罗拉的决策者们拥有高收入，可开支账户也非常宽裕，他们想当然地认为有很多人拥有同他们一样的价值观、利益和对事物先后缓急的考虑，这就不难看出开发铱星系统的原因了。例如，铱星公司的决策者和设计工程师们相信有 50 万人愿意花上 3000 美元，戴上笨重的耳机，按每分钟 8 美元的价格打长途电话。他们考虑的是什么类型的人？他们考虑的都是像他们那样对科技迷恋至极、愿意为最新的发明不顾一切的人，或者是其他钱多得发烧的经营管理者。铱星公司的总裁埃德·斯坦阿诺会在乎电话是否沉重、累赘吗？不会的，因为他不会扛着电话走来走去，他的助手可以代劳。斯坦阿诺会觉得每分钟 8 美元的通话费用很贵吗？不会的，对于他每分钟的收入来说，8 美元简直可以忽略不计。那 3000 美元的费用呢？公司无疑会将这笔支出归入正常的支出账目。如果有人质疑，铱星公司会指出，只要在一年中能够使他们的通信线路在几天内更便捷，这 3000 美元就非常划算了。简言之，在斯坦阿诺的小圈子中看起来非常合理的事情却与大多数人生活的世界有着天壤之别。

生活在特定地理区间的经营者，就好像被隔绝在财富与权势的最顶层。例如，掌管巴尼斯的家族认为在曼哈顿流行的品位和风格在美国的其他城市也同样会流行。巴尼斯后来的总裁托马斯·萧尔（Thomas Shull）回顾公司在向南加利福尼亚以及中西部扩展业务的失败时，说："巴尼斯把纽约的一家商店转移到其他的城市，但是却没有仔细调查那里的市场需求。"公司从来没有想到，曼哈顿的时尚程度在其他城市不同的社会环境、自然环境中近乎炫耀或极为不当。

尽管不断地将其产品直接销往美国各地，广播和纸媒却不断受到所在小圈子的偏见和误判所带来的困扰。在华盛顿制作的节目或节目剪辑，经常由于播出的故事仅适合于"圈内"人士而惹恼全国的听众，或者让听众感到非常厌烦。纽约的图书出版商经常忽视中西部、南部以及落基山脉附近各州人们的兴趣所在，有时预付几百万美元出版的书籍只能吸引纽约社会很少的一部分人。在纽约为杂志社工作的作家们经常写些屈尊俯就的关于社会态度、时尚、音乐和流行事物的文章，而这些往往只能吸引其他地方人们的兴趣。

自家的规则

当公司开始在不同的区域、国家和文化中经营时，"这是个小圈子"是必须摒弃的假想之一。通常情况下，业务经营的基本惯例，例如对于何为公平、何谓勤勉的看法是不同的。公司若不能很好把握这些差别，就很容易成为"自家规则"的牺牲品。决策者臆想，其他地方的对手也会遵循和他们一样的规则。

他们没有意识到现在是在别人的领地上竞争，要按照别人的规则行事。

美国人和欧洲人在西方以外的国家经营时会非常重视这个问题，但其他国家的人在美国和欧洲做生意时也同样可能遇到这种情况。

索尼公司收购哥伦比亚影业后，索尼的日本老板以为美国商人在做生意时遵循的道德准则会和日本人一样。日本人最主要的道德准则与 Giri 相关。Giri 没有确切对应的译文，但是它包含一种对上级和上级目标的忠实。所以日本的决策者们假定，美国哥伦比亚影业的管理层会和日本这边的一样，忠实于他们新的母公司（Giri 的一种体现）。他们从未想到，美国的管理者对母公司没有丝毫责任感，肆意将自身利益置于公司的总体目标之上。这就是现实，普遍的现实。

哥伦比亚影业的经营规则与索尼公司所设想的规则相去甚远。除了基本文化上的差别，还有其他的原因。原因之一，是好莱坞电影业的特殊性质使公司难以保持忠实，难以保持跟其他公司的长期合作关系。另一个原因是，索尼在哥伦比亚公司挑选的那些经理们都以追求大宗的、高风险业务而闻名，不是脚踏实地、坚持到底的人。最后，索尼收购哥伦比亚公司正逢反日情绪高涨。日本的企业家们在那一段时间收购或兼并了一些美国公司，并大肆炫耀日本商界的成功，示意美国人向日本学习。好莱坞没有人认为日本人需要或者应该获得特殊的保护，使其利益不受美国骗子的侵害。

扩展热

一根筋决策者犯的第三类错误与前两种略微有些差异，但同样非常重要。这种失误比较特殊，又非常常见，我们称之为"扩展热"。具体表现为：公司旨在迅速扩展业务范围，甚至不惜牺牲赢利能力，也不惜大量举债。扩展热形成的原因远不止是因为使用了错误的标准来衡量成功与否，被扩展热冲昏头脑的经理们评价每一个数字和每一个现象时，都主要考虑是否有助于公司不断扩展业务。为员工创造价值，做有意义的事情，甚至是赢利这样的目标都被抛在脑后了。为了保持较高的或者加速的增长率，一心渴求扩展的经营主管人员经常会损害企业价值，做出对哪一方都没有好处而只会带来损失的决策。

莫瑞斯·萨奇和查尔斯·萨奇兄弟就曾陷入扩展热的误区，他们几乎把

"扩展高于一切"这种思路下的所有错误都犯尽了。他们一味地扩张，丝毫不考虑所收购企业如何能够融入公司已有业务当中。他们的收购成本经常高于收购能够带来的利润，积攒下了大量的各种债务。收购一家公司后，他们并不去好好策划如何从中获得最大的价值。久而久之，业务居然延伸到了遥远的咨询领域等，这些领域所需的管理程序与他们已有的截然不同。所有这些失策都与萨奇兄弟或其他高管的管理能力无关。只是他们太注重扩展业务本身，无暇考虑赢利能力。

纽约著名的医疗保险公司牛津健康计划的扩张热更为严重。在创始人兼首席执行官斯蒂芬·威金斯（Stephen Wiggins）的带领下，为扩张而扩张的原则压倒了一切，包括对负债的合理控制。公司首先瞄准的是患病率低的白领阶层，并获得了成功；而后牛津健康计划决定朝着蓝领工人、享受医疗保障方案和医疗补助计划的患病者（他们会大大增加医疗保险的费用）扩展，而没有考虑医疗保险在这一领域是否会赢利。这一扩展意味着公司的计算机系统和其他管理设备进一步落后了。公司的一位高级经理人这样描述当时的状况："形势已经失去了控制。有时相同的单据会寄出去两次。"公司后来试图安装全新的软件系统，但是失败惨重，把客户账单、理赔付款单搞得一塌糊涂。即使如此，公司仍然没有减慢其扩张的步伐，仍然不断卖出新的保险单，还进行了一次大的收购，就好像一切仍在掌握之中。

明白了吧：战略误区、消极移用和一根筋头脑就是隐藏在你所看到、读到甚或亲历过的许多企业失败背后的原因。今后怎样做才能避免这些情况发生呢？

确保公司对现实的定位正确

大企业对现实的认识有偏差，用这种认识来指导其经营，因而失败；在所有这类案例中，存在着一个反复出现的严重的悖论：借着事后之明看似很明显的错误在当时看起来非常正确。实际上，在很多情况下，虚假的现实看似居然那么真实，没有人想过要怀疑它。

这恐怕是最大的一个教训了。如果想在对现实的错误定位给公司造成巨大损失之前进行补救，你必须停下来，对看似很明显的事物提出质疑。你必须仔细审查那些被普遍认可的假设，那些"理所当然"的事物，看看是否真实。

那么具体又如何操作呢？我们所描述的每一种失败的类型都蕴涵着一个基本的问题，每一个公司都应该经常拿这些问题向自己提问。下面总结的问题清单可以用来检查公司对现实进行定位的每一个重要方面。

你的公司对现实的定位是否正确？
10 个问题会帮助你证实

战略误区

1. 你是否只关注一个原则或模式，忽视了所有其他原则、其他模式？（神奇的方案）

2. 你是否可能在义无反顾地执行一个不可能实现的战略？（圣杯）

3. 你用来衡量成功的标准是否恰当？（错误的记分牌）

消极移用

4. 你是否认定适用于过去的方针在今天仍然需要遵循？（昨天的方案）

5. 公司向另一个地域发展，在其他区域运用的非常成功的方法和策略在那里是否仍然符合要求？（不同的游戏）

6. 你对公司竞争实力的评价是否准确？（错误的自我形象）

7. 你对自己或者对手过去的成功原因分析得是否正确？（电影制片人的错误）

一根筋头脑

8. 你对客户需求的分析是否建立在有限的模式或经历上？（这是个小圈子）

9. 在试图开展业务的社会文化区域内，你是否完全清楚那里不成文的规则和惯例？（自家的规则）

10. 你是否在拼命地迅速扩展业务，甚至不惜牺牲利润率？（扩展热）

预见变化

如果能够证实你们对现实的估计是准确的，就已经在很大程度上避免了重大的商业失误。但是评估现实还必须考虑其他方面——即这样的现实会持续多长时间。

公司对现实的认识可能完全正确，但是如果世界变化得非常显著，而公司对那种变化又没有充分的准备，灾难还是会发生的。要想使繁荣持续一段时间，公司需要非常清楚现实中的哪些部分可能会改变。我们错误地认识现实的最常见的方式有哪些？

完美风暴的谬误

《完美风暴》（The Perfect Storm）的作者萨巴斯汀·乔恩格（Sebastian Junger）向我们展示了三种相对平常的暴风雨系统怎样在北大西洋上聚集成一股速度强大的暴风雨。所谓"完美风暴的谬误"是指因为引发这种暴风雨的每一种因素出现的概率都很小，所以就想当然地认为两种或更多的因素同时发生、致使暴风雨最终形成的概率也很小。

但是无论在海上还是在生意场上，完美风暴发生的频率远比人们预想的要高很多。这是因为能够诱发完美风暴的事件通常有很多，所以那些事件的各种组合的数量也很多，发生的机会就变得很大。因此，虽然造成完美风暴的某一个特定因素的组合发生的概率很小，但是导致某种不确定的完美风暴的各种不确定的组合发生的概率就会很高了。

这样说起来似乎很有道理，但是即便是研究风险和概率的专家也会经常搞错。在 LTCM 公司中，熟知概率理论的聪明人很容易就陷入完美风暴的误区中。公司的高管和顾问们很清楚，大规模的市场骚动（尤其是严重的货币贬值和规则中断）会威胁到他们的投资。所以在筹划时他们会考虑这种情况发生的可能性，然而他们没有考虑到的是两个或更多这类事件同时发生的情况。但是这种情况确实发生了。抵押担保证券狂跌，俄罗斯拖欠贷款；接着一系列于 LTCM 不利的事件相继发生，令人应对不及：手头的证券想抛售都十分困难，赞助商们拒绝追加投资，合作者和对手都企图在这次危机中捡些便宜，LTCM 的决策者们也开始犯一些意想不到的错误。倒霉的事情就这样源源不断地接踵而来。

一旦情况开始恶化，LTCM 所经历的每一次不幸都会进一步演化为更多的不幸。对于 LTCM 公司来说，某个特定的干扰事件可能不太容易发生，但是在任何一段时期内，干扰事件的某种组合却是不可避免的，可能会对 LTCM 产生相似的影响。公司内部的概率学方面的专家估计错了。

当然你并不需要请诺贝尔奖获得者来帮你分析数据，对完美风暴的发生率进行完全不切实际的预测。很多公司都过于自信地认为事件不可能凑到一起发生，最终给自己带来了麻烦。例如，牛津健康计划在迅速扩张中安装实施新的计算机系统时，没有想到会出现那么多问题。位于欧文的时尚服饰公司 Mossimo，以其服饰上凉爽、活泼的线条构筑了南加利福尼亚的海滩装文化，当他们在 20 世纪 90 年代中期试图发展新的设计样式、提高产量、开发新的客户时，也没有预想到会有那么多不利的事情接踵发生。克莱斯勒也未曾想到众多的商业因素会同时发生变化，令他们应接不暇。正如这些案例所示，完美风暴并不像有些决策者所想的那样不太可能发生。相反，它们有力地证明了决策者的头脑并不健全。

星球大战错误

如果说完美风暴的错误在于想当然地认为事情不会发生，那么"星球大战错误"在于自信地认为事情一定会发生。联邦政府就向我们展示了一个经典的例子：从里根总统执政期间开始，政府就在寻找更好的方法保护美国不受邪恶帝国弹道导弹的袭击。包括总统本人在内的所有高级官员都在筹划把人送上月球的伟大技术突破。影片《星球大战》中未来世界的电子波束武器给人们留下了深刻的印象，所以里根政府决定进行一场伟大的技术革命，制造能够阻击弹道导弹的未来激光武器。他们将把科幻片的内容变成现实：肯尼迪政府就这么做过。

实施战略防御计划（SDI）的唯一问题，是该计划所要求的科学问题还没有解决。尽管有些冒险，月球空间计划就是在完全依靠现有科学的基础上实行的。但是与之不同，如果没有科学领域内大的突破，战略防御计划是不可能成功的。只有在今天，花了 20 多年时间和几十亿美元后，我们才朝那个目标接近了一些。然而在商场上，我们很难预见一项投资是否会有合理的回报，是否能持续经营至少 20 年（当然还没有人会考虑到利润率）。

当公司未能区分仅需使用常规操作方法的项目和需要利用新发现的项目时，就犯了星球大战式的错误。当公司正试着开展全新的业务却仍旧希望研究小组沿袭以往的业务程序制定预算时，也是犯了星球大战式错误。更严重的是，公司在对高成本体系进行巨额投资之前居然还不能证明这些体系的各组成部分具有相当的可行性。例如，铱星公司失败的部分原因就是星球大战式错误。1991 年筹划这个项目的人认为，到该计划投入运转时会有新技术出现，使电话的手持部分更加便宜、更加轻便。

如果大公司以未曾实现的重大发明、发现为基础制定战略，就会被星球大战式错误摧毁。但是，更多完全由于这种错误而失败的企业是数不胜数的新兴的小型高科技企业，它们认为自己是把赌注下在了新技术上，其实它们是把赌注下在了更为遥远的基础研究上。

宏图的假象

在预见变化方面最大的一个危险可以被形容为"宏图的假象"。当决策者采用了在宏观层面上很合理但是在小规模层次上不可行的战略时，就掉进了这个陷阱。某个决策者容易犯宏图的假象错误的最显著标志就是完全忽视细节。"拿执行纲要给我看就行了，"这些负责人经常会不耐烦地说，"我必须把精力放在全局上。"

每年发生的失败的收购行为中，有一大部分都是因为过于注重宏观全局，忽视了具体细节（包括协同配合和整合），桂格燕麦公司就是这样一个例子。在收购适乐宝的前后，桂格都没有充分注意到适乐宝与其分销商之间的协议和关系的具体细节。结果，桂格的高管对销售政策所作的改动居然与分销商们签订的合同相抵触。

即使没有发生收购和企业重组，公司也同样有可能被宏图的假象所迷惑。如果高层决策者想彻底革新业务，但没有充分考虑这对于最底层的业务单位、对于每一个职员、对于现有的与客户和供货商的关系意味着什么。通用汽车的自动化举措后果更为严重，因为从最开始，公司的高级决策人员就没有搞清楚要想实现自动化各个部门需要具备的能力。当乐柏美终于开始面对挑战并做出回应时，决策者试图推行公司根本无力实施的政策，使境况进一步恶化了。

这些失败之举都不是败在执行过程上，而是公司采用的政策根本就无法执行，无论中层经理人员再怎样精明能干都无济于事。在最高层上看似那么有把握的战略，确实就是无法实施。

管理者被宏观的假象所迷惑的案例不在少数。例如，众所周知，戴姆勒和克莱斯勒汽车公司合并好多年以后都一直无法正常运营。企业价值的毁损值几乎与克莱斯勒公司的收购价格相等。但是，甚至在承认这些灾难性后果之后，总裁约尔根·施伦普还继续为这次合并辩护，说它是"绝对完美的战略"。

瞄错了对手

企业错误地预测变化的最简单的方式是瞄错对手。出现这种情况通常是因为决策者认为他们过去的主要竞争者在将来还会是主要竞争者。这就使他们低估了新加入市场的竞争者，忽略了次要竞争者突然成为主要竞争者的可能性。有些企业在市场竞争中已经称雄多年，或者仅需与少数几个对手激烈竞争，这些企业的领导者最容易犯这种错误。企业越是专注于在现有的商场中获胜，就越会在未来与新兴的、完全不同的对手的竞争中失利。

你可能会认为你对竞争形势了如指掌，不可能瞄错对手。但恰恰是那些看似能够控制市场的企业，最容易错误地估计未来竞争者。很显然，施温是商场中的强者，但这也就是公司为什么没有想到外国供应商会以低价打入美国市场的原因。很多网上零售商控制了自己的一片市场，却低估了来自传统零售商的竞争威胁——那些传统的商家对网上的商务早就虎视眈眈了。

静态的商业模式

决策者错误地预测变化的另一类似但更明显的方式，是认为自己的行业会一如既往地采用"静态的商业模式"。这就是说，他们认为公司将来的模式会与过去相同。他们没有考虑到新技术或者新的商业惯例会改变整个行业，或者使之不合时宜。当确实发生巨大的变化，公司需要采用新的模式时，这些决策者就会毫无准备、束手无策。

在变化的时代遵循静态的商业模式，富德龙就是一个典型的例子。1995年签订的《北美自由贸易协议》消除了与墨西哥和中美洲地区之间的贸易壁垒，意味着在美国境内大批量生产 T 恤、短袜和内衣已不再合算。莎丽（Sara Lee）公司的海茵丝（Hanes）分部很快做出反应，迅速把生产转移到国外。然而富德龙动作就慢了，最终不得不迅速关掉美国的工厂，同时在中美洲开设新厂。结果物流管理和供货都出现严重问题，这就是我们在第十一章将介绍的 1999 年破产申请。

并不只是历史悠久、声望卓著的公司才会恪守静态的模式。铱星公司在尚未全面营运时，就成为静态商业模式的牺牲者。公司认为一旦人们到西方发达国家境外旅游，除了人口的密集区，大部分地区都不会被蜂窝式无线电话的信号覆盖。公司还认为不同的无线电话系统之间的漫游权限很难处理。但是在铱星开发并安装自己的系统的几年中，无线电话的服务正以神奇的速度发展，扩展到了西方国家之外，并且妥善地处理了漫游问题。铱星公司的竞争环境和为获利所需做的事情都发生了巨大变化。铱星的决策者后来意识到了这种变化，但是他们最初的整个计划却没有为后来留下变更的可能。他们陷入了一个静态的商业模式中，不知道怎样才能解脱。

保证公司对变化有一个现实的预测

公司需要提出问题来检验自己对于哪些因素会改变的认识是否正确，而这些问题与他们用来检测对现实的认识的问题又有所不同。能够确定对现状的把握正确，即你认为正确的确实正确；能够确定对变化的把握正确，即为你不知道的事情留有余地。这也就是说应该区分相对稳定的商业条件和可能会发生变化的条件。

下面有五个问题，可以帮助你检验公司对变化的预测是否准确。回答这些问题无需收集新的信息，只是要考虑到新的可能性。

公司对将来可能发生的变化是否有充分认识?
5 个问题将帮你得出答案

1. 你是否考虑到若干不太可能发生的事会同时发生？（完美风暴）

2. 在采纳新的策略时，你是否能够分辨清哪些仅需常规的操作方法，哪些一定要借助新发现才能实现？（星球大战）

3. 大规模的变革必须依赖基层运作，你是否充分考虑到基层的细节问题？（宏图的假象）

4. 你对于谁是主要竞争对手的判断是否正确？特别是对新建企业的分析是否正确？（瞄错了对手）

5. 你是否考虑过你所在的整个行业会发生重大变革，或者变得不合时宜？（静态商业模式）

错误滋生出更多的错误

失利企业在错误估计现实时，可能从一个错误演变为更多其他错误。例如，萨奇兄弟公司犯了电影制片人式的错误，认为能够在广告行业成功，也必定会在商业服务管理上有所建树。没有进一步做其他分析，萨奇公司就树立了这样一个虚假的自我形象，认为自己是商业服务领域最出色的供应商。这样的自我形象反过来又助长了扩张的欲望，使高管错误决策的后果更为严重。

索尼投资于电影业，就是与现实完全脱节的行为，几乎成为错误分析现状最典型的例子。公司最初进军娱乐业，是因为决策者自认为找到了"神奇的答案"，也就是兼容软件。初尝成功的喜悦后，决策者们又产生了错误的自我形象，犯了电影制片人式的错误，认为自己擅长管理娱乐公司。收购哥伦比亚影业的部分原因是受宏观的假象所迷惑，以为电影公司会和索尼集团的其他部分协调相处，但事实上这种协调根本无法实现。同时索尼又受其他错误认识的误导，开始采用错误的记分牌——市场份额，又指望美国的高管按照日本的"自家规则"放弃自己短期的私利而忠实于总公司。随着财务状况开始恶化，索尼处处不顺，逐渐卷入了完美风暴中。从这一连串的失误中我们可以看到，公司一旦在一个领域分析失误，马上在其他领域也会出现问题。

不解之谜

贯穿所有这一切的是若干个不解之谜：这些令人费解的失误决策是如何产生并延续下去的？当结果已经与预想的发生偏差时，为什么不赶快摒弃错误的认识，采取更为有效的措施？

这些公司并不缺乏及时准确的信息。大多数被假象误导而走向失败的公司都能够获得所需要的所有资料，应该能够发现自己对现状的分析是错误的，应该重新进行更准确的定位。我们讨论过的大部分公司——各个领域的公司，如通用汽车、eToys、索尼、摩托罗拉、盛世长城、巴尼斯、LTCM、桂格、凯创、牛津健康计划、狮王食品公司、盖尔公司、乐柏美、波士顿红袜队以及施温——都能在运营中获得大量的数据和信息，足以认识到其基本的经营设想是错误的。非常奇怪的是，这些数据信息对他们似乎没有任何影响。

要想知道为什么没有人指出皇帝没有穿衣服，关键要考察公司的内部政策。这些公司勾画并一味坚持错误的定位，简直到了惊人的地步。事实上，就像本章介绍的许多著名案例，没有哪一个公司仅仅是由于决策者的一项失误就导致公司的惨败。确实，仅仅是对现状的估计不准确还不足以使公司破败。在某种意义上，你必须想要失败，或者至少必须营造、构建、传播、设计一种狭隘的企业文化，阻止你去更正错误。真的会有公司自欺欺人地认为天下永远一切太平吗？下一章将要回答这个问题。

第七章　梦幻公司的幻觉

——决策者怎样逃避现实

大部分经理人都渴望为这个公司工作。从你刚迈入公司大门的一刻起，你就能感到一种荣耀和力量。这些员工都是业内最出色的，他们自己也坚信这一点。对于成功，他们不是空泛地渴求，而是切实地希望。这个公司是卓越的象征，它领导并希望业内其他企业都能以它为楷模。

公司对于当前的任务和今后的目标有确定的认识。各级员工为了把工作做好可以不惜一切，管理者会把方方面面打理得井井有条。当记者和商界人士称之为全美最受人仰慕的公司时，没有人会觉得意外。而且，尽管形象已经相当完美，公司还在朝着更好而努力。公司时刻都对主要的竞争者警惕防范，时刻都注意提高自身的内部效益。公司容不得半点松懈和混乱。

最值得一提的，是该公司出众的团队精神。从首席执行官到最底层的员工都与公司齐心协力。高级管理层没有频繁的人员变动，员工们也通常会在公司工作一生。公司的公共关系一直非常融洽，每一位员工都时刻努力促进公司目标的实现，任何人都不会有不恰当的言行举止。如果公司的哪一部分受到攻击或威胁，所有的人都会奋起抵抗。

这样的公司是不是过于完美，让人难以置信？这是令人渴求的现象，但在现实中是否极难实现？

如果你的回答是肯定的，请注意了，这个公司确实存在。事实上，有很多公司符合上面的描述，也许就在你的行业中。

你的公司不得不与这样的公司竞争，但这还不是真正的危险。真正的危险在于你的公司可能会成为这样的公司。这个公司并不是可以效仿的模范，因为那将是一场灾难。事实上，这场灾难也许已经发生了，你的公司就像一具僵尸，还不知道自己已经走到尽头了。

僵尸公司

怎么会这样呢？难道我们不是一直在向往这种公司模式的所有特征吗？

这倒是不假，但那只是在有某些缓和因素存在的前提下。如果你具有太多的这种优秀性质，或者甚至所有的优秀性质，你就好像吞下了一副慢性毒药，巨大的灾难近在眼前。为什么？因为该公司已经形成了一种特定的文化氛围，它排斥所有与现状相悖的信息。

具有所有这些优秀特性，并发挥到极限的公司就成为"僵尸公司"。他们还会像以前那样经营，可能还会做得相当好。但是一旦问题出现，方方面面就会失常；管理者无法了解现实，因为他们几乎与所需要的外界信息隔绝了。

这些僵尸公司极具欺骗性，因为他们通常是快乐的僵尸。他们乐于把不利于自己的信息挡在门外，根本不知道自己已经成了一具僵尸。僵尸公司的职员甚至在公司已经开始破落后还自豪地夸耀他们光明的前景。如果这些人是高级管理者，事后看来他们就像是在欺骗公众；如果他们只是普通员工，就似乎是受到了蒙骗。最后，往往会发生有意的欺骗行为，旨在掩盖事情的真相。在大多数情况下，处于僵尸公司中的人们乐此不疲，根本觉察不到灾难即将降临。所以当出现问题时，僵尸公司的管理者们并不去积极调整、应对，反而抱有一种幻觉，认为自己的公司始终是梦幻公司。

关于僵尸公司，最有意思的情况之一就是员工自己并不僵化。决策者通常既聪明又有活力，能很好地应对周围发生的一切状况。技术人员对自己的专长通常都十分精通，公司的每一个人通常都能称职、机智地完成本职工作。

使公司的业务陷入僵化状态的是诸多的"公司政策"和"公司理念"，这些政策和理念最终会使人们思想麻木。这是众多微不足道而且看似温和的政策积累产生的毁灭性效果。

并不只是当整个公司就是一个僵化的企业时才会有灾难性后果。只要高级管理层、营销队伍、产品设计部门，或者其他哪一个关键部门浸透着这样僵化的理念，后果都会是惨重的。一旦有一个关键部门陷入僵化，这种症状将会迅速扩散。一个过去有着光荣业绩的企业如果发生不可逆转的巨额损失，经过事后总结，往往会发现公司到处都浸透着僵化的气息。

"看我们的！"

公司开始变得僵化，最初的征兆就像是健康得有些不同寻常。公司会继续繁荣下去，至少是在某些重要的方面；决策者有充分的理由为这种成功而骄傲。他们会毫不客气地宣称自己的公司是本行业的老大，无论是从发展速度、规模、收入、市场份额、技术实力、赢利能力、顾客满意度或者其他重要的指标看都是如此。为了把已有的成果转化为动力，公司接着就会坚定不移地保持这种成功，甚至超越已有的成功。更重要的是，公司会把这种程度的成功当作自己的一种象征。

本书介绍的案例中，几乎所有失利的公司都在某个领域被誉为"老大"，并把这种地位融入自己的形象中。这些公司大多在杂志的封面故事中被大加赞扬，受到商界权威的大力推崇，并在民意测验中被选为全国最受仰慕的企业之一。很多失败的企业都曾有过光辉的过去：乐柏美在《财富》杂志中火暴一时，安然被麦肯锡公司誉为典范，摩托罗拉获得过马尔康姆·鲍特里奇国家品质奖。更有趣的是，他们几乎都以口号、标志、展览、广告和年度报告等形式大力宣传自己领跑者的地位。他们不断有意识地提醒员工，他们所供职的是行业内最优秀的公司，或许甚至是很多行业中最优秀的公司。安然就是一个最好的例子。在安然总部的入口处安放了一块标语牌，写着"全球最优秀的能源公司"，后来标语居然换成了"全球最优秀的公司"。我们讨论过的所有其他公司在滑坡之前几乎都有过类似的"豪言壮语"，只是可能措辞不像安然这么宏伟罢了。我们可能会认为这些都是虚假的浮夸，但实际上这些冠名在某种程度上都有充分的理由。

问题在于，当公司将"领跑者"的地位当作自我形象的一部分时，当初使公司成为"领跑者"的行为和做法就会开始改变。他们不再努力超越，而是试图尽力维护已有的地位。这种保守化的转变可以很容易地从员工们对待公司外部人士的态度中看出来。他们依旧很礼貌，但是显示出很强的优越感，摆出一副屈尊的样子。各层职员不再倾听他人的意见，不再想向别的公司学习，反而总想显示他们高人一等的才学和实力。他们觉得没有必要咨询别人的意见，因为他们已经比别人知道得更多，这一点清晰地写在他们的脸上。

本书所介绍的优秀公司的很多管理者都狂妄自大。与摩托罗拉和 IBM 在其辉煌年代里打过交道的人，一定还清晰地记得他们是如何屈尊傲慢地对待外部人的。奔驰汽车声誉日盛；盛世长城恐怕也成为有史以来最傲慢的广告商；Mossimo、牛津健康计划和盖尔爆炸式成长的部分原因，就是认为他们是在谱写相关行业的历史，因此根本不需要向他人学习。网上快车、eToys 和其他多数网上销售商不加掩饰地吹嘘自己的传统业务。凯创、摩托罗拉和王安电脑都认为他们占有业内独一无二的专有技术。铱星公司的傲慢程度几乎达到了高不可及的程度，浸散到周围的空间。在 LTCM，当一个年轻商人告诉诺贝尔奖获得者、公司创始人舒尔茨，他的公司模式不可能创造他计划获得的那么大的利润时，舒尔茨身体前倾，答道："我们有充分的理由，因为有你这样的傻瓜。"

山地车的发明者盖里·费歇尔把山地车的新设计拿给施温公司看时所受到的待遇也可以很好地体现这种态度："一个 50 多岁的人瞅着我，就好像我是一个什么都不懂的怪人。施温的工程师们说：'我们很了解自行车，而你只是个外行。我们比任何人都懂自行车。'"

这些公司逐渐形成的优越感影响到员工们的行为，包括互相之间的行为。员工们通常会认为他们的团队是一个精英组织，一般的商业预期值对于他们已经不适用了，他们将要达到更高的标准。他们认为那么多的防范措施、检验证明和外部评价都没有必要。但同时，他们又投入大量的时间和资源去争取多数企业认为多余或者没有必要的营业目标。

几乎每一个案例的结果都是一个缺少监管的"独树一帜"的战略：不顾其他企业怎么操作，自己"一往无前"。他们坚信一切都在自己的掌握当中，从而有效地逃避了面对现实。

"我们比你们强！"

有这种观点的公司不可能去学习其他成功的公司。甚至当其他公司引进先进的发明创造时，自负的领导者会认为那只不过是其他公司为了弥补其他方面的不足而孤注一掷的行为。例如，施温将其他竞争者引入的山地车和别的新车型视为"骗人的伎俩"，只是因为它们达不到施温的产品质量，又没有施温的品牌效应，所以才不得不转向新车型。王安和手下的工程师对 IBM 生产的每一件新产品都不屑一顾，觉得这些新产品在技术上都不及他们自己的。凯创把思科看成一个很弱的竞争者，因为自己没有能力独自开发所需的配件才不得不购买其他公司的技术。

带着这种态度的公司不仅不能学习别的公司成功的经验，也不会吸收其他公司失败的教训。他们把对手的失败归因于整体实力弱，认识不到导致失败的种种过失任何公司都可能会犯，都应该小心避免。所以他们也不采取措施，防止重蹈覆辙。网上销售商就提供了一些很好的例子。一些公司倒闭后，其他财务状况稍好些的网络公司没有吸取失利者的教训及时采取补救措施。他们认为自己"与众不同"，有什么必要向别人学习呢？

"相信我们——我们知道自己在做什么"

当公司对于所做的事情和所要达到的目标坚信不疑时，这种前景会很容易地保持一种冲动。过一阵子，公司继续做这件事情就不再是出于某种理由，而是因为一定要实现这种前景。

要论个性清晰、品牌坚挺，没有哪个公司能胜过李维斯。李维斯几乎成了牛仔裤的同义词。而且，李维斯被誉为"货真价实"的牛仔裤，被当作美国西部流行文化的一个象征，影响到了约翰·维恩（John Wayne）和杰瑞·加西亚（Jerry Garcia）。公司达到这种地位是因为极为注重独特的设计和产品的高质量，但这唯一的理念几十年都没有丝毫改变，注定了公司的没落。尽管已经有充分的证据表明，顾客所期望的产品已经发生了变化，李维斯仍然坚持销售传统产品。公司一个主要客户的总裁说："我们给他们看我们得到的数据，告诉他们现在孩子们的需求，甚至还请他们参加了我们的几个焦点访谈活动，但他们就是不愿意相信事实。"在另一篇新闻报道中，李维斯的发言人说："我们要坚持生产我们认为能够吸引主要客户的核心产品。"所以，李维斯公司不仅对现实认识不清，而且不愿意质疑将严重损害其品牌的因素。

公司过去越是成功，就越不容易改变使其成功的模式。例如，很多公司都设计有格言，作为宗旨激励公司上下像以前那样行事，最流行的要数"你不能与成功争辩"。这些宗旨会把任何实施重大变革的提议扼杀掉。只要公司看上去还算成功，就不会有什么进行改变的契机。但是一旦已有模式的滞后性已经非常明显时，公司重振雄风的机会几乎就没有了。这就是第六章所描述的公司失败背后的原因。例如，在对现实的认识不正确（我们称为"昨天的答案"）的公司里，管理者对所有的批评和疑问都抱着"我们知道自己在做什么"的态度。

多少有些奇怪，同样的使命感可以使公司抵制变化，也可以带来一些根本没有人要求的变化。传统的、技术含量低的公司，如施温，会经常在产品上作一些小的改动使其完善，但是这些改动根本起不了什么大的作用。每年生产的自行车都有一些新的特点，生产厂商认为这些特点会使产品比上一年的更好。但是，这样的小修小补除了可以满足他们的幻想，究竟还能起到什么作用就很难说了。

其他高科技公司，如摩托罗拉，经常会为更大规模制造相同的产品而感到愧疚。他们不断为模拟电话做技术上的改进，工程师们只是在努力实现他们完美产品的理想。他们唯一的问题，是没有看到这种产品已经被迅速淘汰，不再受欢迎了。这种不理智的使命感的最极端形式是被称作"如果我们生产出来，人们必定会来购买"的战略。铱星公司奋勇向前地朝着目标努力，根本不去考虑这个目标是否合理。从局外看，这种在过时的产品、过时的项目上花大力气的行为简直疯狂至极。但从公司内部看来，就好像是忠实于使公司更伟大的理想。

"我们不需要顾客来告诉我们怎样经营管理"

极端忠实于公司的使命，最坏的后果就是对客户想告诉他们的需求状况听而不闻。过于相信公司的使命往往会把自己变成一个传教徒，不容顾客表达他们的所需，反而想告诉顾客他们应该需要什么。

在这些案例中，当中间人或者其他合作者试图指出公司提供的和顾客需要的不一样时，决策者往往不屑一顾。他们不仅说"我们知道顾客需要什么"，还要进一步声明，"我们比顾客更知道他们需要什么，因为我们知道什么产品是最好的，他们最终也会认识到这一点。"这就是诱使摩托罗拉和施温等公司不考虑顾客喜好的态度。

当公司陷入这种思想框架中，就会想当然地认为，只要是公司生产的就是顾客所需的。在巴尼斯服装店筹划向纽约以外扩展业务时，有人建议他们先做一个市场调查，确定产品在各个地方市场上都有足够的需求。公司负责人鲍勃·普莱斯曼（Bob Pressman）认为这个建议荒谬至极。"市场调查？"他怀疑地说，"我们还要做市场调查？我们可是巴尼斯！"

在高科技公司中，这种态度对员工行为的影响程度简直令人难以置信。凯创的销售人员几乎是在训诫顾客他们应该需要购买什么，更糟糕的是，他们根本不能理解这样的事实：顾客需要的并不是在技术上多么先进的产品，而是整体状况最佳的方案。摩托罗拉不断声明，公司的模拟电话积聚了所有神奇的新技术，是最好的产品。尽管顾客已经表达出他们的需求，祈求公司提供这些产品，但是这两个公司仍然不明白如何满足顾客更长期的需求。

如果固执地坚持自己对理想状况的认识，无论是高科技公司还是低技术性公司，这种"我们才是专家"的文化氛围都会极大地损害公司的长远利益。现在看来，星巴克咖啡公司还没有染上"僵化"的特征，但几年前也险些受到这种思想的毒害，当时很多顾客迷上了添加脱脂奶的咖啡。高级管理者们认为，星巴克高质量的经典浓咖啡如果加了脱脂奶，味道就不会像原先那么好。一位决策者甚至说，添加脱脂奶"有损我们咖啡的质量，会毁掉我们的牌子，说起来就好像客户要我们做什么我们就做什么"。星巴克的"三巨头"之一霍华德·贝哈（Howard Behar）初到公司，但他清醒地认识到蔑视客户的需求简直是疯狂的行径。"难道你们疯了吗？"他最后喊道，"当然是他们要我们做什么我们就做什么了！"

一切被使命感所支配的公司不只是对客户的关注不够，对供货商也未给予足够的重视，这会成为严重的问题。盖尔公司并没有向供货商仔细咨询，没有搞清楚他们设计的高性能鞋生产出来以后是否能够保证结实耐用。施温的供应商提的建议已经暗示，他们也打算更加积极地进军美国市场，但是这一点并没有引起施温的足够重视。美国劳伦斯·利弗莫尔国家实验室（Lawrence Livermore National Laboratory）在倡导战略防御计划时，缺乏现实性的考虑；实验室的供应商，包括下设的实验室和研究人员，都向他们陈述了使用激光可能会产生的结果，但决策者对此充耳不闻。众多网上销售商对于其供货商提出的送货成本过高的事实置之不理。这些公司和其他数百家一味坚持自己设想的企业一样，都不可避免地走向了灾难；而当初如果听从供货商的意见，这些灾难都是可以避免或者减轻的。

拒绝考虑客户和供货商的意见遭受的报应多快会降临，这要取决于竞争者。如果该领域内只有这一家公司，这种隔离状态的幻觉可能会多持续一段时间；但是一旦有竞争者加入，开价更优，公司的市场主导地位就会立刻烟消云散了。强生公司的心脏手术支架业务就证明了这一点。公司的客户心脏治疗专家们需要一些相对来说较灵活、容易使用、可以伸缩的循环状支架。但是，强生拥有90%的市场占有率，还沉浸在"我们是专家"的企业文化中，所以对于客户的要求没有给予足够重视。因为没有真正的竞争者，这种态度得以持续两年之久。但是竞争者佳腾公司在推出与心脏治疗专家的需求非常吻合的新产品后，立刻在45天内抢占了70%的市场份额。当人们对于强生何以丢失看似不可超越的领先地位表示不解时，心脏治疗专家和医院的管理人员指出，因为强生极为傲慢，对客户的想法不够重视，而且基本上不能听取多方的意见。

"我们这儿有乐观自信的态度"

当企业感觉高人一等，盲目相信公司使命到脱离实际时，就往往会表现得过于乐观自信。越是目光狭隘的公司，其经理人越是会对公司的前景盲目乐观。

公司过分乐观自信的态度一旦树立起来，就会迅速自我膨胀。培养这种态度的信念不断得到加强，显然是因为采取这种态度本身反过来会助长这些信念。越是加强这些信念，自信乐观的态度也就越容易保持下去。自信的态度会造就皆大欢喜的场面。没有人，经理人更不会，希望用消极态度取代一片欢喜的局面。乐观自信的态度不仅可以让大家满意，还能激励每一级的员工竭尽全力地完成公司任务。

因为乐观自信的态度能让员工们更顺从，所以，当经理人想实施有争议的措施时，往往会先让员工们对此充满信心，同时灌输给他们乐观的态度。例如，国际著名的广告公司盛世长城在开始实施其极有争议的快速扩张计划时，有意识地在员工之中树立起自信，促使他们将此种乐观自信的思考方式发展成信念。回想一下本书第四章提到的在公司广为流传的那首诗吧，讲的不就是员工们走到"边缘"，准备开始，然后起跳吗？

显然，问题是正常发展的公司都不会让员工没头没脑地就从所谓的"边缘"上起跳。公司希望他们能注意并且采取措施，避免每一个可能出现的危害。在本书中分析的许许多多的公司危机，要是其高层管理者没有一味地采取自信乐观的态度，而是有意识地、低调地就事论事的话，这些危害都是能够避免，或至少在程度上可以得到减轻。例如桂格燕麦公司的首席执行官威廉·史密斯伯格就曾经后悔地承认当时在收购适乐宝时，如果公司有人提出异议，即使公司依旧可能坚持这一收购计划，但是各层经理显然会换一种不同的方式来应对此次收购。盲目乐观自信的态度实在是逃避现实的最佳途径啊！

"请别给什么负面反馈"

盲目的乐观自信只会将来自公司外部的重要信息拒之门外。这一点对销售人员来说，尤为明显。拥有"一支不会说不的销售队伍"或许听起来的确不错，但是，公司却因此失去了跟顾客需求相关的重要信息。有着极端乐观自信心态的销售人员会把顾客和供应商的批评看成是"销售阻力"，而不是改进公司业务和产品的重要信息来源。举个例子，凯创公司忽视了顾客对适应性更强、更全面的产品的需求，主要原因就是销售人员盛气凌人的态度。乐柏美对顾客要求降价没有给予重视，部分应归咎于公司的销售部门一味坚信乐柏美的东西是同类产品中顾客的首选。美泰公司没有认识到零售商们要求按需及时发送、快速周转库存，也是基于公司的销售人员对其品牌芭比娃娃的经久盛行深信不疑。要是不能让销售人员从一味肯定公司产品和政策的状态下解放出来，这样的公司就无法得到最迫切需要的相关信息。

除了将重要信息拒之门外，盲目的乐观自信也会压制来自公司内部的重要情报。人们会尽量避免提到一些不确定的信息和看法，因为这些事听上去总是有点扫兴。没有人想成为"刺儿头",也没有什么能打消人们不愿做报忧者的顾虑。当一个公司习惯把失败归咎于指责和非难时,也就没有人会在发现问题时大声说出来了。也就是基于这个原因,当传闻说喝了可口可乐比利时分公司生产的可乐会让人得病时,公司的员工并没有积极地去调查,也不愿意汇报给公司上层。

这种盲目乐观自信的态度会渐渐改变公司的整个运作。公司上下都是一帮唯唯诺诺的人。员工们会尽量拣高层管理者希望听到的说,但是一旦情况变糟,却没有人愿意报告这些坏消息。公司的管理层可以让公司顺利地运行,却不能提出一些能保持公司持久竞争力的具有除旧革新意义的改革创新。任何能带来重大改进的革新都必须来自高级管理层,只有这样,其他的人才会毫无异议地实施。但是,高层管理者又无法获得进行这些创新举措必不可少的信息,因为没有人愿意告诉他们公司并非想象中的一帆风顺。

这些问题听起来是不是夸张呢?公司压制重要情报的说法是否也有点牵强呢?事实上,在我们研究的案例中,这样的问题层出不穷。例如,在微芯片的制造商美国 AMD 公司里,员工们极其小心地在首席执行官杰里·桑德斯(Jerry Sanders)面前保持乐观自信的态度,因而他一直都不知道出现了严重影响公司拳头产品 K5 芯片生产的迟滞现象。甚至当这个现象在公司底层人尽皆知时,管理层的每一级都尽量采取自欺欺人的乐观方式,往好的方面去看待这些来自下层的情况。到最后,就像公司的一位前员工说的:"公司里所有人都知道情况不妙了,除了杰里"这个首席执行官。

"告诉大家只会让事情变得更糟"

当人们害怕关注负面信息时,就会渐渐产生一种掩饰隐瞒的倾向。掩饰隐瞒这一问题往往比公司坦承问题要普遍得多,部分原因就在于引发这些掩饰现象的盲目乐观的态度同样会让隐瞒这一行为得到掩饰。甚至完全依赖精确技术数据的组织机构也常常会隐瞒一些数据,如果这些资料含有不利因素的话。例如,美国劳伦斯·利弗莫尔国家实验室在研究激光技术时,研究人员并没有告诉上级管理人员其实每次他们都没有按时完成计划。后来,当能源部长比尔·理查森(Bill Richardson)向外界宣布这项计划正在"按时而且在预算计划范围内"进行时，要承认发生的事实变得越来越困难。花费不断累加，进程不但没跟上，反而越落越远。当真相被曝光后，随之而来的调查把大部分责任归咎于一种实验室文化环境，正是这种环境妨碍了科学家们的直言不讳，而后者正是科学道德的体现。

在上市的贸易公司中，维持股价不变的渴望会加强另一些倾向，即隐瞒和打压任何可能影响公司光明前景的负面消息。所以，波士顿商业中心几年前在受人们攻击时，大多数的股东都冲着首席执行官拉里·兹温（Larry Zwain）开火，试图推卸他们自己的责任，来表明他们的饭店其实一切正常。不幸的是，兹温是公司高层中鲜有的真正懂得饭店管理的人；在他成为替罪羊离任后，也就没有人来堵公司这个豁口了。其实，该公司的问题更多的是集中在财务管理上，而不是在饭店运作上。这也就难怪公司不久就垮台了，本书后面的十一章对此会有进一步的叙述。

"不达完美誓不罢休"

人们通常认为，如果一个公司把自己看作业界的模范，毫不动摇地坚持公司的设想，而且总是表现出自信乐观的态度，它必定会变得自满。相反，要是一个公司总是力图做得更好，人们就会觉得运营良好，没有走上歪路。然而。在现实中这些想法却站不住脚。一个快要垮台的公司也能像俗话所说的"百足之虫，死而不僵"，做更努力的挣扎。确实，在所有类似的企业中，都能发现一种公司完美主义的存在。

每当公司采取内部衡量标准时，就开始慢慢习惯于几近荒谬的完美主义。公司对自己的每一步运作都采取高标准，却没有停下来细想一下这些标准是否合适。"我们做得很好。"他们回答道，"因为，要成为最好的，少一点都不合适。"这种力求超越的决心，无视公司的实际需要，很容易就会失去控制。在极端的例子里，会导致简直是疯狂愚昧的浪费，就好比巴尼斯的老板特地从欧洲雇了一批工匠专门为其在麦迪逊大道上的店面铺上大理石的马赛克。IBM 前任首席执行官郭士纳（Lou Gerstner）在公司陷入低谷，分析困扰 IBM 的问题时，这样说："我的看法就是公司一帆风顺的时间太久了，我们不再拿自己和对手比较，而是用公司内部的衡量标准来对比自我。这就是问题的根源。"

这种完美主义最糟糕的方面，就是会引发管理层期望不切实际的低失败率。通常，进行机械式生产的公司是可以实现非常低的"失败率"的，但是，不断开发新产品的公司应该允许相对较高的失败率。然而，被完美主义牢牢抓住的公司很快就看不到这两者的差别。他们常常会说"要允许试验""给有启发意义的失败腾出空间"。可是，在实际中，视自己为行业典范的公司，往往连那些因为革新而产生的失败都无法忍受。

这种对待任何失败的褊狭态度，使公司丧失了能够尝试别样商业风景的最佳机会。要想知道一个新产品是否可用，一种新的商业模式是否可行，唯一的方法就是去试。被完美主义牢牢抓住的公司看不到这一点，分不清疏忽导致的失败和创新所必需的失败两者之间有什么差别。所以，他们不分青红皂白严惩那些和开发新路子、采取适当冒险、提出革新的解决方法联系在一起的"失败"。在最糟糕的个案中，这些公司会养成在每个失败发生时，都会找个人来"负责任"的习惯。这样的公司策略会阻碍各种改革的产生，而改革对维持公司的竞争力及赢利状态却至关重要。除此之外，也会引发可怕的低效率的工作状态，因为此时员工们都将精力耗费在避免挨骂上，而不是花在真正的工作上。我们采访过的一位高管向我们描绘了他在之前的一个公司工作时，发生在管理高层的情况："当事情不对头时，我们更多的时间不是在调整战略，而是在讨论究竟该怪谁。"

"不管发生了什么，反正不是我的错"

极具讽刺意味的是，在管理层中，越是上层的人，越是会用借口来补充其完美主义倾向，而其中，首席执行官尤为个中高手。例如，在我们调查过的一个商业组织里，做采访时，首席执行官花了整整 45 分钟，给出各种各样的理由来解释公司遭受的重大打击为什么必须归咎于其他人。管理人员、顾客、政府，甚至包括公司里的其他高管都要负责任。可是，唯独没有提到他自己的过失。

完美主义的公司特别会倾向于把失败归到"无法掌控、无法预料的事件"上去。当失败的情况非常严重时，管理层有时候会给出"完美风暴借口"，这和上文第六章提到的"完美风暴谬误"是直接联系的。他们会坚持说失败是一系列不可能因素组合的结果，而且在很长一段时间都不会再发生这种失败。也就是说，不管失败有多严重，这不是任何人的错，也不需要为此有大的改革。

实际上，这种"完美风暴借口"很少经得起推敲。Chiquita 香蕉经营公司就是一个很好的例子。2000 年，公司将亏损归因于和欧盟的贸易争端。这听起来确实像无法掌控、无法预料的事件，甚至可以说是一场纯粹风暴。就像公司的一位高层所说："我们经年的发展毁于一旦，可是对此我们又无能为力。"可是唯一的问题是，在之前的 8 年中，Chiquita 公司用的也是同样的借口。此外，公司还借助于其他事件来解释别项亏损。比如 1992 年，Chiquita 宣称 2.84 亿美元的损失是因为"突如其来爆发的疾病和反常的天气状况"，而不是自己对市场需求的错误估计。

"团队精神太多了"

团队精神是让公司无法避免其他僵尸政策发生的最重要原因。当团队精神足够强时，异议就不可能产生了。这倒不是因为人们害怕表达什么不同意见，而是因为首先异议根本就不会产生。有强烈团队精神意识的员工，会让自己掉入想法都一致的怪圈。

在团队精神最强的公司里，员工们似乎做什么事都在一起。内部环境使然。例如，在美国通用汽车底特律总部，所有的高管人员最后都属于同一个封闭的小圈子，因为倘若有什么公共社会活动要参加的话，很可能所有的人都会去。在《美国汽车业衰亡史》（The Decline and Fall of the American Automobile Industry）一书中，布洛克·耶兹（Brock Yates）就扼要描绘过这种生活方式："他们一起生活，一起工作，一起喝酒，一起打高尔夫，一起思考。"要是管理人员在公司的级别够高的话，他们还会都在或靠近通用总部大厦 14 层的地方工作。地理位置上靠近了权力中心，那么在社交上靠近这个中心也无法避免。在西尔斯（Sears）公司芝加哥总部，情况极其相似。西尔斯的执行副总裁比尔·索尔特（Bill Salter）在谈到公司的员工只和自己的同事待在一起时，这样说："我们都快近亲繁殖了，大家额头上竟然没同时长第三只眼，还真是个奇迹。"

此外，还有一种有害的公司政策是以团队精神为幌子出现的，也就是习惯去打破那些与公司主流有格格不入迹象的小团体。一旦这些有同样创意点子的成员被分开，他们就无法相互支持，也不能在别的地方完成什么"关键阶段"的工作了。没有意气相投的倾听者，他们只能归于沉默。

看看通用汽车和丰田合资创办新联合汽车制造有限公司（NUMMI）后，首席执行官罗杰·史密斯（Roger Smith）就能清楚地知道拆散工作小组对公司变革的影响程度了。通用的管理人员们从这次合作中学到了不少经验，有了不少奇思妙想，也急切地想把所学付诸现实。可是这些洞见和创意都有赖于对工人的授权，而这恰恰与史密斯不能让员工太抱团的成见相抵触。因而，在新联合工作过的员工都被分回了通用的不同部门，而且在任何一个部门都没有办法集中。在这样一个充满"敌意"的地方，又不让有同样工作经历的员工在一起集思广益，要通过非传统的经营管理来大幅度地提高生产力，这一说法不等于白说吗？

"我代表整个公司"

完美主义倾向的公司会奖赏那些自发支持公司设想，对公司歌功颂德、大加溢美之词的员工。他们的这种团队精神会让他们时刻准备着，在感觉公司的任一方面被人指摘时，会跳出来为公司辩护。

问题是这些人保护支持公司的努力往往会适得其反，也违背了公司的长远利益。最糟糕的这类破坏者，其中便有债务律师和公共关系人员。这些专业人才可能对公司非常有用，他们受过专业培训，处理的就是公司政策的执行效果，可是却不考虑这些政策后面的深远而长久的目的。所以，当经理人依靠他们的时候，他们所能想到的只是权宜之计，而不是真正置身于事实之中。当危机出现时，产品责任律师写就的向媒体公布的声明，几乎从不做退让，这样做只会对公司造成更大损害。一旦公众意识到这些声明并没有说出事实真相，他们就会对公司做出充满敌意的回应。

可口可乐比利时分公司处理可乐中毒事件，就证明了让过多的"公共关系思维模式"影响员工会产生多大危害。当有报道说比利时小学生在喝了可乐后，相继得病时，当地经理人的第一反应就是否认病因和他们的饮料有关。后来，随着显示污染的证据越来越多，管理人员发表了一系列几乎不肯让步的声明，试图大事化小，尽量推卸可口可乐公司的责任。很明显，大多数的声明都是由产品责任律师写的。除此之外，谁又能给出"它可能让你感觉不好，但肯定是无害的"的说法呢？在事件发生时，他们没有及时向高层管理者报告，高层管理者知道情况后，一开始也没有给予足够的重视。在第一起事件发生后 10 天内，公司的高层没有一个人在事发处露面。等到那些自称公司利益维护者的家伙们黔驴技穷后，一个小小的局部问题已经变成了国际共知的、危害公司好几年的商业大败笔。如果这个故事算是敲响了警钟的话，你或许还能联想到雪印牛奶、普利司通轮胎、安然公司、Martha Stewart 公司、英克隆公司，以及事关整个烟草业的那些事件。

向诱使公司成为僵尸企业的力量做出还击

在调查中，自始至终都让我们十分震惊的是，很多时候这些自我毁灭式的政策却是公司乐于鼓励提倡的。本章所描述的这些政策常常会自发带来不少心甘情愿、热情洋溢的员工。

然而，一旦这些政策开始把公司和逆耳的忠言隔离开来，就会变为引发公司失败的根源了。采用这些毁灭式政策的管理者，欺骗自己相信他们的公司是完美的。但真相却是，这些欺骗和幻想只不过是商业组织呈现出来的病症。这种商业组织让自己统治的现实画面和必须参与其间的外部世界分隔开来，而且在自己的现实画面中不允许自己的任何不足被人发现或者纠正。

问题是，你不想去消除这些引发问题的公司特质，你甚至不愿意去破坏它们，而希望用一些能够抑制它们不良效果的其他特点来平衡、中和它们，那要怎么样去做呢？

幸运的是，对于每一种试图分离公司和重要信息情报的特质，都可以用相应的政策和技巧来补偿。

防止公司产生自傲

首先，要不想让自己的公司也变成僵尸企业的话，你必须抵制住员工们过多自夸的任何倾向。在创立者伯尼·马库斯（Bernie Marcus）和阿瑟·布兰克（Arthur Blank）的领导下，美国家得宝（Home Depot）特别注意不让经理人变得太过自满。"你不会听到我们坐在一起互相吹嘘的。"这两位解释说，"事实上，要是你参加董事会议或其他员工会议，你会觉得我们快破产了。你甚至可能这样想，'天哪，我最好还是卖了手头的家得宝股票。'"这并不是家得宝企业文化中偶然发展起来的一种特色，而是由管理者精心培养出来的。"想知道家得宝的管理秘密？"两位创办人告诉我们，"第一，我们并没有那么精明。第二，我们也知道自己没有那么精明。"

除了要全面努力避免过分骄傲外，公司还可以运用一些明确的策略免遭自满之害。其中之一，就是在公司内部设立竞争倡导人员。这些内部倡导人员在公司的工作就是正确评价、欣赏，或者拥护支持其他公司的政策和技术，而且提出在本公司实施的理由依据。如果能在成员们相互支持的小组工作的话，这些倡导者的工作效率就会非常高。要让他们有效率，就应该像对待公司其他研发团队那样，给予同样的鼓励和支持。通过评判竞争对手的行为和做法，公司的内部人员可以改进做法，适应自己公司的特殊需求，使之基本上变成自己的东西。这种方法可以让公司更容易地把学来的做法运用到实际中去。

让公司内部人员注意从竞争对手的问题和失败中学习也很有益处，因为类似的问题常常会席卷整个行业。但是，如果公司没有主动从对手的经历中学习的话，迟发生问题的公司会不如早发生问题的公司那样，有充分的准备。学习避免重蹈其他公司的覆辙和学习其成功经验同等重要。

带来新观念和新做法的另一更有效途径，就是和不同实力的合作者创办合资企业。要尽可能多地从这些合资企业中获利，你的公司就需要向员工明确指出，公司开办合资企业的一个主要目的就是最大限度地向合作公司学习经验。随后进行的事就是让员工陈述或者示范他们所学到的东西。员工能成功做到这一点的话，还应该给予一定的奖赏。这就是和通用汽车共建新联合汽车有限公司后，丰田公司的做法。在通用忙于将员工们学到的经验拒之门外、置之不理的时候，丰田正在学习在美国开办汽车生产厂所需的实用技巧。

保护公司防范自定义卓越

伴随着"公司远景设想"出现的最大问题，是公司常常趋向于表现自己的冲劲，从而变得难以进行改变。但是，在公司里，小的变化需要不断产生，大的变化需要定期出现。正如戴尔电脑的迈克尔·戴尔所言："要成功，需要自我批评。如果你参加我们公司的管理层会议，你会发现我们是一帮非常严于律己、鄙视自鸣得意的人，这也是我们发展的动力。"微软公司的比尔·盖茨也提出过类似的警告。"公司失败，"盖茨说，"是当他们开始自鸣得意，幻想自己总会成功的时候。"

对这样的领导者来说，问题的关键就是时刻注意那些显示公司远景设想可能需要变化的信息。这意味着经常要确保公司最希望提供给客户的有关公司方面的改进，恰恰是顾客最希望得到的。这也是指绝不仅仅因为创新这一名义而创造出一些新的服务，而是应该经常考虑客户的需求。

要在公司巩固这一观念，很有益的一种方法就是让每一个高层管理人员亲自负责接待客户。可能有些人会抱怨说这样会影响高层人员处理本来的行政管理工作。这倒也真是个问题，但为什么思科公司的约翰·钱伯斯能一星期内会见好几次客户呢？为什么通用电气的杰克·韦尔奇能参与到类似直接销售喷气发动机的业务中去呢？迈克尔·戴尔又为什么有一半时间都是和顾客在一起呢？这并不是因为这些成功的领导者想要"微管理"自己的业务，而是因为他们知道负责处理个别的客户关系，让其他的高层也同样这么做，是发现公司哪些事做得不错，哪些事应该个别处理的最佳方法。

防止公司产生过分积极乐观的态度

即使与客户关系密切的管理人员，也不一定能明确指出对公司未来有极大影响的所有发展步骤。这就是说，对能够从公司政策和运作中发现疏漏或潜在问题的任何员工，极有必要给予奖赏。杜邦公司就证明，拥有这样的体制，对公司的安全系统会有多大的益处。多年以来，杜邦就鼓励员工积极主动汇报一些差一点就会发生的事故，而又同时不必害怕会对他们自己或是一起的工作伙伴有什么惩戒措施。这种安全系统的结果是，杜邦公司的工伤事故率是同类公司中最低的。通过集合一批"大唱反调"、任务是在公司现行和过往政策中寻找弱点的人员，这种聚焦更宽泛的公司体制能够保持有较高水平的回报。

乐柏美集团（总部在纽威尔）总裁大卫·克莱特（David Klatt），作为肩负再振公司雄风重担的关键人物之一，讲述了有关自己的"导师"的故事：

我的导师之一，就是这儿主管人事的家伙。他们叫他"教父"，也不知道什么原因，大家都愿意向他敞开心扉。他是你能想到（遇到）的最好的人，不过，在业务方面，也是够固执的……他也不怵地走进来，关上我办公室的门，跟我说："要知道，大卫，你真的忽略了这点。你把事情搞糟了，我觉得你应该改正过来。"他会让我去重干那些我觉得自己没做错的事，很多时候……不幸的是，绝大多数的时候……他是对的。身边有这样的人真的不错。

一旦发现了潜在问题，就必须让那些需要改正问题的人注意到。这就是说，找到快速在公司中散布的不受欢迎的消息的方法很重要。方法之一是塑造出一批"保罗神父"式的英雄，就是在公司上上下下警告说"英国人来了"的那种。当然，还有一件很重要的事是区分"保罗神父"和"小鸡快跑"里那只神经兮兮只会在公司上上下下宣布天快塌了的小鸡。他们的差别在于"保罗神父"散布的不是末日和灭亡，而是促使人们采取有效实用的措施。

保护公司防范完美主义倾向

有很多途径可以打击不合理的完美主义，因为这种完美主义会让公司沉迷于和公司实际格格不入的处事标准。最有效的一种，就是无论何时，当旧有的目标全部达成后，简单地改变目标，而不是仅在原来基础上做些修改。这并不是说持续发展和重建核心能力不值得提倡，相反，它强调一直在旧有模式中不断寻找有利于公司的改进是有风险的，因为这些旧有模式可能已经不能再提升竞争力，不再能满足客户的需求了。

同时，要在公司政策中促成任何改变的话，你必须允许错误产生，只要这些错误是努力换一种方法做事的结果。但是，高层管理人员如何才能让下级员工相信领导不会用这些小失败来责怪自己呢？答案就是让高层做出表率，承认自己犯过的小错误，亲身参与讨论如何在将来避免犯同样的错误。这并不是乌托邦式的幻想，比如，在易趣拍卖网，高级管理人员在公司的公共论坛上，说明自己什么事做对了，什么事做错了，还有什么事搞砸了。在未来设计公司（IDEO），从不报告自己错误的经理人会被公司警告认为他们雄心不够。有高层管理者做榜样，公司员工很快就明白犯错误是允许的。除了能促进改变外，这种宽容也有利于人们为自己的错误承担责任，而不是编造种种借口。

当公司放弃了自我完美主义，开始定下更现实的目标时，他们需要确保评估自我时用的是外部的标准，而非内部标准。如果公司不这样做，就无法知道自己的运作是否成功，尤其是针对例行程序和集中化的支持性服务项目而言。相反，如果公司确实使用的是外部标准，那么就能看出自己的所作所为是否符合实际。例如，在改造IBM时，郭士纳说过："我们要做的第一件事就是从高度内省的世界观，调整到对市场的执着，客户和竞争对手均包括在内。"让IBM更清楚地看清自己究竟在哪些方面才能真正有所作为，是从危机中拉回来的至关重要的一步。

最后，要更彻底地使你的公司免遭完美主义之害，你的公司应该建立起一种奖赏试验的政策，这些试验如果从带来的经济收益来看，是不成功的，但从所带来的认知收获来看，是非常有益的。嘉信理财（Charles Schwab）就是这样对待基于互联网的商业创意的，公司推出了许多在自身看来早晚会被淘汰出局的项目。公司把这些尝试称为"物有所值的失败"，因为这让公司很快知道，在网上哪些项目可行，哪些项目不可行。联邦快递（FedEx）的首席执行官弗雷德·史密斯（Fred Smith），告诉我们20世纪80年代初专递邮件（ZapMail）失败（这个创意就是通过卫星相连，以传真传输文件；唯一的问题是，便宜的传真机比预想的要早得多地充斥了市场，出现在每个人的办公桌上）让公司看见了新的工艺技术，也就是最后领先全行业的手动路径数据式转换机（handheld routing scanners）。还有一些公司甚至会挑选出"每月之错"。在员工会议上，大家会让每一个人承认一个错误。这些错误都被记下来，然后，由大家来选举出能让公司学到最多东西的那个错误。通过给当选者一定奖赏，公司能够清楚地表明自己是很认真地在克服不合理的完美主义。

使公司避免过多的团队精神

只有当公司能够抵制住与过多的团队精神紧密相连的群体思维方式，所有防止变成僵尸企业的办法才能成功。这就意味着要找到能够鼓励和维持异议的方法，因为正是这种同主导意见截然不同的异议，向公司提供了质疑、修改，最后取代公司现有的看待现实世界的途径。

培养异议的方法之一是，每当公司考虑一项新举措的时候，要求有一份"少数派报告"。起草这份报告的员工的工作就是尽量把其他的选择途径描写得越有说服力越好，让它可以成为强有力的第二替补。这种做法可以暴露出运作过程中许多意想不到的方面。

另一种方法是把这些对照的设想都纳入日常运作，这么一来，很多时候，甚至可以不需要"少数派报告"了。最有效的一种做法，就是建立职能交叉的小组和多样化工作组，其中各个成员都有不同的见解。有迹象表明，在开发新技术时，这类异类混杂的工作组要远胜于同类聚集的工作组。

你也可以依靠真正的外界人员，比如评估人员，他可以是来自同一公司不同项目部门的，也可以是来自非竞争公司的，或者不是传统意义上所说的那种评估员，即不是程序或运作方面的专家。有时候，只要问一些基本问题，这些外界人员就能让公司在思维观念上受益匪浅。

当一个组织在内部不同层面上都成立了富有潜力的创意小组后，它需要保护这些小组，使他们能够互相支持。这就意味着聚集一群"看待事物观点不同"，或是热衷于寻找另一条替代之路的人。丰田就充分表明了在处理有关新联合的事务时，这条政策是多么有成效。丰田没有像通用汽车那样把那些有新联合工作经历的管理人员分开，而是把他们分成人数大约30~60人的小组，把他们整个转移到别的项目中去，在派往其他工厂工作时，也尽量让大多数组都一起过去。之后，公司还鼓励新联合的管理人员经常性地召开会议，讨论他们自己特殊的见解。这些做法使得有新联合背景的员工能够更容易地转移到丰田在美国的其他工厂工作，同时又能充分运用学到的经验。

使公司防范不良的公共关系

如果公司不想变成僵尸企业，免遭自身公共关系之害就是必须面临的一个看似矛盾的问题。毕竟，你不会希望员工说自己公司的坏话。你也不会想让他们暗中破坏公司的所作所为，损害公司的士气和干劲。

值的庆幸的是，有两个简单的政策可以让公司免受许多损害。其一就是让产品责任律师和公共关系人员远离公司的基本规划和决策。不管还有什么其他的好处，有一点可以肯定，就是可以帮助公司集中精力处理自己真正需要改进的地方，而不是被一些装饰门面的事务分散了注意力。宣传公司的活动是很重要，但是不能取代实际行动。

另一项政策就是避免按照"危害控制"论来思考处理问题，而是应该专注于消灭危害及其根源。要是没有首席执行官和其他高层树立正确榜样的话，实施这项政策可能会很难。但是，只要有正确的领导，"解决问题"的思维方式就能取代公共关系的思维模式。

公司对外部发展反应灵敏的策略和技巧

1. 抵消公司自傲

（1）产生内部倡导人员，他们拥护竞争对手或是其他从事类似业务的外界公司所推行的战略和技术。

（2）委派一些人密切注意竞争对手的失误，确保自己没有犯这些错误。

（3）通过合作，引进新观念和新做法。

2. 抵消自定义卓越

（1）确保公司最希望提供给客户的改进，恰恰是顾客最想要得到的东西。

（2）让每一个高层的管理人员都亲自负责接待重要的客户。

3. 抵消公司的自信乐观态度

（1）奖赏那些能够从公司的政策和运作中发现疏漏或者潜在问题的员工。

（2）塑造出一批"保罗神父"式的，在公司上上下下警告说"英国人来了"的英雄（当然，他们不能是"小鸡快跑"里整天叫嚷天要塌了的那只神经兮兮的鸡仔）。

4. 抵消公司的完美主义

（1）在旧有的目标全部达成后，重建目标，而不是仅仅在原有基础上做些修改。

（2）让高层管理人员树立承认错误、从错误中学习的好榜样。

（3）用外部的基准来衡量，尤其是针对例行程序和集中化的支持性服务项目。

（4）用评选"每月之错"等方法来奖赏那些单从带来的经济收益来看，是不成功的试验，但从所带来的认知收获来看，是非常成功的尝试。

5. 抵消团队精神

（1）要求准备少数派报告以及目的是提出最有力的对照方案的报告。

（2）建立交叉职能的小组和多样化工作组，其中各个组员都有不同的见解。

（3）寻找真正的外界评估人员。

（4）保护富有潜力的创意小组，使它们能够互相支持彼此的工作。

6. 抵消公共关系思维模式

（1）让产品责任律师和公共关系人员远离公司的基本规划和决策。

（2）不要按照"危害控制"论来思考处理问题，而应该想着怎样去消灭这些危害及其根源。

成为僵尸企业不单是个态度问题

让你的公司主动乐意地去接受要求变化公司目前在位模式的信息情报，

还需要走很长一段路，才能真正让公司保持健康状态。事实上，如果公司已经变成僵尸了，运用上述原则你就能让公司进入起死回生的正轨。然而，有时候即使实施了上面所说的那些健康的态度和策略，公司可能仍然处于危险边缘。

原因就在于，让公司成为僵尸的欺骗性的态度会影响公司的每一部分运作。公司可能在竭尽所能让自己恢复正常，但要是已经变成僵尸的话，哪怕是企业用于监管和控制日常工作的例行程序都会停止正常工作。相关的信息情报可能就摆在那儿，经理人愿意同时也有能力处理它。然而，在进入的信息和需要采取的措施之间，可能存在着一个不折不扣的断节。

要理解这一点，我们必须仔细观察一下，在处理重要战略情报时，公司所遵循的程序。

第八章　追踪失落的信号

——为什么企业没有对至关重要的情报做出反应

想想惊险的间谍电影中的情景吧。特工发现了事关国家安全的重要情报，她找到方法把情报传递出去。政府机关的一个低级职员收到了这个情报，而且立刻就意识到了它的重要性。"我们需要确认一下这个情报的真实性。"职员说，激动得有些紧张了。"但是，要核实这条情报，需要马上通知总统和首相。"在几小时内，国家安全措施得到调整，所有的北约成员国都被调动起来，整个世界也从一场大灾难中被拯救了出来。

然而，现实生活却令人失望得多。法国政府成功地挫败了恐怖分子打算劫机撞毁埃菲尔铁塔的企图。法国人向美国联邦调查局（FBI）发出警告，提醒说类似的阴谋可能很快就会对准美国。几个月后，联邦调查局收到情报说，一些和恐怖组织有关联的外国人报名参加了美国的一个飞行学校。这些学员想学如何驾驶大型的民用机，可是对如何降落却没什么兴趣。这批人中就有涉嫌参与法国被挫败的恐怖活动的人。同时，根据中东传来的消息，有一个针对美国的大的袭击计划正在筹划。早期的报告都已经确认世贸大厦是最有可能遭受袭击的目标之一。

联邦调查局派驻明尼苏达州和亚利桑那州的密探把这些情报收集在一起，打算开始采取行动，但是最后却什么也没做。他们要求搜查和窃听的报告送上去后，首先是被修改一下，使得情势看上去没那么迫切，所以最后就没有得到批准。后来，调查这个事件的特工都被派去执行其他任务了。要是在小说作品中，像这样提供给联邦调查局的有关情报的数量可以说是够多了。但是，所有这些情报却被一个专门负责处理这种事务的机构给忽视了。几星期后，世贸大厦被撞毁。

现在，问问你自己，在这两个脚本中，你的公司更有可能选择的是哪一个？对联邦调查局拙劣的处事方法义愤填膺，是很容易的事；想象一下类似这样的负责人应该不可能存在也不难。但是，我们真的那么有自信，认为一个大的商业组织就一定能把事情做得更好吗？

设想一下这样的一个场景，你所在的公司迄今为止收到的最重要的一条信息正好进入公司的接收系统。这条信息可能以多种面貌出现。可能是一直有顾客询问公司并没有生产的一种产品——就像强生公司的心血管支架的例子。可能是公司效益最好的子公司上报的账目显示出奇怪的前后不一致的现象——好比巴林银行新加坡分行的案例。可能是从竞争对手处收到的许可费用一直飞涨，但是自己公司的销售额却好像没有大的起伏——就像是摩托罗拉的手机部门。可能是主要竞争对手的资产负债表状况良好，却突然把供应链转交给了外国制造商——发生在美国内衣巨子富德龙公司的事。也可能是公司生产产品所需的，由其他公司提供的部件，出现高得不正常的不合格率——就好像福特的探险者越野车和凡世通的轮胎。

不管是怎样的信息，绝大多数稍微有点想象力的人都能明白对公司未来前景会产生多大影响。但是，你能确定这条信息不会被丢失或者忽视吗？这条信息会到应到的那个人手中吗？那个人会采取适当行动吗？而且，行动一旦开始，确实能得到贯彻实施吗？

抓住奥秘所在

公司和其他组织没有识别重要信息，没有采取相应举措，这样的事例数不胜数。但是，某些公司和某些政府机构，很有可能发现了这条信息并及时采取了行动。究竟是什么原因使得这些公司或机构易于接受，反应灵敏，而其他的却不行呢？

这真的令人大惑不解。简单地归罪于涉及的官僚程度似乎行不通。说什么前面提到的那个机构其设置的层级太多了，或者说收到的信息太多了，不能一一查实，也难以令人信服。许多大型的公司和政府机构，有着过多的层级设置，依然可以很好地处理每天过来的数目惊人的信息。如果他们不能相当可靠地来处理事务，这些事就会让我们陷入一连串持续不断的灾难中，就好比社会的公共卫生系统，其服务目的就在于监视和控制传染病，一有差池疏漏，结果就可想而知了。幸运的是，由于今日信息技术的发达，已经不需要什么特别高效能的机构来有效处理信息了。此外，我们现在所谈论的这类信息不是轻易就能在一大堆同类事物中消失不见的。它们，指出了大灾难有可能到来，应该是比较容易就能识别出，依靠迅速有效的处理就能解决问题的信息。

这好像是在暗示涉及本章一开始列出的商业案例的相关经理人的无能，但这种说法也同样不能令人信服。在我们谈论过的所有组织机构中，包括联邦调查局，对重大信息做出关键决策的人，事实上都十分合格。他们工作努力，经验丰富，非常渴望成功。也没有迹象表明他们当时醉酒，心不在焉，在工作时打瞌睡，或是智力遭到了任何程度的损伤。在每一个案例中，实际上，每一个做重要决定的人都有一段令人满意的成功决策的历史。那么，为什么对这些至关重要的信息，他们会表现出如此糟糕的迟钝和不善于接受呢？

迷途的信息……或是"信息？什么信息？"

要查明重要的信息是如何误入歧途的，我们需要追随信息走过的路线，从一开始机构中有人发现它，到最后有人决定采取适当措施为止。在这条路线上的某些地方，我们会发现就是在这些典型的地点，重要信息停止前进、迷路、被破坏、被闲置。这个关键的位置，也就是信息路线结束的地方，在不同的机构会有不同的表现。有一些组织会深受这些信息的影响；还有一些机构则会有一道限制性的瓶颈，使得整个组织对这些信息都反应迟钝。

追随信息走过的路线的第一步，就是要察看一下，当重要信息第一次引起雇员注意时，发生了什么事。通常，重要信息进入接收系统的次数不会仅仅一次，而是很多次。收到信息的员工往往会有好几次机会来确定其重要性。因而，关键的问题就是：收到这些信息的人是否有能力认识到其重要性呢？还有，这个人是不是真的了解这条信息所预示的危险的确有可能发生呢？

通常的情况却是，在认识新信息的重要性方面，员工们的反应都很迟钝，因为没有人告诉过他应该重视暗藏的危险。例如，可口可乐的员工就从没意识到，比利时小学生对他们产品的少数几个投诉，可以意味着可口可乐的品牌信誉在欧洲，甚至在一定程度上，是在全世界的严重威胁。强生、凯创（美国一网络产品公司）、日产、施温（美国第一个山地车公司）、李维斯、施乐公司以及其他一些公司的员工也从没想到，顾客对公司产品设计的不同需求，可以预示突然大规模的客户背离。部分原因是这些公司在自己员工面前把自己描绘成持久不衰、几乎是刀枪不入的机构，员工们自然而然也就无法认识到指向公司主要弱点的信息的重要性。

如果公司忽视了这类信息，同时暂时也没有产生什么灾难性后果，员工们常常就会认为没有什么坏事会发生。伦敦地铁就发生过这样的事，一直以来，吸烟者在走出地铁站时，常常是人还在升降机上，就会不经意地划火、点烟，然后随便就丢掉火柴。每一次"雷声大、雨点小的事件"都会松懈组织机构的防范心理，大大降低及时发现大事故发生的可能性。然后，因为每一次事件都没有人员伤亡，有关火险的信息就渐渐显得不那么重要了。1987年，在国王中转地铁站（King's Cross Station）发生了一起火灾，31人死亡，很多人受伤，最终促使有关安全措施的实施。

一旦员工认识到他们所收到的信息的重要性，他们必须知道该把它转到哪里。通常，员工的直接领导未必能更好地处理这条信息。真正合适的负责人应该是可以针对这条信息想出对策，或是可以把这条信息迅速传达给确实能够做出对策的人。当不明确究竟谁应该负责这条信息，尤其是情况出现在自己之外的部门，就会妨碍及时处理，最后搞得形势一发不可收拾。

有时候问题在于，组织中并没有什么合适的人准备好来处理重要信息。研究部门就常常发现自己碰到这样的问题，他们发现了一种新的趋势或是开发了一种新产品，却发现公司没人能够根据这条信息做出足够快速的反应。施乐公司的帕洛阿托研究中心（Palo Alto Research Center，即 Xerox PARC）就发现自己不断陷入这样的困境。中心开发了不少革新技术产品，包括苹果公司后来为其麦金托什机（Mac）采用的图形用户界面、计算机鼠标，以及以太计算机网（Ethernet）。但是，施乐实际投入生产的唯一一项重要发明是激光打印机。原因何在？因为在施乐公司没有人有足够的才能和远见来发现帕洛阿托研究中心的其他发明，并且将其投入生产。苹果公司的史蒂夫·乔布斯后来这样说，施乐"从计算机行业最伟大的成果中抓到的只有失败。要不然，你可以想象，它的规模会是现在的 10 倍……就好像是 20 世纪 90 年代……同一时期的微软"。然而，当帕洛阿托研究中心发明了运用于将来的产品，施乐公司却没有人来理会。

缺乏沟通渠道……或是"我收到了信息；你也需要它。然后呢？"

让我们假设收到关键信息的员工了解其重要性。然后，进一步假设，这个员工心里也明白要告诉谁。接下来的问题是，是否有简便轻松的方法可以让这条信息到达需要针对它做出决策的那个人手里？听起来好像很简单。毕竟，如果大家都在同一个公司工作，找到那个人的电话号码或是电邮地址不会很难。但是，问题显然是，员工们一般只有在被告知应该这样做或是有先例的前提下，才会和自己直接所在的工作组以外的人交流。

结果就是许多公司不能对重要信息做出反应，因为在公司里没有确定的沟通渠道，使得收到信息的人可以和需要处理信息的人沟通。例如日产公司，多年来就以严苛僵化的官僚式企业文化运作整个公司，要求美国分公司的销售、生产和研发部门分别单独地向日本总部报告，各自之间却没有什么沟通。事实上，公司所有的沟通渠道均由东京总部掌控。更糟糕的是，美国的地区经理和日本管理高层没有直接的联系。这就意味着如果日产的销售人员发现顾客因为小而恼人的设计特点而排斥某一款汽车，设计部门有可能根本听不到这种抱怨。日产北美分公司的发言人曾经说过，整个公司表现得就好像被"一根'蠢笨的棍子'打中了"一样。但是，主要的问题却是，日产雇用的大量有才能的人只能通过缺少或是不足的沟通渠道来努力发挥作用。

甚至当沟通渠道似乎足够时，如果公司太僵化、太等级森严的话，也无法有效地处理紧急的信息。美国国家航空航天局（NASA）就给出了一个典型例子。没有员工能够越过直接领导和上级联系，也没有领导能够干预非直接下属的事务。员工向直接主管报告问题，但要是主管对此置之不理，他们就觉得自己没法采取进一步行动了。每一级的主管依靠的也只是直接下属汇报给他们的信息。结果就是，能够阻止美国国家航空航天局严重失败的那些特定信息，通常都被忽视了，就像是挑战者号爆炸事件，即使这些信息当时的确存在于机构中的某个地方。

要确保重要信息能够有机会得到处理，组织机构必须建立起一种方法来标记出任何有潜在重要性的信息，让它能够得到特别的注意。必须有一种简单的途径，可以让了解可能存在的问题的"普通"顾客和员工把他们的观察发现，直接告诉高层管理者。有可能影响几个部门的可靠信息应该自动传递给那些部门。然后，负责确保信息得到处理的工作人员应该以电话方式，追踪后来的情况。一旦有关人员收到了信息，就必须对这条重要信息负起责任，同时也同意采取适当的行动。

缺乏动机……或是"为什么我应该告诉你？"

这就带来了动机问题。如果员工知道如何识别和传递重要信息，而且沟通渠道也存在，使得这些信息很容易就能传达到相应的人手中，接下来的问题就是员工是否得到足够的推动，促使他们把信息传达到相关人员那里。不能把这看作是理所当然的事。事实上，通过对那些自认为员工肯定会主动传递重要信息的公司的密切调查，表明在这些公司里不仅没有什么动力让员工传递信息，反而有力量阻止他们这样做。

有时候，员工不愿意把重要信息告诉别人，是因为害怕如果这条信息被证明不像预想的那么至关重要的话，会受到嘲笑或将来会因此不受重视。尤其是新手，他们往往会担心，如果自己略显多余地指出令人不安的信息，那些老员工会认为他们没经验、幼稚，或者是不成熟得可笑。这就是珍珠港开始遭到袭击的迹象没有及时报告给基地长官的原因之一：没有人想被人看成是"胆小鬼"。甚至是老员工也常常不乐意向高级管理人员报告，也是因为害怕会被说成反应过度。对那些用即使只是可能重要的信息来"打扰老板"的员工应该主动给予奖赏。否则的话，管理高层就没有机会知道公司是否也会遭受自己的珍珠港事件。

在那些鼓励经理人和部门之间进行激烈竞争的公司里，员工们会更不愿意传递重要信息。比如在摩托罗拉，分散的公司组织和对工作部门表现得过分鼓励让管理人员时刻警惕着和其他部门的合作。在公司层面上鼓励部门间合作的偶尔努力，从来也没有因为什么因素而得到有效的加强。

激励也可表现为另一种形式。当一个公司是以部门为基础组建的，激励因素也必须和这种部门层次的自主权相匹配。然而，在摩托罗拉，这种部门层次上的激励是如此之强，压倒了其他的方式，就像前首席执行官罗伯特·高尔文在本书第三章里谈到的，公司之所以没有对数字式手机进行关键投资，是因为管理人员的收入会因此受影响。

姑且称之为误入歧途的商学院逻辑吧。没有限制和约束，甚至是经营管理的最基本的理念都有可能出错。激励便是极其危险的一个例证。举个例子，在甲骨文公司，每个季度的最后一天，原来典型不变的2%的销售佣金会飙升至12%，造成了不正常的刺激，也就是拖延销售或者是折扣价直到最后那天才完成交易。

如果管理人员从项目成功中能获得太多奖励，他们往往就很难提供不偏不倚的信息报告，这些信息包括成功的概率和是否该取消项目。当主要以员工优先股来奖励经理人的时候，这个问题会变得更糟糕。与实际的股票收益不同，优先股没有下跌的危险。如果股价下跌，这种优先股只是没法兑现而已。相反，要是股价上升，优先股持有人就能得到所有的收益了。举例子来说，铱星公司的首席执行官爱德华·斯坦阿诺就持有大量优先股，要是他有节制地控制铱星的发展，就能挽救投资者免受进一步损失，但是这样一来，他手头的优先股就会一文不值了。然而，如果铱星股价高涨的话，斯坦阿诺就能得到大笔的钱了。此类情况会让管理人员非常不乐意传递一些自己所负责项目的负面信息。

如果首席执行官恰是那个想要压制负面信息的人，其他经理人可能就会发现他们再也得不到所需信息来纠正错误的运作了。这也就是美国来德爱灾难性衰败的因素之一。这个巨型药品连锁公司的董事会给了首席执行官马丁·格拉斯（Martin Grass）一亿美元的鼓励奖赏，只要他能让来德爱的股价升到49.50美元以上。此外，格拉斯还拥有估计数目为8300万美元的可操作股。在这些条件下，也就难怪格拉斯不仅采取了高风险的快速扩张，而且亲自负责参与了一段时间的不准确得几乎荒谬的财务报告，其中的"坏消息"当然被省略了。"真是荒唐可笑"，一位一流的分析家这样评论该公司的补偿计划："我认为这就是为什么他会在账目上这么过分大胆的原因了。""在账目上过分大胆"在这个案例中还是非常保守的说法。当来德爱混乱的账目被发现后，200 个会计师花了 5000 万美元进行了一项重要的工作，那就是重新核算 1999 年和 1998 年这两年错误的账目。他们完全放弃了 1997 年的账目，因为那一年的已经乱得无法收拾了。当尘埃落定后，一切都很明显了，来德爱除了误导投资者外，自己心里也根本不能确定到底赚了多少钱，或是赔了多少钱，甚至连钱的去向也不清楚。这个公司不仅弄丢了潜在的重要信息，还弄丢了公司日常运作所需的重要情报。

缺乏监管……或是"我听到的正是我想要听的。"

当所有正确处理信息所需的部分都到位后，仍需要人员来核实，以确保它们按照预想的方式运作。这就意味着监督企业各个方面的管理人员不能光是检查日常收到的报告，他们必须主动搜寻可能存在的重要信息，因为这些信息可能不会直接出现在他们面前。

许多管理人员无法发现自己公司的现实画面究竟错误到了什么程度，只是因为他们以为替自己工作的人会十分准确地传递信息。汤姆·约基（Tom Yawkey），波士顿红袜队的老板，就给了我们一个十分典型的例子。当他的星探汇报说非裔美国选手不够好或者是他们没有做好打大型联赛的准备时，他毫无疑问地接受了他们的报告。然而，稍微认真地确认一下这些评价都可能让约基怀疑自己想象中的棒球队的情况。

让管理人员毫无疑问地接受好消息，同时只有在似乎出现问题时才做进一步调查，是非常容易的事。如果公司的一项运作能够产生惊人的高利润，他们的本能反应就是任其发展。但是，可观的利润并不总是"正常的利润"。没有公司会比巴林银行更能淋漓尽致地说明这一点。巴林银行新加坡分行的交易员尼克·利森（Nick Leeson）就依靠这样不正常的收益，使得他在巴林银行被拥戴为"业界的迈克尔·乔丹"。唯一的问题是他报告的只是获利的交易，而隐瞒了亏损的交易。最后当错误的数字被纠正过来后，结果却表明利森需要负责的交易损失的数目高达 8.6 亿英镑，这笔损失压垮了整个巴林银行。事先并不是没有预警。伦敦总部的银行高级职员以及新加坡分行的低级办事人员都知道，其中一人告诉我们，"我们当然知道，谁都知道"有关隐藏利森交易损失的神秘账户：#88888。然而，对这个欺诈的交易员，却没有采取任何控制措施。曾经有一次，当一笔5000万英镑的亏空被发现后，利森给出了三种自相矛盾的解释，银行高层却从未对此认真质疑过。可能能够拯救巴林银行免遭灭顶之灾的重要信息被抛至一旁，只是因为没人愿意去缜密地监视一项看上去似乎非常有利可图的业务。

公司的董事会时常掉入这个陷阱。例如，来德爱的董事会毫无疑问地认可了首席执行官马丁·格拉斯激进的扩张计划，是因为他使公司股票的价格上升了300%。安然公司、世通公司以及一大长串的网络公司都有着不会质疑公司的政策，甚至不会去管公司所作所为的董事会，只要公司的股价能够飞涨。毕竟，为什么要和成功获益过不去呢？尤其当你还能分得一杯羹的时候。

即使公司的董事会对仔细审查公司很有兴趣，多数却不具备相应的审查能力。有时，董事会成员是一些不会把时间和精力花在董事会职责上的名流和挂名人士。比如说通用汽车在罗杰·史密斯掌管时，非公司内部的董事平均每人都身兼八个公司的董事职位。调查研究表明，如果一个公司的董事在多个董事会任职，这个公司就非常有可能成为证券欺诈诉讼中的被告，这一结果也表明在公司花费时间不多的董事往往会不够警觉。

所有层面上的监管全面瘫痪的最显著的一个事实便是，这些组织机构在紧急异常、最需要日常核实监控的情况下，极有可能会越过这些监管步骤。比如，美国国家航空航天局，平常都是非常一丝不苟地完成确认手续的。但是，在挑战者号爆炸事件之前，以及在发射镜面失常的哈勃太空望远镜前，这些步骤都被省略了。

急于完成一项令人兴奋的交易，进行买进业务的公司很容易因为欠缺细心而试图走捷径。美国第一联盟银行（First Union）买下货币储备（Money Store）后，便发现了后者存在的很多账目上的问题，所以，后来开始了一项名为"查明真相"的工作，希望能找出问题所在。负责第一联盟这项调查工作的领头人大卫·卡罗尔（David Carroll）宣布说最后他们发现第一联盟"买进了一个完全缺乏严谨操作、信誉和审计管理的公司"。

绕过关键性的监督管理是许多小公司的通病，景气时的网络公司，以根除公司等级官僚侵蚀为目的，再一次向我们提供了一个最典型的例子。然而，

"打破官僚制度"在实际中又有什么样的作用呢？在各个等级之间无限制的开放式交流产生的是低效率，有时甚至会培养出低级职员的自以为是；长时间的工作，几乎不存在的规章制度，极具危险的筋疲力尽和显然会出现的时间的浪费；"没有纪律"的企业氛围混淆了责任和义务。其实，这也就是为什么几乎所有大公司都采用不同程度的官僚体系的原因所在；它们能够保证公司的稳固，可以分清责任并产生高效率。尽管对许多人来说，官僚体系是一个不怎么光彩的词语，但事实是如果没有一定程度的等级制度，很少有机构能够像马克斯·韦伯在多年前就认识到的那样生存下来。

难以控制的组织……或是"对不起，没有时间来担心这个。"

有时候，首席执行官和其他高管会试图培养一种企业文化，这种文化极其轻视任何处理信息的正当程序，因而使得公司的某些部分变得几乎难以控制。这种情况在极具革新精神、高速发展的公司尤为常见，因为它们鼓励员工具有改革和创新精神。举个例子，牛津健康计划公司，就深信要保持创新的优势，公司必须避免和任何官僚体系有关的事务，包括正当的监管。盛世长城公司把快速扩张看作是重中之重，相形之下，公司的日常运作倒显得不那么重要了。乐柏美如此热衷于开发新产品，使得评估和管理运作的内部系统都被普遍忽视了。美国信孚银行鼓励下属分支的业务员尽可能地去发展业务，很少考虑所说的话和做出的承诺。安然公司培养出了一种"打破惯例"的文化，把谨慎的管制当作是毫无用处的官僚体系。这同时也是许多网络公司在自己公司实行的一种基本指导思想。上述所有这些公司的运作在某些方面都是不受控制的，公司里也没有人把那些清楚表明它们究竟陷入何种危机的信息整理出来。

难以控制的董事会……或是"这届董事会还不错，对吧？"

有一些组织会变得难以控制，仅仅是因为内部董事会的全面崩溃，而原先这个群体是最应该对公司中必不可缺的信息和基本管理机制负责的。需要注意的是，这样的董事会失误并不能归咎到学者和管理专家所一直强调的"一般可疑因素"上去：也就是根据人口统计学原理，拥有相当多股份的非公司内部人员或是董事会在控制公司，有时候甚至会把首席执行官是否担当董事会主席也当作条件之一。我们的调查研究却表明，在名列美国标准普尔 500 指数（S&P）的公司名单里，遵循一般路线的公司，也就是公司中有许多掌握大量股份的公司外部人员，由其中之一担当董事会主席，首席执行官和董事会主席的职位分离的公司和那些不走这条路线的公司之间根本就没有绩效差别。

真正能影响董事会效率的是一些不能轻易用数据和平均值来捕捉的东西，然而，有很多董事却能理解其间的精髓和实质。董事会如何发挥团队作用，成员之间的互相作用、互相影响，和首席执行官之间的交流，以及在他们看来，是重要的、值得调查的事或是无足轻重的事，对促进董事会效率起着十分重要的作用。

然而，绝大多数现代公司的董事会却搞不清这一点。盛世长城公司现任首席执行官凯文·罗伯特，就这样描绘过参与许多董事会的董事："他们的平均年龄差别不超过 10 岁，经历也极其相似。一般说来，他们不是惹事的家伙，也已经走到事业的尽头了，做过很多事。"再也没有什么冲动，也不会有饥渴的感觉了。而且"长时间没见过客户了，就连公司现在在卖什么产品都不知道"。这和肯·莱领导下的安然公司，伯尼·埃伯斯掌控的世通公司，约翰·里加斯的有线电视企业阿德菲亚公司，史蒂夫·希尔伯特的康塞科公司的情况不谋而合。

在我们研究的为数不少的企业垮台案例中，董事会都曾经参与其间。在通用汽车，当罗杰·史密斯在机器人技术上花了 450 亿美元的时候，董事会对此长期置若罔闻。在美泰公司，董事们不遗余力地支持首席执行官吉尔·巴拉德，即使后者制定了一系列错误的目标，还进行了一些损失惨重的收购计划。安然董事会的问题目前也已经公之于世了。

乐柏美的前首席执行官斯坦利·高尔特，讲述了在乐柏美卖给纽威尔集团的前几年里，公司的董事会是如何对待他的继任者沃尔夫冈·施密特的：

他的无能再加上董事会的拖延和处理不当造成了公司的破产。这些问题其实是可以被发现，也是能够迅速解决的。董事会只打算走最轻松的路，就是卖了公司。我批评施密特，当然是因为他糟糕的表现，但同时我也要批评董事会，因为他们其实能够在更早以前改变公司的，而且要真的是这样的话，乐柏美现在也应该是个独立的公司。在我50年的从业经历里，乐柏美的破产是最大的商业挫折，尤其是一想到这一切原本是可能避免的时候。

可以做些什么来弥补呢？董事会必须明白说"不"是允许的。不管是在董事会议上还是会议之外，不管首席执行官是否在场，足够的争论都是必不可少的。董事会里有着恰当（理解为：各式各样，利益相关）的董事也会有所助益。董事会成员之间的默契也很重要；差异所引起的建设性冲突不能转化为个人之间的矛盾，因为这种矛盾会扩散到整个董事会，从而降低其工作效率。有一种方法可能会有所帮助，就是让已经在位的董事积极参与选择新任董事。

对董事会来说，最大的挑战也许是识别那些预告可能有问题发生的早期警示，然后采取相应的行动。安然、凯马特、环球电讯和世通等公司的董事会的经历都表明，检验公司发展的重任要求有日益密切的董事会的参与。

过度监管……或是"别担心，一切都在掌控之中。"

在处理信息流时，唯一一项和监管不足同样糟糕的便是监管过度。过度监管之所以具有如此破坏性，原因之一就在于它往往会让每一个人都按照固定不变的渠道进行沟通，以公式化的方式工作。但是，对真正重要的信息来说，最重要的特点就是它的非常规化。经常出现的情况是，处理重要信息不仅意味着要脱离常规程序，还需要做出果敢的、显著的改变。

备受过度监管困扰的公司常常会奖赏顺利平稳、常规式的运作，甚至会到无法应对特殊情况或是脱离常规采取校正措施的程度。一旦这种对顺利平稳运作的侧重与僵尸企业的典型性特征，即盲目自信乐观结合在一起，造成的结果可能是极具毁灭性的。20世纪早期由弗雷德里克·泰勒（Frederick W. Taylor）所清楚阐述的、业已确立的管理学学说指出，所有雇员的工作就是查明老板想要什么，然后把这个东西给他或她。习惯质疑或创新的经理人渐渐被淘汰，因为这些行为会威胁整个系统工作的稳定性。在最高管理层，这也就意味着老板在财务或者是公司运作方面的得力助手，很有可能成为他或是她的接班人，即使这个人缺乏通常所需的领导公司向新方向发展的能力。

插一句题外话，想想在很多一流公司里，比如泰科公司（首席执行官丹尼斯·科兹洛夫斯基和首席财务总监马克·斯瓦兹）、世通公司（首席执行官伯尼·埃伯斯和首席财务总监斯科特·萨利文）、安然公司（首席执行官杰斐逊·斯基林和首席财务总监安迪·法斯托），在公司倒闭前，这些首席执行官们和首席财务总监们无比亲密的关系吧。当时，人们很少能注意到这一点，但是，在描述公司"像一台加足了油的机器那样顺利运作"时，他们其实是给公司的综合病症下了令人不寒而栗的诊断。

在现实世界里，预料不到的问题和障碍常常会突然出现，你最不应该希望的就是自己的公司一直都"像一台加足了油的机器那样顺利运作"。因为可能在某一个点上，它会突然崩溃。

通用汽车就提供了一个非常好的例子，充分说明了在和僵尸企业态度结合在一起时，过度的监管会有多大的危害。公司里所有的沟通都要求遵从已经建立的呆板的渠道，这种渠道根本没有任何处理非常规信息的预备。它期望每个人都同意上司所做的任何声明。正如通用汽车的一位管理人员所说："如果你提出了一个问题，你会被打上'格格不入'的标记，不再是合群的人了。如果你想在公司高升的话，那就应该闭上嘴，对什么事都说'好'。"有一位通用汽车的高管在1998年做的一个备忘录里这样写道："我们的企业文化打击公开坦诚的争论，基层普通的员工都觉得管理层不希望听到坏消息。"在采取任何全新的行动之前，必须仔细研究、核实，然后再核实。假设你是一个工程师，手头有一份产品或是程序的改进方案，"你（必须）给出5万份研究报告，来说明这的确是一个好方案，然后，还需要经过10个不同委员会才能得到批准。"众所周知，对绝大多数建议有最终决定权的人，大都缺乏想象力，而且往往是主张按照报告给他们的数据行事。在这样的公司氛围里，不仅很难去对抗通用汽车自我的现实全景图；要纠正它最小的方面也十分不易。

过度监管可以阻挠公司董事会处理重要信息，就像它也能阻挠公司其余部分那样。比如说，在罗杰·史密斯的任期里，有这样的规定，就是在没有给全体成员派发正式信息报告之前，不允许董事在通用汽车公司的董事会议上发言。单这个章程就让通用的董事会完全发挥不了作用。

　　有关监管的引人注意的一个矛盾，是监管不足和监管过度常常形影相随。举个例子，乐柏美就是一个在生产和销售效率方面监管不足的公司，但同时在管理中层和高层经理人方面，又深受监管过度之苦。公司以创新为荣，却又有力地压制任何来自管理模式方面的创新思维。

　　意识到自己在某些方面脱离控制的公司，常常试图不分青红皂白地强加控制，最后只会得不偿失。这种"盲目监管"尤为有害，因为它浪费资源，在最需要提高公司运作效率的时候，分散员工们的精力。控制数据电脑公司（Control Data）提供了一个极其生动的例子。公司的许多员工说他们突然被要求用于平时工作一样多的时间来撰写关于他们日常工作的报告。最高管理层试图更好地了解究竟是什么影响了这家计算机公司，可结果却适得其反。

杰出人物……或"别搅和大人物的事。"

　　有时，引发重要信息被忽视的监管功能的严重破坏，是由公司给予杰出人物的特殊优待所引起的。经常可以免除正常监督管理的，是有着长期优秀业绩的人。管理人员一般都会觉得这些人应该得到额外的自由，因为他们极有可能在一般人无法办到的时候，把事情做成功。大多数的此类人才都认为自己赢得了这种额外自由，负责监督他们的管理人员也必须保证他们以足够的顺从来对待这些人才。毕竟，要是管理人员没有小心谨慎地对待他们，他们所冒的风险就是公司将来可能没法享受到这些人才带来的利益了。

　　那些认为评价一个企业最好的方法，是看个人的历史记录的投资者和公司董事会应该记住，最大的企业灾难往往也是由这些有着最辉煌业绩的人才带来的。这倒并不是因为这些人最可能有机会引起企业灾难，也不是因为他们性格特点上的优势和缺憾。只是因为在负责大项目的时候，通常都不会像要求普通人那样，让他们在接受同等程度的监管下工作。

　　看以下几个例子，就知道原因何在了。其中，彼得·古伯和乔恩·彼得斯可以获得或是部分获得一系列风行一时的电影所带来的荣誉，包括《往日情怀》、《最后的细节》（The Last Detail），为芭芭拉·史翠珊重拍的《星梦泪痕》以及《第三类接触》（Close Encounters of a Third Kind）、《深渊》、《午夜快车》（Midnight Express）、《古惑仔出术》（Caddyshack）、《香波》（Shampoo）、《失踪》（Missing）、《闪舞》（Flashdance）、《紫色》、《雨人》、《蝙蝠侠》。因而，索尼公司放手让他们再现哥伦比亚影业时期的奇迹又有什么好奇怪的呢？摩托罗拉手机部门建立起来的业务占公司收益的60%以上，在公司里，是最能创收和发展最快的部门。面对这样的成绩，首席执行官又怎么会去干预呢？吉尔·巴拉德让芭比娃娃的年销售额从20世纪80年代中期的2.5亿美元，快速增长到1998年的20亿美元。期间，她对芭比娃娃阵营进行了分割和多样化处理，使得平均每一个美国女孩都有8个芭比娃娃。在她掌控整个公司的时候，董事会给了她不少的权力，这又有什么好惊奇的呢？

在这样的案例中，不只是这些人物本身逃避监督。中层管理以为有这样非凡的天才坐镇，事务的精确度和准确性显然是不会有问题的。洛克希德·马丁（Lockheed Martin）公司以及美国国家航空航天局的喷气推进实验室都分别有知名的火箭方面的科学家来共同负责火星气象观测轨道太空船项目。但是，从来就没有人问过他们到底采用的是英式的标准，还是公制度量标准，就是这样的一个计算错误最终导致了太空船的失败。巴林银行在全世界宣扬尼克·利森作为分行交易员的卓越表现，尽管有着不少早期的警示，却从来没有任何新加坡分行以外的人员质疑过他的交易方法，而且在新加坡分行内部，也没人想过要对抗他，因为他是老板。这样的错误有时候看来像是小事，可在每一个这样的案例中同时也在其他的案例中，都会有极为严重的后果。

有些时候，这些非凡的人才能够逃脱正常的监管，并不是因为他们过去的骄人业绩，而是因为裙带关系、古老的忠诚，以及其他感情方面的偏见。宜家家居的英格瓦·坎普拉德（Ingvar Kamprad）是少数几个坦诚过曾经因为裙带关系损害过公司利益的首席执行官之一："参与共有一个电视机厂的项目，也许是我所犯的最严重的一个错误。那是在20世纪60年代的时候，因为这项业务，宜家损失了当时资产的25%～30%。我把一个亲戚的丈夫安排进了管理层，但是，他和工厂的另一位董事总经理对驾驶飞机更有兴趣。对于这次失败最不可原谅的是，我明明知道发生了什么，却没有勇气下决心及时处理这件事。"哪怕管理人员意图正确，而且也支持对自己采用最严格的标准，他们也不可能保证自己的亲属不会被免除监管，而这种监管对其他任何普通员工都是适用的。

当人们出于个人利益而破坏了"这片好心"，麻烦就真的开始了。例如，在阿德菲亚公司，"里加斯帮"就涉嫌以极其厚颜无耻的方式，轮流掠夺公司资产。曼哈顿的公寓？没问题。坎昆岛的单元房？来啊。要自己的高尔夫球场？当然可以。也许其中最夸张的便是约翰·里加斯建造的庄园，真正的休闲庭院，充盈着罗克韦尔式的谷仓和草坪，只有罗马奥古斯都大帝才配拥有。在安然，首席财务总监安迪·法斯特对所有敢妨碍他的人一律打压严惩。丑闻不绝的过去几年里，这样的故事在许多地方一再重复：泰科公司收入丰厚的首席执行官丹尼斯·科兹洛斯基使计逃避了应缴给纽约州的营业税总计达数百万美元。英克隆公司的萨姆·瓦克萨尔的内部交易：首席执行官肯·莱把公司的股票推售给员工，暗地里却把自己名下的大量股票卖掉。对于杰出的人才，不管他们有多出类拔萃，都不能免除监管。

相隔过远的管理人……或是"我们别管他们。"

当外来者得到一个公司时，尤其他们恰好是外国人的话，就会有一些特殊因素阻止他们获得有关企业的重要信息，并阻止他们采取应对措施。部分症结，当然是因为他们对公司运营的环境背景不甚了解，而且在公司里也没有自己的关系网。但是，更大的问题是被称为"调整恐惧"的一种综合病症。外来者在公司资产上花了几百万甚至上千万美元，购进后在管理方面做得却很少，更别提要把买入的公司融入到母公司里去了。外国购买者，尤其是大宗的购买项目，往往会采取一种"袖手旁观"的特别方式。问题就是在买进公司后，他们常常会大大降低当初购买时的动力，对当地经理人来管理公司也就不那么费心了。

看一看戴姆勒—奔驰在合并克莱斯勒时所经历的种种挫折吧！尽管新闻发布的是"平等合并"，但在交易完成后，克莱斯勒却没有得到平等的地位。然而，公司也不是完全被接管。相反，是游离于监管的中间过渡状态。一些高管觉得远不如斯图加特的德国人（指戴姆勒—奔驰总部）得势，因而辞职。另一些高管离开公司去通用汽车和福特寻找机会。还有很多人开始渐渐远离公司，这种疏离不仅是在财务上，还包括情感方面。一位德籍的管理人员说："（克莱斯勒的首席执行官）鲍勃·伊顿几个礼拜都不和约尔根·施伦普说话。

他宁愿保持低层面的交流。而同时，约尔根又害怕被人称为接管高手。他对克莱斯勒公司放任不管已很久了。"

一位得到妥善安置的前克莱斯勒管理人员向我们讲述了原因：

约尔根·施伦普看到了克莱斯勒的过去成就，然后告诉自己说没有必要把这两个公司打碎了放在一起。他确实派了一些人过去，但是他们都说："在运作方面，让克莱斯勒的那帮家伙继续干下去吧，毕竟他们过去做得很不错。"他们却没有考虑到就在合并完成前后，前克莱斯勒公司管理层的核心成员纷纷离开了公司。他们看到了森林，却没有意识到移走了四五棵主要的树后，会改变整个森林的生态系统。这就是一次错误的判断。

最后，在戴姆勒—奔驰公司宣布合并克莱斯勒公司大约30个月后，这家德国公司开始积极地处理克莱斯勒的问题了。公司派驻了德国的经理人，开始仔细检查公司的运作，匆匆忙忙地开始实际上在合并之前就应该进行的改革。

被忘却的教训……或是"我们可以转移目标了吗？"

最后，还有一种情形，可以让企业忽视值得注意的重要信息。这个情况发生在企业忘记去利用那些可以从商业失误中得到信息的时候。

这一点值得特别费心的原因之一在于，小失误之后接踵而来的便是同一类型的大失误。通过学习如何在这种失误首次发生时避免它，企业往往就可以保护自己在将来免遭更严重的灾难。盛世长城就是个不会汲取过去失败教训的很好的例子。公司非但没有在起初并购失败发生后，学会改变原有做法，还依旧滥付多付，没有尽心尽力，继续投身到一些无足轻重、见效甚微的兼并活动中去。遭受任何程度挫折的公司都可以从这些失败经验中学到重要东西，只要他们希望将来能避免类似的失败。

还有一个原因是，在这些失败的计划的某些地方存在着颇有价值的智力资产。要获得这些资产常常要付出很大代价，而且它们也表现出难以替代的特点。将这些资产转移到全新的或者是依然启动着的运作中去，公司就能够创造新的价值。联邦快递失败了的专递邮件项目就是一个绝佳的例子。这个项目，原意是通过卫星在客户之间传真文件。从商业的定位来看，这无疑是不现实的。但是，当联邦快递从这个失败项目中学到经验教训后，就引进了一群偏重技术的新人才，大大提升了技术能力，使之安装实施的尖端跟踪系统大大领先于竞争对手。联邦快递非但没有把这个项目一笔勾销，而且还在失败中深挖，最后得到了公司最有价值、最有竞争力的一项装备。

然而，当公司急于转移到新项目上去时，往往就不能从任何一个失败中学到最基本的经验教训，即使这些失败在现实中是极有可能发生的。这种情况，反过来也会让他们犯不能容忍的那种错误。结果就使得管理人员不肯给自己足够的自由度来纠正错误、改变流程。情况如果真如此，一个小小的错误就会给整个公司带来灭顶之灾。铱星公司进行的领先技术的投资，如果按照"禁止错误"的标准来看，会让此项目格外易受攻击，因为没有公司能够达到这种标准。巴里·伯蒂杰（Bary Bertiger）是摩托罗构想出铱星之梦的一位工程师，在和我们的对话中，他做了个很有趣的比较：

在这儿不允许有错误，哪怕最小的错误都会让你轻易地陷于困境，牵一发而动全身。第三代蜂窝运营者看到的前景都很相似……因为在执照、在基础实施上都花了数十亿美元，要是猜不对究竟是什么吸引人们来接受这项全新的服务，结果就是大家所看到的，很多运营者最后都失败了。

经过调查发现，我们研究过的许多企业和政府机构在运作时都没有安全网络的护卫。在严重不利的危机面前，安然公司和美国长期资本管理公司（LTCM）都暴露出了既不擅长避免危机又不能快速降低其危害性的缺陷。美国国家航空航天局所犯的那些最大失误都是在其后备系统和附加测试序列被忽视的情况下出现的。雪印牛奶在 D-0 送货诱导下，完全不给失误留下任何余地。每一个这样的组织都经历过一系列先期而至的失败，这些失败可以教导他们在将来更大的危险面前做好准备。但是同时，每一个组织都有一些程序和模式，使之几乎不可能从失败中汲取教训并学到东西。

这儿到底谁负责

在追踪那些被公司忽视从而引发了企业失败的重要信息时，我们发现，在一个接一个的案例中，并不能归咎于个别员工的个别错误，或者说并非他能力不够。事实上，在每一个例子中，建立起来的整个机构体系的方式才是真正的罪魁祸首。

谁应该对公司陷入如此困境负责呢？错误的现实画面引发了这一状况，反过来，这种状况有助于继续保持这种错误的现实画面。导致僵尸企业的具有迷惑性的政策和态度也会支持这种错误的现实画面，怂恿员工忽视任何预示公司有难的重要信息。事实上，所有这三项，即错误的现实画面、成为僵尸企业的某些态度和处理重要信息的错误步骤，可以说是组成一个骇人三角形的三条边，边和边之间都相互支持。

然而，仍有人应该对设置这个骇人三角形负责，而且还应该有人来负责拆除它。这个人就是下一章的主角。

第九章 极不成功人士的七大陋习
——导致重大商业失败的领导者的个人品质

要变得极不成功，是需要一些特别的个人品质的。我们现在谈论的那些人极不寻常，他们所铸成的失败骇人听闻，他们负责的都是庞大的、世界知名企业的商业运作，最后却将这些企业弄得几乎一文不值。他们让成千上万的人失业，让成千上万的投资者血本无归。他们成功地摧毁了几亿甚至几十亿美元的价值。这种毁灭性的影响非常人所能为，所以在影响程度上，只有地震和飓风才能跟他们相提并论。

完成这些毁灭行为的个人品质都格外吸引人，因为它们往往都是同那些真正值得赞赏的品质结合在一起的。毕竟，要是没有展示过创立企业能力的话，也得不到毁灭如此多价值的机会。绝大多数的价值毁灭者都才智过人、能力非凡。他们经常表现出让人无法抵御的魅力，他们有着强烈的个人吸引力，而且能够激发一大群人。他们的面孔总是出现在《福布斯》《财富》《商业周刊》以及其他商业刊物的封面上。

然而，在关键时刻，这些人一败涂地。在这一长串严重失败人士的名单上，没有哪个人可以说是不胜任自己工作的。但是，这个名单上的每个人都有一项特殊的本领，就是能将一个不严重的失误转化成灭顶之灾。

他们是怎么做到的呢？他们极具破坏性的奥秘何在？值得注意的是，有7种陋习可以被确认是这些极不成功人士的典型特征。几乎所有应该负责重大商业失败的领导者都表现出了5个或是6个此类的陋习。更有甚者，是一项不缺。更值得关注的是，每一个这样的陋习都代表着一种在今日的商业世界中被大加赞叹的品质。作为一个群体，我们不仅容忍了这些让领导者一败涂地的品质，我们还给予他们鼓励和支持。

接着，让我们来看看极不成功人士的这七大陋习。因为如果在首席执行官们手上，这些陋习会极具毁灭性，但是，要是其他的管理人员有了这些毛病，也会产生重大的危害。学习识别出这些陋习是找到补救方法的第一步。

陋习1　他们把自己和公司看成整个行业的支配者

"等一下。"你可能会说，"这又会有什么危害呢？难道我们不想要那些志向远大、主动出击的领导者吗？难道一个首席执行官不应该采取主动、创造商业机会，而应该消极被动地应对自己所在行业的发展吗？难道一个企业不应该力争支配整个行业，决定市场的未来，起引领作用吗？"

对于以上所有问题的回答，当然是肯定的。但是，这中间是有蹊跷的。成功的领导者常会主动出击，是因为知道自己不能支配所在的环境。他们知道不管过去自己是多么成功，面对瞬息万变的环境还是有可能束手无策。他们需要不断采取主动，是因为知道自己不能任意让某些事情发生。要想让成功不那么转瞬即逝，每一个企业都必须自发地与顾客和供应商保持一致。这也就意味着不管多么成功，公司整体商业规划必须不断进行再调整和再审查。

把自己和公司看成是整个行业的支配者的领导人会忘记这些事。他们大大高估了自己掌控事态的能力，同时又极大地低估了机会和环境在成功中所起的作用。他们认为自己可以对周围的人发号施令，认为自己的成功以及公司的成功都是自己一手打造的。

有一些深层次的心理原因，可以用来解析为什么这些领导者会有这样的想法。其中最重要的一点，就是人们通常需要对发生在自我身上的事找到某种理由。我们想要有这样的感觉，就是在事情变糟时，觉得我们能够改变自己的命运，在一帆风顺时，那些成功是我们理所应得的。但是，首席执行官们常常会遇到自己掌控之外的威胁，某些成功也非理所应得。在这样的情况下，许多商界领袖们为了克服工作上的压力，需要让自己相信能够支配周围的环境。

个人卓越的错觉。许多首席执行官都相信自己个人就能够控制那些决定公司成败的事情，这种倾向标志着个人卓越的错觉。不是忙着弄明白变化的环境，受这种错觉影响的首席执行官深信自己能够创造出个人和公司运作所需的环境。更有甚者，他们相信依靠自己的天赋和人格力量就能办到这一点。就像有些电影导演那样，他们把自己看作是主导公司的具有强烈个人风格的性格导演，有时甚至把自己看成是影响整个行业的性格导演。他们觉得自己的工作就是实现那些极富创造力的设想，把自己的意志强加给那些不服管教的合作者和毫无生命的原材料。对他们而言，公司里所有其他人要做的就是去实现他们所设想的公司的蓝图。

当首席执行官确实有一定的天赋时，他们就很容易陷入个人卓越的错觉。举个例子，王安知道自己是个技术方面的天才。他相信只要有克服技术难题时的才智和勤奋，就能控制商业运作。如果说到时装界的流行趋向，莫西摩·贾努利（Mossimo Giannulli）无疑是很有天赋的。这就让他相信自己也是一个商业奇才，不需要其他称职而又经验丰富的经理人来帮忙。按照美林投资银行（Merrill Lynch）的分析师布伦达·格尔（Brenda Gall）的看法，"太自以为是了"，而且相信自己能做任何事情，直到公司出现了这样的问题：他的快速发展计划因为耗资过大而搁浅，对主要客户供货过慢，体系的不完全使得公司的股价跌了90%，他才下台。

有一些商业天赋的管理人员和那些有点技术才能的人一样，也很容易受这种错觉的影响。三星公司首席执行官李健熙开展的半导体和电子器件的业务是如此成功，使得他认为自己在汽车方面也会继续这种成功。在线零售商网上快车的首席执行官乔治·沙欣过去在安盛咨询公司担任首席执行官时，把业务做得有声有色，所以他忽略了一个事实，那就是他与网上快车的经理人的沟通并不怎么成功。"他离我们十万八千里。"网上快车的一位前管理人员这样解释说。"我喜欢他。"该公司的另一位经理说，"可是，他不是合适的人选，尤其是对上市公司而言。"

太过出类拔萃的表现。受个人卓越错觉困扰的领导者常会在对待周围人的方式中表现出这一点。对这些领导者来说，与他们打交道的那些人都是被他们利用的工具、被浇铸的模型，或是观看他们表演的观众。一旦企业领导人有了这样的想法，他们就经常会用胁迫或极端的行为来支配周围的人。在绝大多数的例子中，这些行为都不是无意识的或者出于无心。他们想"强过命运""成为传奇""使人敬畏"。这种威胁式个人风格最厉害的实施者是那种说话轻声细语、带少许手势，同时又能达到威吓效果的人。他们沉迷于这样的对比中，即做的是一些细微的事，但产生的效果却十分惊人。然而，企业也不缺乏选择另一种方式的领导者——大声说话，同时手提一根棍子。不管选择哪种方式，深信个人卓越的领导人都能够达到一定程度的威吓效果。

凯创（Cabletron）公司的创始人兼首席执行官鲍勃·列文（Bob Levine）以夸张、对峙性的风格著称。他的强悍型管理（body building regimen）、右翼式策略（right－wing politics）、生存主义意识（survivalist mentality）也是赫赫有名的。他在公司的办公室附近买下了一间废弃了的杂货店，然后每天午饭时间就去那儿练举重。从他买了一辆仍旧可用的军用坦克放在家里的院子里这个事实，也可看出他的作风。传说他曾经用这辆坦克吓坏过一个送比萨的。作为一个销售人员，盛气凌人的、动机明确的销售花招也是他众所周知的一种风格。在凯创公司的一次销售会议上，他到来的时候手舞一把刀子，以此来教导员工"杀死"竞争对手。还有一次，他出现的时候身穿一套作战服，摆弄着一柄弯刀。

说到多姿多彩的古怪行为，很少有首席执行官能比得上鲍勃·列文。但是，谈到用纯粹的威吓方式，许多造成公司垮台的首席执行官和他不相上下。通用汽车的罗杰·史密斯有着凶狠狂暴的个性，曾经目睹过他发作的电子数据系统公司（EDS）的管理人员说：他先是满脸通红，然后开始狂吼，还用拳头狂擂桌子。美国 AMD 公司的杰里·桑德斯习惯于威吓周围的人，甚至让周围的人害怕到了不敢告诉他任何可能让他烦躁的事情。还有安然的领导杰斐逊·斯基林和安迪·法斯特也是以粗暴傲慢闻名的。在英国的马莎百货公司（Marks & Spencer），理查德·格林伯瑞爵士（Sir Richard Greenbury）多年来都让他的下属胆战心惊。乐柏美的沃尔夫冈·施密特原本是一个"迷人的、讨人喜欢的家伙"，但是，他却在工作中实施了个人的一套被描述为"生硬和威吓的处事方式"。在公司内部，施密特被"视为 U 形潜艇的指挥官，因为他严苛，而且绝不妥协"。以上这些人都不是偶尔发火的那一类；他们把表现愤怒和其他威吓行为当作基本管理方式的一部分。

公司卓越的错觉。受个人卓越错觉影响的管理人员，也会受公司卓越错觉的影响。这种观念对于首席执行官来说，就是认为自己的公司对供应商和顾客至关重要。他们不是想方设法满足客户需要，这些深信自己掌管的公司"无比优秀"的首席执行官常常会有这样的表现，好像他们的客户才是真正的幸运儿，幸运得能让自己的需求得到如此快速有效的满足。这就好像把整个和客户之间的关系给颠倒过来了，现在客户的工作变为取悦公司，表现给公司看他们值得用该公司的产品。

受公司卓越错觉影响的领导者，也经常会认为公司产品的优越性使得它无懈可击。例如，王安就相信自己的王安电脑公司将会最终主导整个市场，仅仅因为产品比同类的要好得多。鲍勃·列文认为，自己的竞争对手思科生产出来的产品如此低劣，根本就没有必要加以重视。如果顾客们不能明白这一点的话，他觉得让顾客看到这个差别就是凯创销售人员的任务。此类的首席执行官对自己公司的产品是如此引以为豪，使得他们相信这种绝对的优越可以给予他们做任何事情的自由。毕竟，他们告诉自己，如果你能生产出世界上最好的产品，顾客们一定会选择主动来找你，要么就让自己甘心勉强接受那些劣等的东西。

甚至当竞争对手提供了设计更佳或是价格更优的产品来挑战公司时，深受公司卓越错觉影响的管理人员仍会继续深信自己的公司牢不可破，原因就是公司在整个商界如日中天的地位。比如说，李健熙就相信三星的卓越肯定能保证它的成功。"在三星，我们过去一直相信我们能做得比别人都好。"三星公司的一个经理后来承认，"三星深信自己不会失败。"乐柏美的沃尔夫冈·施密特说过："我们的成功有自己迷惑人的方式，让我们自鸣得意，不去问一些严肃认真的问题。"在施温自行车公司，经理人这样夸口："我们不需要竞争，因为我们是施温。"

陋习2　他们将自己和公司混为一体，使得个人利益和公司利益之间界限模糊

就像第一种陋习，这个习惯很容易就被看作是无害甚至是有所助益的。毕竟，难道我们不希望自己企业的领导者对公司尽心尽力吗？把公司的最佳

利益和自己个人的最佳利益看作完全等同的，像对待自己的财产那样来小心谨慎地对待公司的财产？

然而，在层出不穷的案例中，深入研究一下引发严重商业失败的因素就能发现，失败的管理人员不是和公司界限太分明了，而是过于公私不分了。

为何会出现这种情况呢？我们在前面的第二章已经指出，有些问题的产生，是因为主要的股东同时担当着公司一把手的缘故。理由之一是，给予一个管理人员过多的公司股权也就等同于给他过多的权力。首席执行官要是掌控太多份额股份的话，公司里就没有人能够在他或者她选择了危险或者危害性的发展道路时，挺身而出采取纠正性的补救措施了。

而在此我们涉及的却是截然不同的情况。与公司过多地搅和在一起会促使首席执行官们作出不明智的决策。过分公私不分的首席执行官没有将公司看作理应关心、照顾、保护的对象，而是当作自我的一种延伸。他们让公司做一些如果是人来做的话，就属于合情合理，而公司这个机构却不宜涉足的事。

这是一个非常容易就沉迷其间的习惯。首席执行官要是觉得自己和公司的成功密不可分，就往往会公私不分。这也就意味着臣服于个人卓越臆想的领导者也很可能掉入这个相关的陷阱。尤其是当首席执行官是公司的创立者，或者曾经把一个小公司发展成为一个巨型企业，他们就更容易有犯这样错误的危险——将公司的成就和个人的成就混为一谈。在极端个别的例子里，首席执行官实际上会相信自己就是公司。莫西摩·贾努利就喜欢这样说："我就是莫西摩。"据传李健熙也很高兴能被人称为"三星先生"。很久以来，在王安本人及其员工的意识里，王安电脑就是王安。

当首席执行官和他们的员工们无法将首席执行官和公司区别开来时，他们也就步入了"个人王国"的心态。首席执行官们开始表现得就好像自己拥有整个公司那样，即使情况并非如此，他们的所作所为也显得就像自己有权对公司为所欲为，而事实上，他们根本无此权力。

屈服于这种心态的首席执行官常常会以此来完成个人的雄心抱负，哪怕这些抱负并不能给公司带来良好的利益。三星的首席执行官李健熙决定进军汽车业主要是因为他本人喜爱汽车。萨奇兄弟把公司越搞越大，不管是否会带来更多利润，也是出于激进的个人扩张欲望。

一旦进行某一项目，这样的领导者就会无轻重、无节制地进行投资，因为他们觉得在这个项目上下赌注也就是在自己身上下赌注。罗杰·史密斯让通用汽车公司下属的工厂尽可能地成为无人工厂的意图，已经成为他个人密不可分的一部分，使得他无法止步回头，进行客观的评估。一任接一任的摩托罗拉首席执行官竭尽所能地把铱星公司铸成显示其大胆想象力的象征，哪怕在形势逆转时，他们也不肯停下来重新审视一下这个公司。

莫西摩·贾努利不能和用自己名字命名的公司保持一段客观的距离，所以，公司的所有活动都是他妄自尊大个性的表现。在类似这样的例子中，首席执行官们都认识不到自己所宠爱的项目已经变成了得不偿失的赔钱货，因为对他们来说，如果这么做了，就等于承认了自我的失败。

富有传奇色彩的汽车业巨头约翰·德罗宁就给我们提供了一个绝佳的例子来证明严重的公私不分会破坏成功，事情发生在他打算新开一家汽车公司的时候。开始时，这项投资事业的前景似乎一片光明。但是，一到德罗宁打算将生产出来的汽车以自己的名字命名时，整个企业便开始唱出了不同的调子。他先是改变了公司首批模型的设计，从适宜中产阶级的风格转变为后来在影片《回到未来》（Back to the Future）中大放异彩的"超级车"模式。当然为此他也增加了对兴建在北爱尔兰的这个汽车工厂的投资数额。从根本上来说，他的过分自我意识，要求任何与他自己名字相关的事物都必须是第一流的。这当然会让德罗宁为工人们营造的工作环境成为各地汽车工厂模仿的对象。但是同时，也让他根本没有理智来意识到需要节省开支和成本。后来，当有显著迹象表明德罗宁的这家工厂陷入严重危机时，他根本拒绝承认这个事实，因为承认事实就等于是背叛了自己。

决策表现管理人员的个性。首席执行官过多地和公司搅和在一起，就会习惯于在做商业抉择时让公司来适应个人的作风，而不是去照顾公司的需要。凯创公司忽视市场营销的大部分原因就是出在创始人克雷格·本森（Craig Benson）身上（他现在是新罕布什尔州的州长），因为他从来就不喜欢市场营销。斯蒂芬·威金斯，牛津健康计划公司的首席执行官，认为自己是个电脑专家，仅仅经营一个生产大众软件的公司似乎是大材小用了。迈克尔·科尼特，1992年和1993年担任牛津健康计划公司的总裁，这样评价他："他确实是个电脑高手，不错的系统操作员。他的思维模式就是'我们可不是个平凡的公司，所以不能买一套平庸的管理式护理处理系统。'"这种避免平庸的偏执导致的结果是，威金斯丢了自己的工作，而公司也差点垮了台。

有这种想法的管理者，常常会把自己的敌人和公司的对手混淆在一起。例如，王安就十分忌恨IBM公司，因为觉得在早期生涯里受过它的蒙骗，所以，在很长一段时间里，他拒绝和IBM合作，哪怕是间接的合作。这也就是他迟迟不涉足个人电脑业，而最终以专利软件入市的部分原因。美国AMD公司的杰里·桑德斯仇恨英特尔公司，而且多年来一直攻击它，有时候甚至到了会危害AMD公司的程度。牛津保险公司的斯蒂芬·威金斯如此讨厌政府，有时甚至会让人觉得与其跟政府机构合作使公司获利，他倒更乐意见到自己公司接二连三地和政府对着干。在取消种族隔离的年代里，充斥波士顿红袜队的种族主义的偏见也是一个臭名昭著的例子，充分说明了个人的仇恨是如何转化为公司的仇恨，以及为了跨越这条界限所要付出的昂贵代价。

当首席执行官公私不分时，可能最令人惊异的事，就是他们开始渐渐不拿公司的资产当回事了。他们挥霍着别人的钱来冒险，并不是因为这是别人的钱，而是因为他们把它当作自己的钱，而他们本身又恰恰是喜欢冒风险的人。经常的情况是，一开始时，就敢下大赌注而且能够在这上面有所得，才使得这些领导者平步青云的。一旦掌权后，这些首席执行官也不可能放弃让他们在同僚中脱颖而出的冒险风格。美国信孚银行的首席执行官小查尔斯·桑福德就是一个很好的例子。他不仅自己有这种冒险的精神，还在员工们中鼓励培养这种作风，把他们的所得建立在近期的业绩上。在20世纪90年代中期，他那些雄心壮志的员工们只要干劲十足大胆地交易、创新、经销，都会得到丰厚的报酬，而保护公司的资产却得不到酬劳。所以，也没人这样去做。销售金融衍生产品最终带来的是官司和一桩桩失败的交易，以及小查尔斯·桑福德的挂冠而去。

不幸的是，在业界这种对待公司财产的态度已经成为了一种习惯，而不是一些偶然现象。彼得·古伯和让·彼得斯的罪名，不管他们还违反了别的什么法律，也主要是在他们把索尼影业当作是自我个性的延展。所以，他们不计后果地大肆挥霍索尼的资源，主要也是因为他们把这些当作是自己的资产来任意铺张浪费了。

跟公司混淆的最黑暗面。当领导者与公司过多地混淆在一起时，他们就很可能利用公款来满足个人欲望。起初，绝大多数的首席执行官并不是想做什么不法之事。几乎每个案例中，他们都是渐渐滑落，然后陷进去的。管理人员们习惯于在固定奢侈的环境中公干，沿途上的每一笔开销都算作公司的花费。长时间的工作让他们觉得自己把命都卖给公司了，所以到最后，他们渐渐相信自己所做的每一件事都是"为了公司"，应该由公司来支付一切费用。

首席执行官们发现打着慈善的幌子或者参与到一般公司都会支持的公益事业来满足个人目的，会让合理地挪用公司资金以作私用变得更轻而易举。例如，2000 年 6 月，富德龙公司开始调查前首席执行官威廉·法利（William Farley）1994 年为"履行个人及其家族所许的允诺"而指示公司做慈善捐助一事。参与其间的非营利组织，从教育机构如波士顿学院，一直到医院如纽约长老医院。所有这些捐献看起来都像是在造福世界，而且似乎也至少有利于富德龙公司的长远利益。但是，这其间却包括了值得质疑的公司资金的花费和同样值得质疑的管理人员时间和精力上的消耗。

一旦管理者开始用公司的钱来支付个人花费，就更难将公司和个人分离开来了。这也会加速个人个体与公司个体之间界限的进一步模糊。在约翰·德罗宁宣布公司将生产以他的名字"德罗宁"命名的汽车后，人们开始称呼他的公司为德罗宁公司，员工们也声称自己是为德罗宁效命。再听听德罗宁自己的演讲，很难区别他到底是在讲生产的车子、他自己，还是在谈公司。在这样的情况下，他要是忘记了手头的支票簿究竟是自己的，还是公司的，又有什么好奇怪的呢？

管理人员要是在位久了，或是亲自领导了公司一段时间的快速发展，他们可能会渐渐觉得自己为公司赚了那么多的钱，所以，自己或者是亲属的一些花费，即便是很奢侈浪费的，相对于自己的贡献而言也是微不足道的。事实上，以这种穷奢极欲的方式，这些管理者觉得就可以表现出他们为公司所做的巨大贡献了。这种扭曲了的逻辑便是影响泰科公司首席执行官丹尼斯·

科兹洛斯基行为的因素之一。以公司为豪和以个人奢侈为豪对他来说并不冲突，实际上，似乎更相辅相成。这也就是他一面言辞恳切、真诚善良地发表在商界中必须有职业操守的演讲，一面大肆挥霍公司资产以满足个人私欲到了惊人地步的原因。如果科兹洛斯基显得恬不知耻的话，也是因为在他的脑海中，这些外在的东西可以表现出他在公司中和在社会中的价值。

当一个公司的首席执行官也许是当今世上最能和做一个国家的君主相比拟的事了。布雷斯曼兄弟的例子就充分说明了要是所辖的王国是巴尼斯公司的话，一个国王可以如何生活。吉恩·普雷斯曼住在巴格西·西格尔〔（Bugsy Siegel）美国赌博业的创始人〕过去住过的 2.5 万平方英尺（1 平方英尺 = 0.09290304 平方米）的豪宅里，此外还有包括估计大约 10 万瓶左右的美酒以及数目不少的古董车等一系列附加物品。当巴尼斯公司陷入经济危机时，普雷斯曼的女儿南希花了 120 万美元重新装修了她的房子，习以为常地为了个人目的从公司的"金库"里拿钱，还经常自己从公司下属商店的货架上给她男朋友拿各式各样昂贵的服饰。在 1994 年和 1995 年，也就是公司亏损好几千万美元的那两年里，据一位前管理人员估计，普雷斯曼一家拿走了"巴尼斯大约 1400 万美元～1500 万美元甚至还要多的资产"。吉恩着手为位于西切斯特的房子做近百万美元的翻新，然后就在公司宣布破产前夕，吉恩和鲍勃出去度假，从公司支走了原打算用作追补加薪的额外的 500 万美元。从任何道德或是商业立场来看，这听起来简直就是不理智的自我毁灭。但是，这实际上恰恰是管理人员无法区别个人和公司的一个极端的例子。

陋习 3　他们觉得自己无所不知、无所不能

人们很难不对这样的领导者留下深刻印象，他们能够以令人眼花缭乱的速度集中精力来应对重要的事物。他们总是显得熟悉各种相关事物，他们能够很快地从复杂场景中理出头绪。最重要的是，他们有一种决断的天赋。

总而言之，这是数年来我们一直被教导去仰慕的管理能力的典范。电影、电视节目、报纸杂志都为我们提供了这样一位一眼即可识得的精力充沛的管理者素描，他能在片刻间作出决定，发出的号令能够改变许多巨型公司的命

运，在瞬间处理无数危机，短短几秒钟内就能估量出其他任何人要花上几天时间才能理清的复杂情形。在企业的高层里，确实有不少像极了这种典型，或是希望自己能够像这种典型的人。这些领导者的个人作风可能会各有不同，但是，在所有的工作行为下，隐藏的是这样一种完美的管理人员，他心中有着所有的答案，而且能解决下属或是同僚提出的任何难题。

这幅管理能力图景的问题在于：在现实中，这只是一种假象。在瞬息万变的商业世界里，创新似乎是唯一的不变量。没有人能够长久地无所不知、无所不会。行事干脆果敢的领导者要是快速地处理事务，就没有机会估量可能产生的后果。更糟糕的是，因为这些领导者需要让自己觉得自己有着所有的答案，他们也就没有办法去学习新的方法。他们的本能直觉就是，不管何时有什么重要的事务处于危急状态，必须让它快速完结，不允许有片刻的不确定，哪怕这种不确定可能有益无害。

围绕在首席执行官身边的人，有时候也会鼓励此类"决断行为"，因为他们发觉这样的做法会让自己有安全感。他们希望跟随一个无所不会的领导者。发现自己追随的领导者不具备这种能力是一件很可怕的事，尽管理智告诉他们，这才是实情。

接受这种理想化管理能力的领导者会在快速做出决策和发号施令的同时，回味着自己能够给予的表现。乐柏美的沃尔夫冈·施密特就尤其喜欢表现自己这种在片刻间处理复杂事务的能力。一位前员工告诉我们在乐柏美"有这样的笑话流传，'沃尔夫冈是无所不知地无所不知'"。这种无所不知的态度充斥在施密特的整个管理风格中。"我记得在一次讨论中，"这位前员工说，"我们正在讨论在欧洲进行的一项特别复杂的兼并业务，施密特根本就不听别的意见，就开口说'这就是我们要做的。'话说得就好像他自己觉得理所应当的事，对我们其他人来说也必须是理所应当的。"

在选择首席执行官时，好像没有行业能够幸免不选上有这种风格的领导者。通用汽车的罗杰·史密斯就对自己的果敢和决断沾沾自喜，哪怕自己几乎并不知道这样的决策方式会造成怎样的后果。网上快车公司的首席执行官乔治·沙欣在表现自己快速敏锐能力时状态最好。唯一的问题是，他从未停下来想想公司的业务计划是否可行。泰科公司的丹尼斯·科兹洛斯基不仅能在片刻间解决公司遇到的任何问题，还能够明确指出每一条决策所表现的管理原则。在一个接一个的公司里，带领公司走向危机的一个又一个的管理者，就是传媒所宣传教导的那种决断领导者应有状态的活生生的再现。

所有这些模范管理者还有另一个共同特点：他们只接受自己所知事务的直接延续，其他的就一概不理了。沃尔夫冈·施密特就是一个很好的例子。在描述他的时候，约翰·马里奥特（John Mariotto），乐柏美办公用品部门的前负责人这样说："沃尔夫冈的问题就在于他不会听取，也听不到有人对他说一些相左的意见，他周围也没几个敢和他唱反调的人。"斯坦利·高尔特，更早一些的乐柏美前首席执行官，把施密特的问题揭露得更是一针见血："他拒绝接受见解和主张。"

首席执行官偏执于自己意见的正确性的另一严重的副作用，就是使得反对意见只能在暗中存在，这样就有效地打击了异议。此类的情况一旦发生，整个组织就会慢慢地停顿下来，不管这些首席执行官的意见究竟是对是错。

有趣的是，施密特把自己看作是公司里主张变革的代表，对公司那些"一面对你甜言蜜语，一面挖你墙角"的家伙十分失望。他言之凿凿地告诉我们这一点，可是公司其他人却说："我们公司一向都非常成功。为什么我们需要变革？我们可是美国数一数二让人羡慕的企业啊。"等等。施密特和其他乐柏美工作人员在观念上的差距是惊人的，而且也极其典型，这是本章所描绘的许多管理人员易犯的通病。对施密特而言，问题并不是出在方法上。他了解公司需要变化，也知道该如何变化。令人遗憾的是，他是个没有追随者的领导人。

掌控狂。采取理想化管理模式的领导者常常设法对公司做的每一件事都拥有最终决定权。如果像许多极不成功的领导者一样，觉得自己对公司今日之成就功不可没，而且又和公司过分地混为一体的话，就会加剧这种掌控欲望。这些领导者越能控制公司，就越会安心地觉得自己的成功并不是依靠自己控制之外的事物。因而，对这些领导者来说，个人的掌控既是自己管理角色的一种延伸，又可以保护自己免受自身弱点的影响。

很难找出比王安那样更能表现出这种强制性控制任何事物欲望的人。"控制可是件大事。"他公司的一个销售人员这样强调说。员工们都知道王安对公司里发生的任何事都要经他本人批准。如果发生了什么很重要的事的话，王安常常会以一种特别的方式，亲自干涉，而且一定要由自己做决策。"自上而下都是一种独裁式的管理方式。"

单从性格上而言，第一眼看去，莫西摩·贾努利和王安应该是截然不同的两类人，但是，在这种强制性控制所有事物的欲望上，两者可谓旗鼓相当。除了设计和经销产品外，他亲自做每一个重要决策，而不是交给其他经理人。"我并不觉得任何人（像我一样）有能力打理好公司。"他解释道，并承认有人叫他"掌控狂"。

从根本上讲，"无所不会"的管理者不相信任何人。只有他们自己才值得信赖，才有能力在无头绪的时候解决问题。这也就说明了他们要在公司的每一项运作上打上自己的印记。

陋习4　他们毫不留情地铲除非百分之百的支持者

就像不成功人士的其他陋习一样，这个习惯可以看作是领导者工作的基础部分。有设想的首席执行官都相信自己工作的主要方面就是要在公司上下培养出一种信念，让每一个人都为着这一设想而共同努力。比如说，要是有一个经理人并不为这项事业努力，这些首席执行官就会觉得自己的设想被破坏了。在短暂的宽限期后，首席执行官会给这些犹犹豫豫的经理人两种选择，要么"按计划行事"，要么就走人。

这种方针的不当之处，就在于既多余又带点破坏的性质。首席执行官并不需要公司里的每一个人都毫无保留地支持自己的设想，使之可以成功地在公司开展。消灭了所有的不同意见和相反的见解，也就是切断了在问题发生时改正的最好机会。

引来商业大危机的管理者，经常调走或是驱逐那些可能采取批评或者相反立场的人。通用汽车的罗杰·史密斯就成功地除去了任何和他看法不同的高管或是董事会成员：有时候是开除，不过经常是把他们送到影响不到总部的遥远的分部。只要觉得高级助理或副手对自己的行事作风有什么疑惑或保留意见，美泰公司的吉尔·巴拉德就会迅速把他们调走。在富德龙，一位内部人员介绍说："能被比尔·法利解雇的话，就好像得到了一块荣誉徽章。"在乐柏美，沃尔夫冈·施密特营造了这样一种恐怖的气氛，使得解雇这一过程都显得多余了，因为当为了实现变革而新进的高管发现自己根本得不到首席执行官的支持，大部分人都会像来时那样迅速离去。当施温公司的高级管理人员指出在公司中发现的问题时，艾德·施温会马上离开这个房间。回来后，他会这样宣布："伙计们，这不是我想要的方向。这件事我们以后再谈。"一个星期后，最起劲指出施温公司存在问题的那个高管被要求主动辞职。

陋习5　他们是公司的完美代言人，着迷于公司的形象

有这第5种陋习的领导者会成为经常出现在公众眼中，有着高姿态的首席执行官。他们花大量时间发表公开演说，在电视节目中现身，接受记者采访，泰然自信、极具魅力地进行着各种表演。他们十分聪明地在公众、雇员、潜在的应聘者，尤其是投资者身上灌注对他们的信心。

问题是在媒体的这种狂轰滥炸和溢美推崇中，这些领导者冒着的危险是让自己的管理成就变得肤浅而无效。不但没有真正完成什么，他们常常满足于成就某事的样子。他们最主要的精力和注意力都放在塑造公众形象上，而不是放在管理公司上。事实上，在极端的例子中，他们根本就搞不清以上两者的差别。变成一场表演秀的会议好像和真正处理某事的会议没什么差别。

公众用公司现今的股价来衡量其首席执行官成功与否的倾向更加助长了这第5种陋习，因为最快捷、最轻易提高股票价格的办法就是为媒体以及投资人上演一出好戏。

商业媒体和股票市场的这种肮脏结合也促使公司选择"了不起的交际人物"来担当高层领导。例如，富德龙的威廉·法利在整个职业生涯中就以善于迷惑潜在投资者而闻名。正如芝加哥的一位专栏作家所写的那样："在法利身上有一些魅力和让人乐观的感觉使得原本精明的投资者难以抵挡。在这个表演家身上有一些东西能够吸引原本头脑冷静的旁观者。"泰科公司的丹尼斯·科兹洛斯基也有着相似的能力，可以感染投资人和新闻记者。他的日程上满满当当地排着演讲和采访安排，据此他把泰科树立成管理规则的模范。

讽刺的是，他还不时强调职业道德的重要性。

绝大多数的首席执行官修炼到这种程度，凭的并不是两三次的运气，而是一直以来对公共关系的全身心投入。许多首席执行官喜欢在公众前亮相，喜欢被媒体包围，AMD 公司的杰里·桑德斯就是其中之一。莫瑞斯·萨奇和查尔斯·萨奇花了大量的精力来宣传推广和包装盛世长城公司的公众形象，有时候真让人觉得他们公司主要的广告客户就是他们自己这家广告公司。萨姆·瓦克萨尔，对指控内部交易罪名供认不讳的美国英克隆公司的前首席执行官，在吸引媒体关注公司新开发的抗癌新药爱必妥（Erbitus）上就是个中高手。

就算是通用汽车的罗杰·史密斯那样一般不被当作媒体宠儿的首席执行官，也会染上极不成功人士的第 5 种陋习。尽管他有着曾经不愿意为了电影《罗杰和我》（Roger and Me）接受采访的著名经历，史密斯也很为自己能在企业会议上，通过展示令人眼花缭乱有关通用的新技术和创新未来设想来"轰动观众"而引以为荣。遗憾的是，这种设想却和创新的实际应用没多大关系。当史密斯清晰地描述程序化的机器人将如何完美无误地完成复杂的工作时，回头看看通用在密歇根州的哈姆特拉米克喷漆工厂，那里真正的机器人只会给彼此喷漆。

树立新设想。当公司真正在创新时，公司的首席执行官很可能集中几乎所有的精力来贩卖这个凝聚着整个公司努力的新设想。例如，当通用神奇努力开发一种切实可行的产品时，首席执行官马克·波拉特却出现在每一本杂志、每一个新闻节目中。在安然快速发展和创新的时期，杰斐逊·斯基林和肯·莱都显得更乐于在这家能源公司表演他们的贸易创举，而不是真正地去实施这些创举。这些首席执行官竭尽全力完成的公共关系演出，不仅让他们不能专心于手头的工作，而且给公司设立了无法完成的期望目标。不但不承认公司实际上完不成这个目标，从而动摇其在资本市场的地位，陷入这种困境的首席执行官还常常会掉进恶性循环的圈子。他们用下一个不现实的设想来撑起公司正在进行的这一个不现实的设想，如此往复。他们不敢停止一直进行的公共关系，害怕投资人和媒体会用怀疑的目光打量公司。

变成大众偶像。即使当公司正处于危机时，许多此类的首席执行官也能找到时间来表现自己除了是公司的代言人外，还可以是生活方式方面的表率，不断出现在电视广告和名人新闻专栏里。艾德·施温抓住机会在美国运通的广告里露了回脸。威廉·法利在富德龙的内衣广告里举重秀了一回，他还考虑过参加 1988 年的总统竞选。莫西摩·贾努利在珍妮·杰克逊（Janet Jackson）的音乐录影带"你想要这个？"里客串了一个角色。他与电视明星罗莉·洛克林（Lori Loughlin）约会，后来又结了婚。他还常常和他的一些演员朋友如史蒂芬·鲍德温（Steven Baldwin）、约翰·斯塔摩斯（John Stamos）等出行。此类首席执行官真的是可以提升公司形象的媒体偶像吗？如果他们真的是最佳代言人，他们是不是也应该同时把公司管理好呢？

一些首席执行官靠着大量的捐助和挥霍公司资产来维持他们的名人地位。康塞科公司的史蒂夫·希尔伯特以热心慈善事业和各种五花八门的社会新闻而扬名。印第安纳波里斯交响乐团的希尔伯特圆形大剧院现今就以他的名字命名，而当地的 NBA 球队就在康塞科球场打比赛。在希尔伯特举行的豪华聚会中，有一次他租了一架大型喷气式客机把宾客送往圣马丁为他第 6 任妻子庆祝生日。萨奇兄弟把自己打造成公众人物，不单是在商业世界里，还在艺术界和政界大放光彩。他们为个人收藏建造了一个显要的现代艺术博物馆。莫瑞斯被女王封为爵士。如果这种程度的慈善行为还不能引起怀疑的话，那么夸耀式的捐款以及与此相连的个人奢华应该可以引起怀疑了吧。

别拿细节烦我。在大量公共关系活动中，这些首席执行官常常把琐碎的商业事务的细枝末节留给其他人来做。泰科首席执行官丹尼斯·科兹洛斯基有时候会干涉一些极不重要的小事，而对绝大多数有关公司每日运作的事务却置之不理。"因为我们的管理作风，这个公司能发展得多大根本就不存在任何限制。"他的一位副手说，"这是一个分散经营的公司，丹尼斯会告诉你他最难的工作就是从世界各地网罗最好的经理人来管理它们。"作为通用汽车的首席执行官，罗杰·史密斯对自己的决策会给下属工厂以及员工的生命造成何种影响置若罔闻。着迷于形象的首席执行官，哪有时间来注意运作上的细节呢？

财务决算当成公共关系的手段。当首席执行官把公司形象看作重中之重时，他们会鼓励那些有益公司形象的财务报告方式。换言之，他们没有把财务账目当作调节管理的方法，而是当作推进公共关系的手段。这样做，当然会把这些管理者放到另一个有危险的斜坡上。引发而出的账目上的自由创造的例子可谓是五花八门。康塞科的史蒂夫·希尔伯特授权公司财务为着公司的利益，在资产负债表上把买进一项移进移出。肯·莱坐镇安然的时候，更是发明了一种极其敢作敢为的财务系统，把许多不赚钱的交易算到"合作公司"头上，所以，这些交易也不会出现在安然的资产负债表上。泰科的丹尼斯·科兹洛斯基让自己的财务人员把价值约350亿美元的无形资产归到公司的账簿上，当作是公司取得的"善意声誉"项。他把这笔数目添加到公司的资产负债表上，看上去就好像泰科公司正在以不寻常的速度累积资本。而事实上，公司此时累积的只有大约270亿美元的负债。类似这样的歪曲财务状况的公司并不是想要欺瞒大众。这种行为是一种普遍思维模式的结果，由首席执行官亲自操刀，公司所做的一切都是为了推进公共关系。

陋习6 他们对主要的困难障碍估计不足

犯这种毛病的首席执行官常常会将困难障碍看成是微不足道的小麻烦而置之不理，而其实许多困难障碍却是大拦路虎。他们是如此沉迷于想要完成的远景设想，以致忽视了完成这些设想存在的实际困难。他们以为所有的问题都能解决，而事实上，许多问题不是无法解决，就是解决起来所要耗费的代价惊人。

比如，罗杰·史密斯就把阻碍无人工厂目标的困难当成是通用汽车抬脚一跨就能迈过的小麻烦。在他的这个典型的错误中，他想当然地以为管理一个机器人工厂所需的计算机系统不过是购买一个第一流的软件库，而在实际中，电子数据系统公司拥有的全部资源都不足以为通用提供所需。经常的情况是，首席执行官越能完美地设想公司未来的发展前途，就越认识不到沿途的困难。

尝过一连串成功的管理者尤其会低估困难障碍。斯蒂芬·威金斯就是这样的例子，他陷入麻烦有时候是因为过往的成功来得太容易了。在短短六年里，他把牛津健康计划公司从一个从客房起步的新兴公司发展成为纽约赢利排名第二的健康维护组织（HMO）。在这个过程中的每一步，他使用的都是创新型的、技术上过硬的操作程序。计算机程序是他个人十分熟悉的东西。所以，当他听说公司的问题出在他想要的软件上时，他一再地把这些问题当作是任何有能力的程序员都能应对的小难关。他并不否认碰到糟糕的软件会是件很危险的事，但是他把这些看作轻而易举就能解决的问题。发展是关键，没有什么能减慢公司的发展步骤。毕竟，要在重做公司的计算机系统的同时保证运作的顺利进行又有什么难的呢？

习惯于解决技术问题的管理者尤其容易低估那些技术上不急迫的问题。在王安的例子里，被这位领导者低估的从来都不是技术上的难关，而是生意上的问题。一旦攻克了技术难关，他便会错误地觉得与此相比，商业上的问题不过是小事。

在某些案例里，这种把所有难题都看作是小事的习惯，也是领导者个人风格的重要部分。有这种处事风格的管理者能够通过魅力和冲劲的组合来逾越许多难关。他们吸引别人到他们的项目中来，培养他们的自信心去做那些必须做的事，让他们团结在一起来保持公司的顺利运作。他们拒绝为潜在的挫折不安伤神，同时也不让别人这么做。莫西摩·贾努利就是这样的领导者，这也就解释了为什么他会把添加女士西服和在全国遍开百货公司这样重要的业务问题当作是个人创意的附加部分。丹尼斯·科兹洛斯基是另一个这样的领导者，这同样说明了为什么当公司部分遭受利润下降时，他会对此置之不理，尽管他知道泰科公司的基本运作就是从单个的商业运作中赚取更多的利润。后来，他把公司的钱挪作私用的问题暴露后，他的个人作风也说明了他置这些问题于不顾的原因。他涉及的款项高达数千万美元。

全速前进直至掉入深渊。当首席执行官发现自己原先不管的障碍比自己预想的要麻烦得多时，他们所采取的方法就是加大投入。当越来越多的迹象表明罗杰·史密斯花在机器人以及其他技术上的投资无法提高生产效率时，这位通用的首脑进一步加大投资，最后在这项目上面浪费了大约有 450 亿美元。当网上快车现有的运作都严重亏损时，乔治·沙欣却忙着以可怕的速度扩大这些运作。而对于泰科的许多分公司艰难地努力维持赢利的情况，丹尼斯·科兹洛斯基对于每个困难的回应是加快收购的速度，给自己挣了个"丹尼斯每月一桩"的绰号。

为什么这些首席执行官会有这样的回应方式？为什么不停一下看清楚这样的业务活动是否会产生足够的资本回报率？对于这些问题再一次地需要从心理上找答案。有一些首席执行官极其需要对自己所做的每一项重要决策都感觉正确无误，部分原因也是因为他们觉得自己必须对公司的成功负责。如果承认了失败，他们作为首席执行官的地位就岌岌可危了。同时，他们的员工、商业记者，以及投资界也都希望公司能由那种有神奇力量、可以做好每一件事的人来管理。一旦首席执行官承认自己在某项重要事务上做出了错误的决策，就会有人站出来说他们不称职了。

这些不切实际的期望的影响就是，一旦首席执行官选择了一条特定道路后，他或她就很难回头了。而且，如果你唯一的选择就是朝着一个方向前进，那么遇到障碍后的反应就只能是更加一往无前。这就是为什么摩托罗拉和铱星的领导者在明知道发展以地面为基础的手机会是个更好的选择后，仍继续投资数十亿美元来发射卫星。"人们不愿意承认过去的决策是错误的。"详细研究过这一问题的管理专家说："还有什么能比加大投入更好的办法来证明过去决定的正确性呢？"沿着同样的路线前进，不过用的是新资源，暂时也就没有了承认这项行动错误的需要。新的投资好像是加入了一种新元素，所以，就更容易让人相信新的努力会带来成功。如果还有人有疑惑，极不成功人士的其他习惯就会发挥出来，不是消灭这些异议就是让其显得无关紧要。

在经过一个又一个的回合后，就更难回头或是改变方向。这种心理上较劲所犯的错误，倘使首席执行官确实承认了这一点的话，会越变越大。如果这个项目后来的确失败了的话，经济上的损失也会越来越大。同时，因为项目的规模越来越大，要使它成功的花费也节节攀升。所有这些引发问题的压力让首席执行官不但依然存在，而且也越来越重要。

加大投入。在无法逾越的障碍面前，加大投入的一个典型例子就是雷诺兹的 Spa 项目。这个项目耗费巨大，为的就是开发一种名为"总理"牌的第一种无烟型香烟。这主意听起来不错。人们喜欢抽烟，但又讨厌由烟草燃烧后的烟雾所引发的健康问题。所以，雷诺兹的点子就是生产这样一种产品，既能够提供人们所要的香烟的那种特殊香味，又不带有任何烟雾。为了能更具风味，这种香烟还内装一个铝制的小囊，点燃后会慢慢释放出有益的化学物质。

成百上千万美元投资了进去。然而，当第一批样品在顾客身上做测试时，反馈却是这种香烟闻起来让人难受，口味更差。在日本，研究人员将顾客的反馈由日语翻译过来，就是这么一句话："抽这种烟就好像是吃屎。"但是，就是因为花了这么多的时间和金钱，产品开发小组——他们自己就一直吸这种烟，而且自欺欺人地说这种产品相当不错——修改了市场回馈，描绘出了一幅比较吸引人的远景。于是，首席执行官罗斯·约翰逊批准认可了该项目。1988年10月，总理牌香烟进入市场。

由总理牌香烟的入市所引发的争论可谓振聋发聩。联邦政府安全管理机构，包括美国卫生部部长和美国食品药品管理局（FDA），都认为该产品"释放尼古丁"，并且建议禁止它。雷诺兹被指控有不良企图，还有人上诉州立法院要求取缔这种产品。12月份，所有的零售渠道都把该产品退还给批发商，并且停止了店内促销。至此，公司再也不能否认该产品的确是个大败笔了，在耗费了10亿美元之后，雷诺兹销毁了这个产品。

让负责人认识到何时追加的投入已经脱离掌控几乎是不可能的。因为他们的固执行为往往会被误解为有决断或是能坚持。比如说，桂格燕麦公司的首席执行官威廉·史密斯伯格，就公开宣布不会放弃适乐宝，因为，正如他自己所言："面对挑战，我从不会逃跑，这次也不例外。"我们一直受的教育让我们钦佩那些在逆境中展现出来的勇气。在适乐宝的案例中，事实其实很简单，就是不合适的政策实施运行了太久，因而对这个项目本身及母公司都造成了一定程度的损害。

牛津健康计划公司的斯蒂芬·威金斯也曾陷入了这样的困境。他授权开发的软件迟迟没有完工。在每一关口，好像再多花一点时间和钱就能解决这一问题。在进行该项目的五年里，牛津公司向外聘请了100多个处理系统的承包商，花的钱超过1亿美元，却仍然没有开发出能够合格完成工作的软件系统。威金斯应该在何时叫停？很明显，在项目开始后的每时每刻。但是，对于这些面对困境下意识的反应就是追加投资、继续投入的人来说，很难看到这一点。

陋习7　他们固守过去的成功经验

在通往惨败的道路上，许多首席执行官一味依赖那些他们觉得已被证实过的经验，从而加速了公司的灭亡。在一个无法预测的世界里寻求稳定，他们坚持采用错误的记分牌。在一个日新月异的时代中企盼稳固，他们依靠着昨天的答案。为了让自己的看家本领物尽其用，他们依附着静止不动的商业模式。就像是自行车公司的老板艾德·施温，他坚持为一个已经不复存在的市场提供产品。就像是富德龙的威廉·法利，他无法在类似原料的领域里创新，因为该领域并非其所长。此类的首席执行官最终都做出了错误的选择，因为他们总是习惯性地走进了死胡同，总是下意识地从过去寻找"默认"的答案。

在众多的选择面前，有着这种陋习的首席执行官参照自身及过往的成功经验来选择行动路线。比如，吉尔·巴拉德一直用的就是自己在推销芭比娃娃时大获成功的销售技巧。她想用它来推销教育软件，一种在销售和消费方面跟玩具和玩具娃娃迥然不同的产品。更糟糕的是，她还用这一套来对付华尔街的客户，这帮人可不像7岁的小女孩那样好哄。"吉尔一直是个聪明的人，很厉害的销售人。"她的对手孩之宝（Hasbro）公司的人评价说，但是，他又加了一句："我不认为吉尔掌握了成为首席执行官的技能，它并不等同于尽心于产品，或是和华尔街谈判，还有很多别的东西值得注意。"

紧要关头。管理人员常常会因为过去职业生涯中的"紧要关头"而选择了错误的或者是不合适的策略，因为过去他们就是采用了这项特殊政策而获得巨大成功的。这也就成了他们的"紧要关头"。这是他们声名远扬的事迹，是他们得到以后工作机会的原因，也是此事让他们异于常人、出类拔萃。问题是一旦经历过这种"紧要关头"，他们就会在此后的职场生涯里不断使用。而且如果他们成为大公司的首席执行官，在某种程度上，他们还会用这种"紧要关头"来决定公司的命运。

在以后面对危机时，这些管理人员常常会全盘照搬过去"紧要关头"的做法。桂格燕麦公司的威廉·史密斯伯格的"紧要关头"就是成功地推出了佳得乐。可问题是，在处理适乐宝项目时，他试图重复过去的做法。王安，他的"紧要关头"可能就是成功地开发了一套全专利文字处理机系统。不幸的是，他想把这套做法照搬到个人电脑开发上。

"紧要关头"的特殊危害就在于他们能引发错误的策略，这种策略不仅不合适而且有高风险性。萨奇兄弟就是很好的例子。他们是那种从过去的紧要关头学习冒险型管理方式的领导者。他们争取到第一个大客户，靠的就是违背英国广告协会的规范性运作程序。他们对其他广告公司名册上的客户和雇员狂轰滥炸，这种方法让他们大获全胜。此后，他们就想当然地以为在别的地方，也可以不遵循规范的运作方式。

下述的其他一些高管发展了自己的高风险的管理政策，也是基于早期的成功和那一个个过去的"紧要关头"。例如，美国信孚银行的首席执行官查尔斯·桑福德，在处理每一项银行的业务时，用的就是自己过去做债券交易时用的那一套快速、以交易为主的成功方式。牛津健康计划公司的斯蒂芬·威金斯相信自己应该对健康护理事业的每一个方面进行重新审度和调整，包括运作所必需的软件系统，因为过去就是这套做法给他带来了成功。这些以及其他许多好高骛远的首席执行官的失败，并不是因为他们不善于学习，而是因为他们太善于学习一种经验了。

针对首席执行官的心理疗法

我们应如何应对这7种极不成功人士的陋习？我们可以写整整一本书来论述人们如何克服这些陋习。但是，哪怕只是让首席执行官、经理人、记者和投资人了解这7种陋习，也会让他们受益匪浅。首席执行官要是察觉到自己有了某些类似症状，就可以停下脚步、质疑一下自己的行为了。如果能让领导者的下属认识到不该欣赏或是接受这些其实不正常的做法，也会大有裨益。无论何时，一旦首席执行官很明显地染上了这些陋习，迎接他们的不应该是恭维，而应该是质疑和适时的警告。最后，要是这些陋习极大地影响了首席执行官的行为和公司的发展方向，公司的董事会就应该站出来干涉。对这7种极不成功人士的陋习置之不理、任其发展，就会产生很大的危害。尤其是投资人，更应该时刻警惕这些陋习所显露的迹象，这一点我们会在下一章继续讨论。

极不成功人士的七大陋习

1. 他们把自己和公司看成整个行业的支配者，绝不会对行业的变化作出反应。

2. 他们将自己和公司混为一体，使得个人利益和公司利益之间界限模糊。

3. 他们觉得自己无所不知、无所不能，常常以令人眼花缭乱的速度和决断处理重大问题。

4. 他们确保所有人百分之百支持他们，毫不留情地铲除任何可能有损他们行为的人。

5. 他们是公司的完美代言人，常常把大部分精力用于左右和发展公司形象。

6. 他们把令人恐怖的拦路虎看成是微不足道的小麻烦。

7. 他们毫不犹豫地重复过去使他们和公司取得成功的战略和战术。

第三部分

汲取教训

第三部分是我们的分析中最具前瞻性的部分。在第一部分我们指出为什么高管们在四个挑战重重的过渡时期显得软弱无力。在第二部分，我们解释了这一失败的深层原因。在最后的这两章中，我们将详尽阐释基于这一背景的两个基本想法。第一，能否把我们的研究成果作为早期警报系统？可否用研究成果预测问题到来的时间？第二，成功的企业高管如何从灾难中学习，甚至是避免灾难？我们能从他们身上学到什么？

　　正如我们在第一章所说的，此书是关于人的。正是人愿意并能够直面现实，结束错误的、保护缺陷思维的态度；正是人处理那些对组织不利的信息崩溃，有目的地摆脱不成功的领导习惯；也正是人提供强有力的保护措施，防止重大企业错误把企业搞垮。

第十章　预测未来

——早期警报信号

失败的故事及其发生的深层原因包含着不明确但很重要的教训。如何知道危机的到来？什么能提醒我们迫近的危机？如何用通用神奇、乐柏美、桂格、王安电脑、美泰、施温、富德龙及其他公司的教训来避免同样的错误？

当然，没有什么预防失败的疫苗，也没有烟火警报，能及时启动挽救公司于危难。但有很多线索可以作为早期预报信号，其中有些我们在前几章已经有所涉及，我们将更仔细地研究那些未涉及的线索。无论是公司经理、董事会成员、前途无量的员工，还是潜在并购者或投资者都应该注意这些线索。总而言之，识别那些预示失败的关键信号是极为重要的。

开头有两点需要牢记。第一，尽可能早地识别对局外人来说可能是显而易见的警报信号。不会有信号不停地闪烁着"危险——勿入！"的字样，但当我们保持警惕知道应该寻找什么时，就会形成深刻的感悟。第二，警报信号只是警报信号。可以参考政府和军方是如何评估威胁。随着威胁严重性的上升（假设这是由于警报信号的频繁出现），警惕级别也随之上升。所以，当我们看到预示公司失败的警报信号时，我们应该更加注意。如有必要，还要做好准备采取行动保护投资或项目。

下面的方框总结了我们的研究所发现的主要警报信号，提供了一种评估潜在问题的好方法。每个问题都把人的注意力引向事情的不同方面，我们将用这些问题涉及的事项来构成整个章节。我们并不总是掌握准确判断警报信号的全部数据。毫无疑问，不同的人看待事情也不同。下面的所有问题组合起来就提供了一张路线图，帮助我们找到漏洞。

寻找早期警报信号时需要回答的问题

不必要的繁复

1. 公司的组织结构是否迂回复杂?

2. 解决简单问题的策略是否超过了合理的复杂程度?

3. 会计体系是否过于复杂、不透明或不合标准?

4. 是否使用复杂而不标准的术语?

快速恶化，失去控制

5. 管理团队有足够的应对增长速度的经验吗?

6. 有没有管理层没有注意到的意义重大的细节或问题?

7. 现在被管理层忽视的东西将来可能引起问题吗?

8. 公司已经很成功，极具影响力而不再需要为保持顶级地位而努力了吗?

9. 高管的突然离职是否意味着深层的问题?

心有旁骛的首席执政官

10. 首席执政官的背景和才能是否值得质疑?

11. 首席执政官是否花太多钱用于实现个人目的却不能使公司受益?

12. 公司领导者是否沉迷金钱与贪欲，从而采取了一些可疑或不当的举动?

大肆炒作

13. 因为炒作人们才关注公司新产品吗?

14. 因为炒作人们才关注公司的并购计划吗?

15. 公司的前景预测只是不能实现的噱头吗?

16. 某设计的标志性部分丢失，是否暗含着深层问题?

性格问题

17. 首席执行官和其他高级主管是否到了进取过度或过于自信的程度，以致我并不真的信任他们?

不必要的繁复

有些事情在本质上极其复杂（比如相对论和衍生对冲策略），而有些事情是人为复杂化了，包括公司结构、策略、会计操作，甚至是谈生意的术语。不论其形式，不必要的繁复都是一个警报信号，因为可能引起更大的问题。

为什么要先把事情弄复杂呢？有时，高管们依靠复杂化来彰显其行为有多么合情合理。换言之，就是用繁复做幌子。例如，摩托罗拉用复杂的预测模型来评估数字手机的潜力（而不是依赖既直接又众多的用户反馈），这很有可能是因为公司本身不想数字化。

然而，更多的时候不必要的繁复被人们察觉时为时已晚。在某些情况下，不必要的繁复已悄然进入某一程序或组织结构里，因为每一个错误的决定都是根据上一个决定做出的。所以，当最了解情况的人都看不出不必要的繁复时，怎样才能加以识别呢？首先要明白从哪里找，以及找些什么。

复杂的结构和程序

所有的组织系统都经不起分解。例如，1994 年在伊拉克禁飞区美国喷气式战斗机意外击落两架美国黑鹰直升机。原因之一，就是空军警报控制系统雷达飞机的工作人员认为反正还有其他人负责监控飞行区。为什么他们会有这种想法呢？因为有这样一条原则，叫做"责任分散"，意思是在敌对区一定要有一个人以上负责同样的协调工作。按正常推理，当有两个人同时履行注意义务时，被忽略的可能性应该越小。不幸的是，正是因为两名工作人员都知道有另外一个人承担着同样的工作责任，他们工作就懈怠了。这一现象同样可以解释 1964 年发生在纽约昆斯区（Queens）的基蒂·珍诺维思（Kitty Genovese）事件。一个炎热的夏夜里，基蒂在众目睽睽之下受到了攻击，围观者中却无一个人报案。因为他们都认为，现场有这么多目击者，应该早就有人报案了吧。

分析不必要繁复可以首先从并购过程开始。例如，1995 年 Pharmacia 与普强公司合并时，有人担心总部建在哪一国（美国或瑞士），哪一方就会相应地在合并后的公司中取得领导地位。这一担心促使合并后的公司总部设在了英国伦敦。不幸的是，由于两公司均未关闭各自国家内的办公室，这一做法只是创建了一个重复现有结构的新的管理层。这一错误行动的最后结果就是：某些高管（包括新的首席执行官）和研发部人员离职，并购重整费用激增至8亿美元，比原先预计高出1/3。直到1998年，公司才最终择址将美国新泽西州作为唯一总部。

最好（或者说最差）的说明并购过程不必要繁复的经典案例是"联合首席执行官"。这怎么能是个好主意呢？两个人都雄心勃勃，都经过兢兢业业的努力，做出无数牺牲才坐到最高领导的位置，让他们两个人分享权利会有好结果吗？真有人这样认为吗？克莱斯勒的鲍勃·伊顿与戴姆勒的约尔根·施伦普共事了多久？花旗的约翰·瑞德（John Reed）和旅行家的桑迪·韦尔（Sandy Weill）联合担任花旗总裁一职直到瑞德取而代之。对于联合首席执行官的出现应该正确看待：这不过是让两个重800磅的大猩猩说同意的、挽回面子的临时方法。

简单问题，复杂解决办法

假如1990年你在东南亚地区旅行，你想打个电话却苦于当地没有手机服务。你想到的第一个解决办法很可能是安置近地轨道环绕卫星，你也可能想到多建几个手机信号塔并扩展服务区。尽管后者更简单，却不像安置卫星那么刺激有趣。

现在是1996年，你回到美国的家中。你没有时间开车到百货商店，但你需要储存一些日常生活物资。你想到了一个完美的解决办法：建立26个高科技分销中心，每个耗资5000万美元，这样可以通过互联网提供免费的上门送货服务。当然，你也可以用每小时6.5美元的价钱雇用年轻、廉价的派送人员。但这个方法太简单了，最好花10亿美元独辟蹊径。

当用复杂方法解决复杂问题时，复杂方法既恰当又有力度。例如，英特尔的微芯片制造工厂复杂得令人咋舌，但他们使得英特尔不仅在技术规格上且在价格方面具有竞争力。在此行业，这两方面的结合十分重要。如果想成为生命力持久的业内企业，这是少数几个选择之一。只有当公司用复杂方法解决简单问题时，麻烦才会出现。

过于复杂的策略或解决办法是我们应该注意的警报信号，因为这往往隐藏着缺陷或预示着存在更简单的别的途径。管理人员或投资者可能被计划的规模、执行细节及技术的新奇点所吸引，可忘记了首先该问一问这是不是个好主意。例如，通用神奇的前首席执行官马克·波拉特告诉我们，通用神奇曾一度同时上马了许多相关的新政策，但无一成功。他说："我们试图创造一个新的操作系统、新的掌上仪器、新的通信网络软件，试图借此开辟两个市场。"抵御这种充满诱惑的政策的最佳防御就是保持开明的思想，反省一下："这是最佳的方法吗，还有更简单更有效的方案吗？"

复杂的会计操作

会计规则并非人为设计得如此复杂，尽管可能有人不这么想。会计记账的目的是使组织的财务状况清晰明了，而不是使其混乱或掩盖错误。如果账簿混乱、不正常或前后矛盾，就该仔细审查了。不要被所谓的"创新"愚弄：安然的"资产负债表以外的合伙关系"可以说是很具创造性了。毕竟，我们应该牢记这样一条规则：不标准、不正常的记账会使企业看起来比实际状况要好，却不会真得把企业变好。不标准的记账往往还是一个警报信号，意味着公司没有账面上那么充裕的资金。

美国历史上最大的三起破产案，安然、世通、康塞科，都遵循一种扩张、创新的会计方法。从安然的"资产负债表以外的合伙关系"的暗箱操作，到世通的开销系统资本化，再到康塞科把并购记账与收入报表相互转嫁的操纵。网络公司以违规会计操作而著称，一种常见做法就是与其他网络商买卖广告空间，把易货交易也算作收入。有时，网络公司还以服务换股票，并把该非现金收入也记入账目，作为实际收入。大部分网络商以收入多少而非现金流量为股价计算基础，更不是以赢利为基础，这种做法就会使公司的股价飞涨。

不规范的会计做法有时不容易被发现，然而，只要你清楚公司可能从什么方面受益，你就有可能识别出来。对于网络公司而言，与利润相比，要更多地注意收入，这样对实际收入的识别就成了关键。要特别注意行业内的显著因素，因为如果存在不标准的会计行为，那么问题肯定出在那里。

复杂的术语

网络企业家和经理人创造了一整套行业词汇，新兴网络公司用"商业模式"代替"策略"。当他们想表达"顾客""重复购买"的重要性时，他们会说"到达"与"黏着力"。他们不是在"市场"里竞争，而是在"空间"中。有时这种说法尚可接受，但在下面这种情况你会怎样对股东讲呢？你告诉他们公司的"燃烧率"是每月 50 万美元，还是明年公司将亏损 600 万美元？

20 世纪 90 年代，为了与新的网络行业术语相匹配，许多网络公司要求华尔街及其投资者使用新的会计制度对网络公司估价。他们大谈"新经济"如何需要新的规则来安顿已改变的世界。要是没有"E"（电子）字样，旧的会计备用规则如企业计划系统（EPS）和价格赢利（P/E）比就不再那么有效了。当然，最后证明标准的会计原则还是很有效的，因为它们准确捕捉了网络公司不能为股东创造价值的事实。

甚至有些大的技术公司也试图玩术语游戏。例如，北电网络（Nortel Net-works）要求投资者关注所谓的"营业净利润"，这一值不包括商誉分摊（am-ortization of goodwill）、开发成本、赢利和杂费。2000 年，北电网络上报"营业净利润"23.1 亿美元，相当于每股 71 美分，而按照通常的财会原则，公司实际亏损 34.7 亿美元，即每股 1.17 美元。

快速恶化，失去控制

当你阅读关于某失利公司的报道时，有多少次业内人士回顾时用到"快速恶化失去控制"或"我们摆脱不了自己的原有方式"或"情况一团糟"之类的话？现在想一想有多少高管用这样的词形容当前的形势？并不多，不是吗？那么为什么直到太迟了才有人注意到公司失去控制了呢？

由于高管们分不清状况而束手无策，快速恶化失去控制的公司犯下了代价昂贵的错误。这种情况常常发生在快速增长的企业，但也可能发生在那些不适应技术变化或处理不好管理层人员变动或有其他剧烈变化的公司。

还不会走，就想跑步

想象有这样一家公司：增长速度快得吓人，管理团队毫无经验，有很多资金，但基本上没有监督。其中任何一个因素都能使公司归于失败，但当四个因素同时存在（这正是网络黄金时代时很多新兴网络公司的情况），就要小心了。

1994 年，戴尔·松德比（Dale Sundby）创建 PowerAgent 公司。这家新兴网络公司准备通过一对一的营销方式把企业与客户联系起来，借此掀起一场广告革命。松德比曾经是一家律师事务所的首席执行官，还担任过 IBM 的高管，但从未涉足广告界。他在 1996 年之前成功筹措资金 1600 万美元。为了寻求先发优势（尽管先发优势通常都很让人难以捉摸），PowerAgent 仓促聘请了许多软件开发人员，彼此之间工作重复，他们勉强开发出一个用户界面；在新产品开发出来之前就聘请了很多经验丰富的销售管理人员。尽管早期投入达到每月 200 万美元（制作产品推广光盘耗资 50 万美元，举办铺张的聚会，装修位于不同城市的办公室），产品却没有研制成功。正如一个应邀诊断症结的业内行家指出的："我到了公司，看了下产品就说：'你们在开玩笑吧。我们不能推出这样的产品，这太可怕了，太可怕了。'"公司的董事会呢？董事会大都是从不参与公司管理的投资商，他们希望搭上互联网的快车能不劳而获发笔横财。没过几个月，公司就倒闭了。

尽管某些警报信号比较隐蔽，外部投资者仍可以在公司首次公开上市之前读到证券交易委员会（SEC）要求公布的 S-1 报表和此前已经公布的 10-K 报表。这两个报表都包含了关于公司管理经验、通融资、董事会以及发展管理计划的信息。商业报刊的报道有时也会公布部分事实，尽管报刊可能因为有太多主观评价而有失准确。如果有人对其中任何一种信息来源加以关注，就一定可以发现网上快车筹集上亿美元、揠苗助长的公司发展策略十分危险。莫西摩公司的创始人莫西摩·贾努利担任首席执行官后，莫西摩股票迅速升值的情况一直广受媒体关注。

最坏的情况是，一群花钱大手大脚的人来经营新兴网络公司，这样的公司管理松散，开销高得令人瞠目结舌。例如，欧洲新兴网络公司 Boo.com 注册资本为 1.35 亿美元。公司频繁出现在各种媒体，并夸耀说公司在不同的城市建有 6 个豪华办公室，管理人员出差（备一名随从）时一定要住在最豪华的酒店。一个想买该公司股票的投资者如此评价公司建立网站的精心努力："他们似乎想手工制造出一辆梅赛德斯—奔驰。"最终 Boo. com 宣布破产，并以 37.5 万美元的价格卖了终端传输技术。

破碎的窗户：小错误也许预示着大问题

当然，不必把工厂上上下下全都检查一遍，看看有没有破碎的窗户。同寻找警报信号一样，只需知道你要找什么。对于生产型企业，你要注意细小问题，小问题会引发更大的问题。对于服务型企业，警报信号可能是失去了一个小客户，因为失去小客户可能预示着失去更大的客户。执行方面的错误不一定是失败的根本原因，却是更严重问题的外在症状。你可能不知道世通公司有系统地、隐蔽地向顾客多收费，你可能也不知道他们拒绝改正账单错误（美国几个州的大法官联合对这一做法提出控诉并审理该案，判决世通赔偿上亿美元），但你可以关注如下事项：

（1）在向（美国）通信委员会（FCC）提出的长途电话投诉中，世通排名第一；

（2）在《行星反馈报》（PlanetFeedBack）关于顾客服务与账单错误十大最差公司排名中，世通也榜上有名。

关注现金。不要依赖公司的净收入作为衡量财务状况的唯一尺度，这样会让你上当受骗。一定要关注公司的偿债能力，就像银行在进行家庭抵押贷款时要对个人收入和开支作出评估。企业订立契约来保证公司有足够资产偿债，如果企业违反了借贷契约，贷方为削减损失而停止贷款，那么借方就会破产。

最好不要忘记关注一个更为简单的尺度——公司在银行的现金，这是关于公司健康状况的重要指标，特别是技术型企业和生物技术类企业。

被忽略的警报信号

上述的警报信号并不局限于快速发展的小型企业，像我们前面描述的因为增长过速失去控制而倒闭的新兴网络公司，有时候，由经验丰富的管理团队管理的大公司走向毁灭的速度更加迅速。在强生公司，管理层没有及时发现危险之火。虽然人人都看到了烟雾，那就是公司失去了欧洲市场份额，也缺少必要的持久创新能力。作为经理，这些就是警报信号。对于投资者或董事会成员，真正的警报信号则是这些状况业已存在而没有人采取对策。一家保险公司的总裁约翰·基奥（John Keogh）在描述董事长以及高级主管的作用（D&O 保险）时这样告诉我们："形象地说，我的经验就是哪里有烟，哪里就有火灾。所以如果你发现公司某一处存在问题，这问题背后可能有着更深刻的问题。当管理层发现大问题时，很显然，越早解决越好。正是那些觉悟晚的人毁了公司。"

我们已经目睹了许许多多基奥所说的例子：雷诺兹的 Spa 项目曾深受烟民喜爱，但当顾客明确向研发小组表示不喜欢新口味时，公司不该对这一诉求置之不理，一意孤行。同样，当摩托罗拉逆数字化潮流而动时，当乐柏美让零售商承担更高成本时，顾客都发出了明确的警告。当然，警告不一定都来自顾客，公司内部人员也可以鼓起勇气指出问题，问题是顶层主管们不一定愿意听从这些意见，正如安然一案。

在并购过程中，经常有警报信号被忽视了。公司太注重最终结果或下一个交易，而对现有潜在问题敷衍了事。不幸的是，并购之前没有处理的事最终还要以某种方式处理，这是并购的必然法则。这样的警报信号可能是流失了关键的市场需求（美泰在兼并学习公司时没有注意到），也可能是失去客户的潜在会计问题（盛世长城公司没有注意到失去高露洁这一客户），这些事常常有损公司颜面。虽然公司不会因为忽视了这些警报信号而垮台，但的确有这样的趋势。

在雪印牛奶公司一案中，当人们注意到牛奶业中曾经被忽视的警报信号时，已经不能挽救雪印的命运了，但注意到这一警报信号并开始思索其对业内其他企业的影响还为时未晚。在董事担任管理工作的保险业中，承保人看待以诉讼手段得到偿付的案件的角度与投资者不同。投资者认为这样的案件意味着保险公司有意识地掩盖这样的问题，而承保人则认为这是一个警报信号，预示着保险公司采取违规操作并将遭遇更多诉讼。

成功，更成功

有件事可能让你吃惊。想知道你可以寻找的一类警报信号吗？那就是成功。怎么样，有太多这样的例子了吧！我们研究过的许多公司都曾经十分成功，如乐柏美、摩托罗拉、王安电脑、索尼、康塞科、强生、雪印牛奶、LTCM、巴尼斯等。我们先把这些公司的失利放在一边，除此之外，我们需要保持警惕还出于很多其他原因。第一，第七章提及的公司都无一例外曾经辉煌过，但成功却导致了错误政策，滋长了错误态度。第二，企业在市场领域的成功像是宣传广告，邀请其他企业加入同一竞技场。第三，成功滋生傲慢，甚至是微软也不能对成功的危险免疫。公司只能向自己解释说实在太幸运了，反托拉斯法尚处在起步阶段。第四，当被利润冲昏头脑时，我们就很容易卸下防卫。很自然，"人性中有一个共通的弱点，那就是从来不在风平浪静的时候预报暴风雨"。第五，成功产生了发展驱动力，很快失去控制。世通转而进行欺骗性会计，原因之一就是这是保持员工工作热情的唯一途径，正常的经营已经无法产生这样的效果了。

基本上没有公司分析商业成功的原因，人们通常把商业成功归功于"首席执行官是个天才"。但是，要是不真正了解成功的原因就很难分析不成功的原因。你必须能够识别出什么时候事情需要调整，否则也许某天早晨一觉醒来，发现所有事情在一夜之间都变了。而实际上变化的过程十分缓慢，只要加以注意就一定能发现问题。例如，当零售商盖普开始衰落时，人们感到迷惑而不是思索问题症结所在。首席执行官米奇·德雷克斯勒曾做过正确的决策，人们希望这次他也能领导公司扭转局势。不幸的是，使局势好转所需要的动因，即重要的不同意见、标杆企业的势力以及开明的思想都不复存在了。德雷克斯勒的个人作风和他的成功纪录，使得其他管理人员很难挑战他的权威。后来，公司"制订方法却不实施"的观念关闭了争论的大门。

成功公司失去表面的限制和责任甚至是经营惯例的极端例子非爱迪菲尔传播公司（Adelphia）莫属。提到爱迪菲尔，我们会联想到梅尔·布鲁克斯（Mel Brooks）的经典电影《闪亮的鞍》（Blazing Saddles）。影片中有这样一个场景：人们都聚集到一个小镇，镇上所有的沙龙、商店、银行，甚至是市长都是用同一个名字——约翰逊，这个小镇完全由这个人及其家族控制。电影中梅尔·布鲁克斯饰演约翰逊，在商界这个名字换成了里加斯。约翰·里加斯及其家族是宾夕法尼亚州库德斯波特镇的国王，镇上大部分人为爱迪菲尔传播公司工作。爱迪菲尔传播公司以及里加斯家族拥有镇上大部分资产：房地产、餐馆、电影院、高尔夫球场。公司和家族的固定原则就是：照顾好你的镇子。因此，约翰的太太多丽丝花 1240 万美元从自己家族经营产业中购买家具来装修公司的办公楼；女婿彼得·韦内蒂斯用公司的钱经营风险资本；当公司需要用车时，也从家族自己的汽车代理商手中购买；至于铲雪、除草、维护工作，好吧，都是用家族自营项目。里加斯家族创造了爱迪菲尔传播公司（在希腊语中该词的意思是"兄弟们"），并把公司建立在家族身上。但是当家族冒险向外部世界寻求资本并滥用资本时，游戏就结束了。

在第九章我们讨论杰出作为会带来错觉时，曾见过类似爱迪菲尔传播公司的行为。外部的人想看到这种例子不太容易，但爱迪菲尔为此提供了一扇窗。当公司把自己与通常的行为惯例隔绝开来时，当公司利用自己的经营项目将其变成与外界隔绝的王国时，当公司拥有太多、控制太多、掌握太多时，当所有上述情况都存在时，是时候好好检查一下了。当然，巨大的成功或压倒一切的统治并不意味着坏事情正在或将要发生。然而，有太多的时候，当公司努力与失败奋战时，这些因素都出现了。所以，如果你在这样的公司工作或投资，一定要加倍小心。

高管离职

1999—2001 年，盖普 5 个资深高管有 4 人离职，直至首席执行官米奇·德雷克斯勒离职。同时，公司的销售量与上一年度相比持续下滑。1999 年和 2000 年两年，美泰公司首席执行官吉尔·巴拉德收到了六份辞呈，都以"个人理由"要求辞职。不久，巴拉德也离开了公司。2001 年 8 月安然公司的首席执行官杰夫·斯基林离职。3 个月后，安然问题成为报纸头条新闻。20 世纪 90 年代整整 10 年里，凯马特高管流动率为平均每年 38%。硅图文（Silicon Graphics）公司两年内失去了 40% 的顶层管理人员，之后也就是在 1994 年，公司股价暴跌。1995 年被强生公司并购之后，康迪斯公司失去了几乎全部 64

位高层领导。

还有比这更清楚的模式吗？人员的频繁流动是高管们可能犯错的强烈信号，这可能是"不成功领导陋习"的第四条（"毫不留情铲除那些不百分之百支持他们的人"），这或许反映了高管们采取行动的内部信息。对于分析家和很多投资者来说，常规做法就是追踪业内人士买卖股票的动向，难道还有比高管彻底离职更明显的说明吗？

甚至当公司看似经营状况良好或不错时，高管离职也可能传达出一些讯息。回忆一下阳光微系统（Sun Microsystems）吧。2002 年 5 月 1 日，公司宣布总裁爱德华·赞德（Edward Zander）辞职，成为两周内离职的第 4 位高管。公司首席执行官斯科特·麦克尼里（Scott McNealy）称这些变动是"积极的、有计划的"。然而 5 个月后，阳光微系统宣布 2003 年第一财务季度收入下跌，这是前所未有的。同时公司裁员 11%，即 4400 人。有趣的是，麦克尼里继续维持公司地位，称"'太阳'一切正常，我干得正欢呢"。实际上，从赞德辞职到宣布裁员的 5 个月期间，"太阳"的股价从 8.18 美元每股跌至 2.99 美元每股，跌幅为 73%。

心有旁骛的首席执行官

下次你参加持股公司的大会时，可以做些准备，比如查阅董事会下属委员会的代理声明，比较去年薪酬委员会和审计委员会的开会次数。如果薪酬委员会开会次数比审计委员会多出很多，就要小心了。当你质问董事会成员这是为什么时，他们会说薪酬是件很复杂的事，值得深入考虑。但这是否意味着公司的财务制度不够复杂，因此不值得注意呢？

欲知公司是否心有旁骛的好方法，是从公司的首席执行官着眼，因为组织听令于顶级领导，首席执行官不专心或领导错误可能导致严重后果。研究首席执行官是否心有旁骛不会得到一个简单的"是"或"否"的答案，但我们已经研究的案例共同显示出一种模式，可以提供一些线索。在第九章，我们描述了不成功领导者的陋习，在这里我们会有所回顾，但主要注意力集中在显示首席执行官逾越本分的线索上。

人

山姆·瓦克萨尔创立了英克隆公司,百时美施贵宝的首席执行官决定投资 20 亿美元购入 20% 股份,把赌注压在这家生物技术公司的唯一产品抗癌药"爱必妥"上。当联邦药物管理局拒绝英克隆对该药物的申请时,百时美施贵宝必须有所交代。后来事实浮出水面,原来英克隆早已提前知道联邦药物管理局的担心。很显然,公司曾提供给联邦药物管理局不确切的数据,需要对此事做出解释。当这一业内交易丑闻曝光后(最终瓦克萨尔被起诉,把纽约社交圈富婆马莎·斯图尔特这样的关键人物也牵涉进来),百时美施贵宝要对当初决定与瓦克萨尔合作做出解释。

没有人能准确说出发生了什么事,但有明显的线索表明山姆·瓦克萨尔并非有声望的医药公司的最佳商业搭档。毫无疑问,瓦克萨尔有头脑有魅力,但回顾一下以前的记录,我们会发现,他对自身巨大才能的使用方法令人备感不安。

获得博士学位后,山姆·瓦克萨尔接连做过几份体面的工作,但每次离职后都留下一些疑云。他的第一份工作是在斯坦福大学的实验室,他误导实验室首席科学家,让其认为自己购买了一批难以繁殖的抗体,他因此被辞退。后来,他又加入国家癌症研究所,在那待了不到 3 年。这次瓦克萨尔没有得到续聘,是因为当他到期与合作人员交接工作时,发生了一系列使实验无法进行的神秘问题。

瓦克萨尔的下一站是塔夫茨大学,在那里,又出现了同样的"魅力"和令人质疑的道德问题。瓦克萨尔的兄弟哈兰(Harlan),一名该学校的医护人员,因持有可卡因并在其"身体不适"时让非医护人员出身的山姆替其坐诊而被捕。几年后,当瓦克萨尔在纽约西奈山医科大学工作,被发现在实验室中伪造数据而结束了这一工作。最后,山姆"下海"了,1985 年他创立了英克隆公司,随后邀请哈兰加盟。

这当然并不意味着有复杂不明背景的首席执行官必然以后也不值得信赖,但如果不注意这些收集来的信息,结果很可能大大出乎我们的意料。正如 D&O 保险公司谨慎的承保人一样,他们认为曾经的诉讼纠纷是预示将来纠纷的一个指标。我们也应该利用我们发现的信息模式，这毕竟是早期警报信号的关键所在。

当我们考虑所研究公司的数据时，另一个事实很引人注目，那就是家族经营的企业往往归于失败。施温、巴尼斯、来德爱都由创立者的后代经营，也都破产而关门大吉。三星和李维斯在有家族管理时也经历了困境。正如我们在第二章发现的，首席执行官可能拥有过多的股份。当首席执行官所持股份超过一定水平后，他就拥有基本上不受限制的绝对权力。这样的权力会产生怎样的结果不能预先确定，尽管家族内部的首席执行官也能像那些一步步升职坐到这个领导岗位的首席执行官那样称职。然而，我们有信心期待由创立者家族经营的公司可能产生多种结果，因为绝对权力给他们选择高风险策略的自由，从而产生多样的后果。

行为

投资者、经理人、董事会成员或其他监督机构不需要太多努力就很容易发现第二类警报信号，这是因为这些首席执行官们展现的行为方式酷似拿破仑式的狂热，很明显，很容易被发现。

这些首席执行官首先确保自己是备受瞩目的中心人物，最好周围是一群头脑冷静的人。所以，萨齐兄弟热衷于参加英国的托利党聚会；山姆·瓦克萨尔购买奢华的住宅，花费巨资装修得有艺术品位，他还积极参加曼哈顿的"智者帮"；硅图文公司前首席执行官爱德华·麦克克拉肯20世纪90年代经常出席白宫活动；肯·莱更是小布什的亲密朋友，只需一通电话就能联系上。这些身体力行阐释"亲密交往"理念的首席执行官们（第九章中有所涉及）均非泛泛之辈。

值得注意的是，当他们选择上流社会的生活、选择与名流政客交往、浪费钱财在"深受重视的工程"或指挥不当的策略上时，遭受损失的是他们对其有受托责任的公司。首席执行官不仅仅是个全职工作（或者说喷气机阶层成员、好莱坞名人或华盛顿的游说人员也不仅仅是个全职工作），他们还扮演着公共利益代表的角色。"亲密交往"可以为公司做贡献，但当其演变成一种生活方式时，坏事就要发生了。

当公司开始兴建全新的总部大楼作为公司标志时，情况又会怎样呢？首席执行官的精力不再集中在应该注意的重要事情上，此外，高管们也会分心好几个月。最终计划会采用谁的设计方案？谁的办公室占多大空间？哪些人分配到什么样的办公室？争执或耍心计的可能性无穷无尽。新大楼上这些努力只能给公司带来负面效应。Money 百货公司就是个经典案例。公司高管汲汲于建立一个形状像梅曼金字塔的总部大楼，以致内部控制完全失效了，公司就像没人管理一般。后来，在 1998 年公司被第一联盟公司收购。

我个人偏好的明显的警报信号，是公司决定购买竞技场或体育场的命名权。例如，2000 年 CMGI（一个网络控股公司，经营一系列不同名称的下属公司），斥资 1.14 亿美元签署一个为期 15 年的合同：把公司的名称树立在新英格兰爱国者体育场。当时还没有类似的做法，毕竟控股公司并没有需要营销的消费品牌，也没有以 CMGI 命名的可购买的产品或服务。实际上，2001 年 CMGI 公司亏损 54 亿美元，正在后网络时代苦苦挣扎。这样看来，购买体育场命名权的确是件蠢事。

引人注意的是，CMGI 并非个案。在过去 5 年里，为数众多的公司花费了数百万美元用自己公司的标志或名称装饰体育场或竞技场，结果遭受了严重的财务困难。除了至少 8 家投资于此的航空公司外，其他的投标"成功者"及其花费如下：

富德龙	职业选手体育馆	佛罗里达马林斯队 迈阿密海豚队	2 千万美元
安然	安然体育场	太空队	1 亿美元
康塞科	康塞科体育场	印第安纳先导队	4 千万美元
PSINet	PSINet 体育馆	巴尔的摩渡鸦队	1 亿美元

金钱

《纽约时报》首席执行官罗素·刘易斯（Russell Lewis），当他被问及什么是失败的潜在标志时，他提及的第一件事便是："如果薪酬远远高出公司规模和业绩时，我会赶紧退出投资。"这是不错的建议。其他一些专家也这样讲，但我们需要进一步详细说明。当公司自身被金钱和贪欲侵蚀时，如果你不想完全退出投资的话，你就有必要仔细审查一下了。世通、安然这些破产的商业巨人，不过是固恋"贪婪是好事"招贴画上的宣传小童。

首席执行官伯尼·埃贝斯与首席财务官斯科特·沙利文领导下的世通公司，让我们想起了《巧克力》（Chocolat）这部电影。电影中，男主角不停地吃巧克力，无法控制对巧克力的迷恋，最后在巧克力的橱窗前睡着了。在世通公司，钱和利润代替了片中的巧克力，对钱和利润的贪欲没有止境。董事会授权向埃贝斯贷款 4 亿美元；销售代表有系统地向顾客双重收费，提高佣金；在分析大会上，埃贝斯只愿意讨论公司的股价。他向与会人员展示一张股价不断上涨的图表，然后问："还有什么问题吗？"世通公司用减少储备的方法增加收益，欺骗公众；经常报销营运开支（甚至有的雇员被告知可以报销来访公司所在地的机票）；别的所有办法都失败后，首席财政官沙利文伪造财会数据来虚增收益。

与世通相比，安然公司的故事更为大家所熟悉。安然失去了控制，没有了限制，除了金钱之外什么都不关心（不关心管理人员，也不关心公司整体状况）。公司负债表以外的合伙关系已经完全成为首席财务官安德鲁·法斯图（Andrew Fastow）及公司一小部分人塞满自己腰包的无耻工具。实际上，金钱至上理念的出现可以追溯到 1987 年，那时审计人员发现了安然公司一起金额巨大的石油交易丑闻。交易人员违规操作以增加交易数量和分红，却没有被公司当时的首席执行官肯·莱解雇，直到这场骗局被昭然示众。在安然，这种做法被视作正常的交易。

对于公司外部的人而言，高管们的这类突出行为并不总是那样显而易见，但当这类行为接手公司文化时，公司内部基本上所有的人都会有所意识。这些人包括董事会成员、各级经理，他们都对这些警报信号有独特的洞悉。对投资者来说，他们得到的教训是不要轻易被安然、世通这样的大公司的计划冲昏头脑（安然实际上不遵守任何规则；世通企图通过巧妙的并购建立起新"美国电话电报公司"）。就此而言，这也是一种炒作，这就把我们带入下一类常见的警报信号。

大肆炒作

炒作伴随着网络泡沫达到了最高点，但炒作远未结束。为什么炒作是个很好的警报信号呢？让我们先来看看这个词的定义吧。

炒作，名词，意思是：（1）过度宣传，引起轰动；（2）夸张浮华的口号，特别是在广告和促销材料中；（3）起故意误导作用的事物，骗局。

这样一看，炒作可就不是那么无害了。炒作害惨了数不尽的投身网络泡沫而无法自拔的投资者。

炒作的危害在于它隐藏真实的问题和动机。如果提前知道实情，人们就会做出不同的决定。炒作可以蒙蔽投资者的双眼，使其错误判断股值。炒作也可以误导经理们依靠某一种新产品或某一项新技术。所以无论你是投资者、董事会成员、首席执行官还是中层经理人，你都要警惕被炒作的人或事，因为这些是警报信号。

产品问世前的炒作

在商界，产品问世前进行营销并对产品发布制造点噱头属于正常做法。联想一下电影业：在一部电影上映前，促销这部机器就满功率运转。然而，上次我们已经注意到，几乎没有电影是在拍摄前就开始大型炒作的。通用神奇及铱星却是如此。从某种程度上说，负责研发的工程师并不能阻止炒作。记住，这两家公司都是技术大会战的经典案例。有些事好得不像是真的……那往往就不是真的。

医药业是经不起大肆炒作的行业之一。当你自己或你所爱的人生命健康受到威胁，你可以做任何事，甚至是那些你自己都不大相信的事。换句话说，医药业是进行大肆鼓吹、制造宣传效应的完美场所，而负责药物监督和审批的联邦药物管理局则是业内的治病良方。

我们现在进入山姆·瓦克萨尔（科学家、首席执行官、曼哈顿社会名流）的案例。当他创办英克隆公司，研发抗癌新药爱必妥时，炒作这部机器已经跑得太快了。瓦克萨尔宣称爱必妥"将是有史以来最重要的生物技术";他本人上了《商业周刊》的封面;英克隆公司的股价飞涨;百时美施贵宝公司宣布投资20亿美元在这项长势迅猛的生物技术上。唯一的问题是联邦药物管理局于2001年12月28日拒绝了英克隆公司对爱必妥的申请,使得英克隆和百时美施贵宝的股价跌到谷底。更令人吃惊的是,在英克隆存续的17年间,公司从未生产出一种药物,也没有赢利。但由于公司股价不断攀升,这些事实似乎并不能够引起人们的关注。对投资者来说,后网络时代繁荣的教训显而易见:不要持有被炒作的股票,即那些所谓的"即将问世的产品会飙升股值"的股票,这样做很危险。在很多情况下,炒作只包括正面因素而不包括负面因素。正如一位短线投资者说的:"当管理人员言过其实时,我的兴趣就来了。"

对并购的炒作

在并购中,大肆炒作已经被提升到一种艺术形式的高度。伴随着松散的跟踪记录、低估的成本和高估的利润、高额并购费用以及首席执行官推动并购交易成功的积极努力,更完美地完成并购交易的压力也不断上升。并购后的头几天,如果股价上升,就被看作是对这场并购的肯定。这通常是并购公司的首席执行官、投资银行以及为并购专门雇用的职业公关公司联合协调行动的结果,目的是并购交易达成后,在报刊报道中打一个漂亮的弧旋球。

《华尔街日报》有一则有趣的文章,记者尼基尔·德奥根(Nikhil Deogun)和斯蒂芬·利平(Steven Lipin)对并购交易达成后以及后来出售购买的公司时,并购公司的首席执行官所发表的声明作了比较。这些例子表明炒作广泛存在于并购交易中,十分活跃。好消息就是,我们可以警惕此类炒作并加以识别:炒作就是企图操纵投资者的显而易见的招数。

对公司的炒作

当然,情况并非总是如此。但太多的公司和报刊给公司或个人戴上神圣的光环,而不久以后这些公司或个人就从神坛上走了下来,这是最令人瞠目结舌的事实。我们已经知道乐柏美从《财富》评选的"美国最有声望的公

首席执行官并购及出售所购公司时的声明比较

并购交易	购买、出售的时间（年）	并购时首席执行官的说法	出售时首席执行官的说法
美国电话电报公司购买 NCR	1991，1995	"我们公司会履行承诺。"	"世界变了。"
史克比成购买多家医药公司	1994，1999	"这是一个独特的联盟……我们一定能成功。"	"我们需要更加集中注意力。"
礼来制药购买 PCS 卫生系统	1994，1998	"（PCS）是颗卖了好价钱的珍珠。"	"公司能从新的所有权安排中获益。"
桂格燕麦购买适乐宝	1994，1997	"巨大的增长潜力。"	"摆脱适乐宝带来的财务负担和危险。"

司"名单中陨落。造成安然破产"资产负债表以外的合伙关系"的中心人物安然前首席财务官安德鲁·法斯图，曾在 1999 年 10 月，也就是安然宣布破产的前两年，获得《首席财务官》杂志颁发的"资产结构管理优秀首席财政官奖"，这你可知道？无独有偶，几乎在同一时间，《首席执行官》杂志把安然董事会列为"五大公司董事会"之一。美国报业协会于 2002 年 1 月 21 日授予凯马特"年度零售商奖"。显然时机不对，因为第二天凯马特就申请破产保护了。1999 年美泰公司的吉尔·巴拉德成为《商业周刊》封面人物（大约在美泰公司兼并学习公司前整整一年）；之后，关于泰科国际的丹尼斯·科兹洛夫斯基（2001 年在《商业周刊》）和盖普的德米奇·德雷克斯勒（1998 年在《财富》杂志，在盖普走霉运前不久）的报道也相继出现。

炒作的结果：未实现的目标

未实现的目标，是表明公司可能依赖炒作的警报信号之一。无论什么时候，只要公司宣布其季度赢利低于预期值，市场都会对这一消息作出消极反应。反应的规模有赖于其首席执行官的过往记录，这就像是刑法体系一样，对惯犯的惩罚要比初犯重。

吉尔·巴拉德未能实现一系列的赢利目标（连续4个季度），但每次她都会说"好日子在后面呢"（"我们对公司的未来继续保持信心"）。她的宣传策略并不成功，公司在华尔街表现不佳（尽管她的宣传策略使芭比娃娃的生意做到了20亿美元，她也因此荣升为首席执行官）。她对股民的承诺似乎只是口头上的，并不能兑现。当她失去了诚信，自己也下台了。

当公司宣布未能实现赢利目标时，投资者想要保住投资为时已晚。但是，另一种未实现的目标出现在赢利报告之前，可以充当警报信号。例如，AMD公司长期延误产品开发和生产，收益状况不佳。1996年K5芯片才投放市场，比原计划晚了整整一年。这样公司的新生产设备利用率严重低下，也没有效益。考虑到AMD以往延误产品开发的记录以及K5芯片的早期警报信号，在与英特尔的竞争中失利也就不足为奇了。

性格问题

性格问题，可能是预测高管失败的最重要也是最难以定义的一个指标。好的高管应该道德高尚、能干、愿意帮助其他员工更出色地完成任务，直面现实并勇于承认错误，在组织里提倡诚信。这听起来似乎要求太严格了，但问题是本书中掌控公司大权的高管们甚至连边都靠不上。Chubb公司D&O承保人托尼·加尔邦（Tony Galban）对此作过精辟阐释："每一个糟糕的D&O责任背后都有三个不好的因素：贪婪、裙带关系和拒绝承认错误。在过去的6～8个月里，如果你坐在证人席上进行观察，你会看到大量的拒不认错，其中一些几乎毫无诚信可言。"

甚至有些非常诚实的高管，当他们不能接受已经变化的情况时，也会有所动摇。对于这些高管，问题不是出在道德观上，而是防卫意识在作怪。我们怎样识别这种警报信号呢？托尼·加尔邦有个好建议：

一定要多听分析人士的说法，这样你就可以了解独立思维。你可以感觉到分析人士是在否认错误，还是真的专业水平很高。我曾经遇到过一些极其优雅的人，他们在报界对某事质疑的声浪中，发表极具揭露性的评论……你还知道，有时当你想把话题集中在A而对B稍有涉及时，记者们却想把话题固定在B

上……当有人提问第三个关于 B 主题的问题时，首席执行官就变得有些急躁了。
"我想我们涉及过这个问题了"，或是"正如我刚才所说的"……这样的回答很
急躁且意义不大，反映了首席执行官的心理："我是来谈 A 主题的，我花了整整
一晚演练 A 主题，而现在你们却在边缘问题 B 上追问不休，我不想谈这个
问题。"

　　虽然投资者不可能与公司的首席执行官或首席财务官面对面交谈，但是
分析人士的说辞（通常在公司网站上可以看到）和公司年度报告有助于我们
深入了解人物性格。约翰·基奥（John Keogh），D&O 保险的另外一个承保
人，指出当首席执行官面临窘境时，他会注意如下因素：他们对公司的了解
程度怎样？管理团队是否过于傲慢、不恤下情？首席执行官或首席财务官清
楚所有问题及答案吗？他们是否是真正的最高领导？

　　致股东们的信，是少数几个可以直接窥视首席执行官性格的窗户之一，
有时可以提供一些线索。托尼·加尔邦这样教育旗下的 D&O 承保人：

　　浏览一遍信的内容，圈出所有形容词，因为，要知道信是被"提纯加工"
过的……先是总顾问"提纯"，再由其他人来检查，确保信准确无误。你需要
警惕控制欲望过于强烈的人、做事莽撞的人，这些就是我说的"对于明智的
首席执行官来说的最差的个性"。注意有哪些人在年度业绩不好时极力掩盖，
哪些人对此简单否认。我的意思是说你会听到这样的说法："今年销售量下降
了 60%，这是普遍情况。"或者"今年销售量下滑 60%，实属反常现象。"再
或者"今年销售量下滑 60%，但不管你信不信，我们比以往任何时候状况都
好。"这些差不多就是你需要寻找的抵赖了。所以，致股东们的信是个寻找警
报信号的好地方。

　　某种程度上说，终极警报信号是人们不再相信首席执行官和其他高管了。
很显然，这是因为有线索表明公司将要发生什么事情。虽然这些线索很不确
定，但投资者、董事会成员及其他雇员可以借助这些线索洞悉未来，而性格
问题可能是所有线索中最重要的。

预测是一回事，行动是另外一回事

据说，冰球明星韦恩·格雷奇（Wayne Gretzky）有种神奇的能力，能够先于其他球员"看到"冰球的运动方向。据传棒球明星拉里·伯德（Larry Bird）和马吉奇·约翰逊（Magic Johnson）也有类似的能力：知道队友会跑到什么位置，然后传球给他们，好像他们脑袋后面长了眼睛似的。毋庸置疑，这些运动员的基因密码里包含这种能力，但这也需要大量的辛勤练习和学习。多数了不起的职业运动员都在比赛中学习、体会该体育项目的悠久历史，深知学无止境。他们不断寻求新技巧、新趋势，使自身更加出色。

商业世界在这一方面有着同样的特点。郭士纳、杰克·韦尔奇、安迪·格罗夫、比尔·盖茨等首席执行官的基因编码里有着优秀的特质，但其成功更多归功于勤奋工作和对管理技巧的学习。在研究了不起的领导者失败的教训时，我们评估了他们失败的原因，也发现了酿成这些灾难的行为模式。这些行为模式不仅是导致公司失败的直接原因，还给我们一个及时采取行动改变事件运动轨迹的机会。

当然，机会并不同于行动。虽然我们期望投资者谨慎回避可能的麻烦，但经理们能否牢记本书的教训？什么因素阻止经理们从自己的错误中吸取教训呢？我们又能为此做什么呢？下一章也是最后一章，第十一章，解决本书所有章节背后隐藏的问题：聪明的高管如何学习？

第十一章　聪明的高管如何学习

——在充满错误的世界里活着并努力生存

在电影《律师事务所》（The Firm）里，汤姆·克鲁斯扮演一名刚刚加盟一家有名律师事务所的年轻律师。这是他梦寐以求的工作，他感到自己幸运极了。后来他发现一个秘密：公司卷入了一起令人不齿的违法事件，而且已经有人神秘死亡了。当他着手调查时，有人警告他最好不要多管闲事；他坚持调查，又有人敲诈他；当他全身心投入调查时，自己的生命受到了威胁。

现在假设有这样一个组织存在于真实世界里，当然要除去暴力因素。在这个组织里提出问题只会给你带来麻烦。长久以来，不管是内部成员还是公司外部人士，只要不与公司站在同一战线上，公司都对其打击报复。封锁和毁灭可能对公司造成威胁的信息；谁想把信息公布于众，就会毁掉谁的前途。这样的组织是不是听起来很熟悉？《律师事务所》影射了安然公司。

来看看证据吧。安然公司有着令人窒息的文化，那就是淘汰业绩不佳者，这一文化很难不犯错误。引起安然调查案的舍里·沃特金斯（Sherron Watkins）在给国会调查委员会的证词中说：首席执行官杰弗里·斯基林和首席财务官安德鲁·法斯图"恐吓下级"，又很"傲慢"。

安然公司不断封锁那些对其会计制度和发展前景不利的评论。例如，在某高管写给董事长肯·莱的一封信中，他表达出明显的挫败感："我十分担心我们可能毁在会计丑闻里。"同时，他也注意到公司的其他一些高管也对公司的会计制度向前首席执行官斯基林提出了质疑，但都被阻止了。当公司着手调查信中的陈述是否属实时，部分高管指示自己的律师事务所不要重审有关合伙关系的账目（这正是外界关心的焦点）。正如一名前雇员对《财富》杂志说的："正是人们成就了安然从不会犯错的神话，我对此感到震惊。"

电影《律师事务所》中的报复文化似乎没有限制。涉及"资产负债表以外的合伙关系"的高管们以能力不足为由解雇了一个参与合伙关系谈判的律师。到底怎么了？身为安然公司的高管，热衷于玩私下合伙关系的游戏，还借职务之便打击反对真正维护安然公司利益的员工。

受打击的可能性不仅存在于公司内部。1998 年，美林公司的一名研究分析师将安然的股票排为"不涨不跌"之列。美林的高管们向公司总裁反映说，对安然的合格评价使他们失去了投资银行的生意。同年夏天，公司解雇了这名分析师。《财富》记者贝塔尼·麦克莱恩（Bethany McLean）可能是最早在有关安然的报道中对公司的会计阴谋提出质疑的人了：她要求肯·莱对此事表态。肯·莱否认了她的逻辑并把她送走了。但是事情还没完，后来安然公司的飞机载着安德鲁·法斯图和其他两名主管抵达纽约，开始给麦克莱恩施压，要她放弃报道。遭到拒绝后，他们又要求时代华纳公司（《财富》的母公司）解雇麦克莱恩；而华纳相信了麦克莱恩的报道。态度多么强硬！

这样一来下面的模式就显而易见了：这家公司（安然）有意禁止真实反映现实的不同观点，以维持现状。顶着保护成果的名义，固执求大，追求一种僵化、不宽容的文化。在这里，新想法被忽略，众人关心的事不受重视，批评性的思维会使人丢了饭碗。和影片《律师事务所》一样，这个例子太过极端，令人难以置信。这却是一个真实的、当代的、关于如何营造学习文化的案例。

从很多方面来看，安然是个骗局：一连串的针对顾客、消费者、投资者和雇员的双重交易。起支持作用的是这样一个系统：封闭的文化，不合情理的"创意"，没有掌控能力的人们，极端的傲慢。尽管如此，还是有可能控制损害的，但却没有人愿意这样做：公司里没有促使人们探寻不同的管理途径的开明文化，也没有迫使人们在事故发生之前悬崖勒马的体制。

把安然看作一个怪胎、一个商业进化过程中的基因错误很容易，但我们意识到自己并不像我们公开宣称或私下坚信的那样比安然强多少。比如说，你怎样回答下述问题：

■ 你以为公司的首席执行官和其他高管很容易接受不同意见吗？

■ 公司雇员或经理认为他/她可以向老板指出错误，而不怕对个人有影响吗？

■ 贵公司有从错误中学习的正式或非正式的程序吗？

■ 当有人说"我们平常都是这么做的"的时候，公司里会有人站出来挑战这种说法吗？

■有没有一套公司价值观，人们真正相信并用它决定如何处理"灰色"地带？

如果你诚实作答并且每个问题的答案都是"是"，那么你所在的公司真的很健康。不幸的是，研究表明事实正好相反。毕竟，摩托罗拉不是缺乏制造数码手机的技术，不是没有贯彻数字化新策略的人才，也并非对正在发生的数字化进程毫无意识。精明的摩托罗拉的高管们只是选择置之不理，他们选择封闭思维，选择故步自封，选择不去面对错误，尽管他们面对着显示错误的明显证据。

人们很容易轻视安然（以及世通、泰科国际、英克隆、爱迪菲尔传播、来爱德）的教训，因为这些公司的某些高管的行为违反了法律。我们知道绝大多数高管不会僭越规章以致违反法律的地步，但某些造成安然破产的政策失误、文化崩溃、组织瘫痪和领导无能的因素同样也出现在摩托罗拉、强生、乐柏美以及美泰、凯创、王安电脑、波士顿红袜队和施温。这些公司的高管们并没有违反法律，而是采取"可表明"的政策，结果付出了破产或数十亿美元损失的代价，还毁灭了个人前途。

本书的目的就是记录这些错误和错误背后起破坏作用的症状，来了解失败的原因，进而采取行动避免再次落入相同的陷阱，并从别人的经验中学习。在前面的章节里，我们回答了如何避免那些足以毁灭公司的重大错误。在第一部分，我们看到在面对挑战时有些高管显得优柔寡断，比如说创建新公司、开辟新道路并开展变革时；通过并购实现公司成长时；处理新的竞争压力时。这些案例使我们深刻理解到在商业中犯错误的危险，同时让我们更加深刻地知道什么地方容易犯错，什么地方导致错误发生。第一部分提供的教训很重要，教会我们如何从他人的错误中学习，但这还不够。

第二部分教给我们一套不同的教训。综观商业失败的案例，我们得出为什么聪明的高管会失败的隐藏原因：高管们的思维定式扭曲了公司的现实；

僵尸企业鼓励而非挑战扭曲的现实；关键信息的识别、传播、利用的环节中断；领导方式不仅阻挠对于中断的处理，而且在实际上加速了产生损害的可能。这些关键错误以共同的模式，出现在不同的公司和行业中，就不得不引起我们的注意，我们必须谨慎对待这些教训。

在上一章，我们特别关注了表明潜在问题的警报信号。只要有足够的警觉，精明而谨慎的经理人或投资人能及时接收至少部分信号，并有足够时间做出反应。

但如果你不想消极应对而是主动积极呢？如果你想加强组织对主要管理失误的免疫系统呢？你需要知道公司的重大失误是如何演变、加速，继而击溃公司的防御措施，打败聪明的高管试图扭转局势的良好动机的，这样你就可以考虑何时介入。特别是还可以知道你可以如何避免主要的企业失误并从中学习。这一章主要处理这类问题，同时我们将继续发掘聪明的高管是如何学习的。

我们对错误了解多少

假设你打算买房。你调查了邻里、学校以及类似不动产的近期销售情况；在交通高峰期沿着上下班的通勤路线开车走一遭；弄清楚到百货商店和附近游泳池的距离；检查（两遍）房子直到你对购买决定充满自信。当然还有更多你可以收集的信息，但收集信息的代价比信息价值高得多。当然你的朋友还可以收集到更多的信息。但你适可而止，接受了不知道的信息，做了决定，这样，你也接受了一定程度的风险。类似买房的风险在商业世界里每天都会发生，结果是什么？错误。

你认为不值得花费时间与邻居交谈和见见他们的孩子。可能你也没有调查街区一隅的空地是做什么的。在你搬进新房一周后，你可能发现周围邻居的孩子顽劣得很，空地上白天无事，到了晚上则有人进行毒品交易。当然有了警报信号，现在你不可能对邻里印象产生这么大的误差了，但在我们努力平衡决定与花费、风险的关系时，我们的选择可能会导致错误。这些错误是可以避免的，但现在让我们勇于面对这些错误吧。我们永远不能摆脱错误，我们也不该尝试摆脱错误。为什么？因为错误是商业中固有的。不犯错就不会开辟新的领域，也不会使市场、产品或行业发生革命性变化。

更直接些说，就是你支付不起不冒险的代价。有计划的冒险对商业成功至关重要。本质上说，哪里有风险，哪里就有错误。宜家家居的创始人英瓦尔·坝普拉德（Ingvar Kamprad）说过："只有睡觉的人不会犯错。"《纽约时报》的黄金规则之一就是："冒险创新，承认错误在所难免。"

错误是可以学习的实验。许多人都听说过即时帖是怎么发明的，3M 公司的一名科学家发明了一种黏合剂，胶力不足，但对即时帖来说再完美不过。同样的事也发生在威廉姆·铂金斯（William Perkins）身上。铂金斯是一名英国化学家，在一个合成金鸡纳霜（奎宁）的失败实验中，他发现实验中留下了一种带颜色的斑点，这样他发明了人工染料。如果不愿接受失败的可能性，这类事情绝对不会发生。

所以，有些错误是无法避免的，也是可以理解的：最好的结果是错误对我们有所助益，最差也不过是做生意的正常损失。你可以减少潜在的不利因素及其发生的可能性，但想全部根除它们，只能是徒劳无功。

但并非所有的错误都是不可避免和可以理解的。实际上，本书中所描述的错误不但不能让人接受，而且数量惊人。像强生公司那样，因为不能提供消费者所需要的商品，仅数月就丢掉了90％的市场份额，这样的错误无论如何都不能让人接受。像铱星和通用汽车那样，面对证明投资血本无归的明显证据时，仍继续投资数十亿美元，这样的行为也不能让人接受。像盛世长城那样，认为应该购买服务业内的几乎所有公司并付诸行动，或像三星那样，只因为首席执行官喜欢车就进军汽车行业，这样的行为同样不可思议。

通用汽车、摩托罗拉、盛世长城、三星、强生的例子以及几乎全部我们研究的其他案例里，公司都有机会从错误中学习，及时改正错误。要知道并非所有的错误都是一样的，有些错误不该发生，不只因为它的突发性，还因为只要在关键的转折点上做点什么就能改变错误的运动轨迹。明白个中原因，清楚你可以为之做点什么，我们需要看看错误在组织中是如何演变的。

错误如何演变

没有公司失败突变论。最后对公司失败的剖析可以揭示一个日趋衰落的公司如何走向失败的，但这些失败很少同时发生，错误慢慢地演变，事实就是没有公司可以不受公司历史和变化的影响。这两个因素综合起来，不可避免地给现状带来变化，使公司可能犯错。

但是，如果商业以及商业运作者在本质上都存在内在固有缺陷，那么为什么并非所有商业组织都像本书描述的公司那样遇到困难或破产？答案是，公司的脆弱性和历史上的错误并不就意味着同样的失败是预先注定的。与此相反，公司和高管们都有机会采取行动来避免灾难。公司失败，是因为在关键时刻，公司政策、文化、组织以及领导方式的问题加剧了固有缺陷的恶化（如第二章所提及的）。

来看看美泰公司吧。吉尔·巴拉德凭借其对芭比娃娃这一品牌的成功营销坐到了首席执行官的位置，她深信对于美泰来说，营销的重要性是其他职能赶不上的。同时，随着巴拉德前任的退休以及高管的频繁更换，公司的并购能力大大萎缩，但只在美泰兼并学习公司时，所有这些脆弱性才强烈地释放出来。美泰错误地购买了一个公司，辛勤劳动没有换来成功，而且从此连续无法完成预计赢利。并购失败再加上巴拉德无法兑现她的承诺，两者作用导致市场信心危机。当尘埃落定之后，巴拉德走了，学习公司消失了，只有鲍勃·埃克特（Bob Eckert）领导下的新的管理团队试图重振企业。如果巴拉德没有购买学习公司，并努力留住高管，她可能还稳坐在首席执行官的位置上。

对于很多后网络时代的公司而言，网络泡沫掩盖了大量潜在的缺陷（例如，经理们经验不足、公司缺少财务纪律、对战略认识有偏差）。网络泡沫破灭之后是一大批举步维艰的公司：当局势扭转，"旧经济"重新出现时，鼎盛时期的自然"松懈"就消失了，失败就来得更快些。当经济形势对自己不利时，不应该掩盖潜在的缺陷。

这些例子突显了当导火索改变了现状，固有脆弱性是如何浮出水面，产生影响的。

公司破产后再回过头来重新审视时，我们通常发现失败的公司都有个破坏性的症状。王安电脑对于现实的看法（即对个人电脑兴起及可能对公司主打产品文字处理机市场产生的影响）严重错误。总裁王安仇视 IBM，或许正因为如此，公司产生了一种不仅针对竞争对手而且针对客户的优越感。这一态度加深了对现实的错误观点。那就是，IBM 怎么可能带来比王安电脑更好的产品呢？同时，信息中断了。一方面这是由于公司仰仗王安作为信息流动的中心节点（他知道一切，如果有事情他不知道，那么要小心了）；另一方面由于董事会让这个好心的独裁者随心所欲。最终，个性上的傲慢与强烈的控制欲成就了典型的个人崇拜的假象；也导致个人兴趣与公事混淆；与 IBM 的早期交锋即预示了后来的一切。

但在公司瓦解的过程中，政策、文化、组织与领导方式的故障会同时发生吗？答案是否定的。剖析显示，这些公司出现了大量失误和故障，但只有当 IBM 开发出 PC 机时，王安治理公司的手段才变得危害十足。在运营良好的公司里面存在着自我更正体制，可以对错误的策略产生制约作用。不幸的是，并非所有公司都有良好的制约与平衡体系，所以当多种故障同时发生时，公司越加难以复原。

本节带给我们两个教训。第一，因为每个公司都有历史，所以基本上不可能支持每一个单个的潜在的脆弱性。公司的繁荣依靠质疑、谨慎、思想开明。每个高管都应该培养自己与时俱进的能力。

第二，当情况变化时，高管们需要特别注意四个失败的隐藏因素。正如季节更替时人们容易感冒一样，当现状不稳定时，危险程度也相应变化。正是这样的时刻需要对高管潜在的思想固化、错误的态度、信息中断和领导方法进行评估。第二部分只为该类分析勾画了蓝图，在工作中还存在着大量对现实认识不清的公司，我们现在要做的就是透析这个障碍。

精明的高管们如何使企业思想僵化

在众多商业打击力的作用下，高管们几乎无所适从。混乱中，雇员、供应商、合伙人和媒体都将孤独的目光投向上面，投向高层管理，特别是首席执行官，等待答案。然而，一个人怎么可能知道不可知的、几乎每周都在不断发生变化的事情呢？领导会在迷惘中指明前进方向吗？是，也不是。领导们规定比赛规则，实施赢得比赛的计划，但他们不能也不应该充当球场上的每个角色。

也许正是找到正确答案的压力，使得领导们努力实现我们对他们赋予的英雄意义。然而，如果公司不是依靠某个人来预测未来，而是整个公司上上下下都有权创造公司未来，公司会不会搞得更好呢？通用的杰克·韦尔奇和微软的比尔·盖茨是过去20年里最著名的两名首席执行官。然而，当很多其他人已经看到了网络的潜能时，他们没能看到。这样看来，一味希望首席执行官对高度不确定的问题有正确的答案，这样做合理吗？我们应该希望首席执行官创造一个知道答案的组织，而不是一味指望首席执行官。我们应该期望首席执行官定义组织的目标，创造一个有活力、适应力强、有文化氛围、有管理能力的组织，而不是指望首席执行官对前途了如指掌。

创建一个有能力负责，有能力从自身和他人错误中学习并做出调整的组织的确是个很大的挑战，但至少我们可以应付这个挑战，而且不一定徒劳无功。英雄人物式的首席执行官并不能预测未来，因为在当今变化莫测的商业环境里，预测全靠运气而非能力。英雄人物式的首席执行官应该有能力创建可以迎接不断涌现的挑战的组织，同时建立创造性和开明的思想，蔑视官僚作风，将诚实植入企业的基因中。

所有转变中，最具有挑战性的可能是观点的转变，即从认为首席执行官是全能的、无所不知的英雄，转变成认为建立一个由一群思想开明、善于质疑并从错误中学习的人组成的组织更重要。英雄人物式的首席执行官不需要其他人，除了要他们照他的意志做事之外。他们丝毫不去考虑这一观点能否被其他员工接受。习惯性的漠视（或者比这更糟）开始于那些认为自己无所不能的首席执行官们。

接下来发生的事在本书中屡见不鲜。在新加坡的巴林银行，人们知道有坏事发生了；当来爱德在马丁·格拉斯管理下损失惨重时，人们也知道坏事在发生（他们特别害怕报复，甚至拒绝私下和我们谈话）；在雪印公司，更有不计其数的人知情；在安然，数十或数百人知道有事情不对劲。无论是经理、普通员工还是高管，总会有人知道坏事在发生，但没有人说出来。

在极少数情况下，比如世通，当中层经理辛西亚·库铂发现了90多亿美元的骗局时，知情人才开始采取行动，这时为时已晚。有些知情人选择守口如瓶，而这一选择可能把他们送进监狱。类似"我只是按命令行事，我没有其他选择"之类的借口不仅在道德上令人反感，也反映了人们的普遍心理，即认为自己太渺小了，没能力影响公司决策。

你肯定可以做点什么，避免公司成为毁灭那些曾享誉一时的大公司的顽疾的下一个受害者。好吧，好消息是你可以做点什么。坏消息是所要做的事纷乱、缓慢、十分不容易。对此没有万全之策。几年前一个著名的口号可以帮助理解："问题出在人身上，那些个笨蛋。"

精明的主管们开始学习并广开言路

本书中涉及的很多企业犯了很严重的错误。虽然三星和索尼成功消化了几十亿美元的损失，并继续前进，可大多数公司没能这样。学习的要素之一就是了解公司是怎样瓦解的，以及其他组织如何处理这些遭遇。因为坏事一旦发生，公司就完蛋了。我们也看到错误如何演变，这意味着高管们有机会在事情变坏之前，采取行动打破这一公司覆灭的模式，并避免最终失败。

在全部研究过程中，我们随时注意识别公司的特质，因为这些特质可能有助于识别正在发生的情况，我们也要有勇气对此做出反应。其中，思想开明这一特质引人注目，创造能让错误昭然示众的开明文化，并从错误中学习，需要一种领导，一种相信开明文化氛围的重要性并坚持开明教条的领导。

向思想开明组织转化并非一帆风顺。在波音公司，这条开明之路的关键一步是在波音兼并麦道之后，哈里·斯通塞夫尔（Harry Stonecipher）的到来。没多久他就开始整合工作，在一次高管会议上他感叹："我们的问题是我们自己！"这番话产生的轰动，诠释了波音当时的褊狭文化。

那么，开明文化是怎样的呢？开明意味着与掩盖不利信息的做法做斗争。开明需要领导人制定从错误中学习的标准，这也是各组织的自然法则。不能或不愿建立开明文化的领导人，基本上不会从错误中学习。他们一味隐藏错误，毫不开明。

在开明文化中，人们敢于说出自己的想法并采取行动。我们应该做的是鼓励信息流动而非强制其流动，波音首席执行官菲尔·康迪特（Phil Condit）说："如果你试图找出问题，而不是鼓励组织中的人把问题讲出来，那么你创造了一个人为隐藏问题的文化。问题是你能找到问题吗？你能发现吗？与对话相反，你不停地问：'有需要处理的问题吗？有什么事不对劲吗？'"

在风险资本圈子里，人们谈论"谦逊毛衣"——投资失败时穿的毛衣。在你太过自信的时候也要穿上它，提醒自己曾经的失败。西南航空公司的文化以人为本，即"我们不会为错误而惩罚人，我们要从错误中学习"。

当领导不承认错误时，组织里的其他人得到这样一个信号："继续"。虽然亚瑟·安德森在涉及 Waste 管理公司的美国证券交易委员会一宗民事欺诈案中既没认罪也没否认，但这产生了同样的效果。此案中的同伙没受到公开指责，而他们其中之一的确开了管理保单，之后，大卫·邓肯（毁掉安然文件的休斯敦的同伙）引用这件事为自己的行为辩护。当安然事件披露时，美国司法部发现安然存在明显的随意行为，之后的事大家都知道了。

高管们不仅要准备好承认错误，还要创造机会，让员工安全无忧地反馈情况。有多少位首席执行官曾被人指出过错误？有多少人对首席执行官说他们的"受重视的工程"不是个好主意？

处理这一挑战需要大量的努力。《纽约时报》在其文化价值宣言中强调："待人诚实，尊重人，有礼貌，敢于创新，承认失败时有发生，反馈情况并接受建设性的反馈意见。"公司的"道路规则"鼓励"一种与封闭思想相反的开阔思想……即与一意孤行、吹毛求疵、消极懈怠相反的一种文明、诚实、尊重他人的文化"。当然，没有领导，这一切都不会实现。当你进一步研究为什么《纽约时报》、波音、戴尔、西南航空、高露洁成为从错误中学习的最佳例子时，这一点就更加明显了。但是还有一些具体的交易工具可以为你打开在组织中建构学习文化的机会。

向人学习

这个游戏的名字就是广开言路，而思想开明的企业文化是个关键的前提条件，同时用多种辩论、讨论、数据加以支持也是很重要的。你可以利用电梯里的公告栏来收集反馈信息，增进沟通，也可以用公共场所的建议箱。波音多年来使用一种"道德热线"，作为员工言论的出口。几年前，通用公司举办一个叫作"反向辅导"的项目，让年轻、熟悉网络的经理们给高管们培训网络技术。这一项目的直接好处是高管们接受了网络知识培训，此外，该做法也加强了通用的反等级观念，为低、高级经理之间的交流打开了一扇双向窗。澳大利亚的一家公司要求每位员工每月至少与其上司恳谈一小时，谈他（她）上个月的成绩和不足之处。

虽然组织采用什么样的方式来增进交流、收集反馈信息无关紧要，但是确保这样的机会的确存在却十分重要。要让员工相信组织重视他们的贡献，没有人会迫害举报者，要让他们相信组织尊重并珍惜诚实、善良动机以及深思熟虑的决定。有这样的企业文化，深刻见解和直言批评都不会被掩盖。有这样的文化，不再可能有传统的找替罪羊来推卸责任的方式。

公司可以有多种方式开设对话论坛来讨论错误。在星巴克，高级经理与感兴趣的雇员会谈，使他们了解公司动态，回答问题，让雇员们抒发不满情绪。同样，在家得宝，创始人贝尔尼·马库斯（Bernie Marcus）以"贝尔尼路演"闻名。他到全国各地的分部视察，鼓励分部经理们向他直接反映情况。在这样的会谈中，经理们可以"无所顾忌"，"他们可以问任何问题，无论多么直接、多么火药味十足、多么令人不高兴"。在更正规的会谈中，他任命一名"首席笨蛋"来反驳相反的观点。打开面对批评和批判性思维的大门，人们就能更自在地表达观点了。

深入学习"最差表现"，而不仅仅是最佳表现

从例外和错误中学习是人的本能，但企业和商学院很少强调从最差表现中学习的价值。波音是个例外，波音公司雇用过程顾问组"检查哪里有问题，什么可行，什么不可行"。显然，这种做法的重点是分享最佳做法。但如果不涉及不可行的问题，这个目的就无法实现。这些过程顾问知道自己不会因带来坏消息而受打击。为了在公司里创造这种情绪，你需要与员工频繁沟通，支持他们，尊重他们，平等待人，履行诺言。

在明尼阿波利斯的儿童医院诊所，报道违反安全规章是个可怕的建议。因为这涉及责任和关注度。但了解事情原委以及背后原因远比承认违章的"危险"重要。儿童医院的首席运营官朱莉·莫拉特（Julie Morath）告诉我们："我们要做的是扩大关注安全的公司文化方面，即增强安全意识，教育员工使之努力学习安全条例，让员工知道上报错误是安全的。"为使医院改善安全记录，错误必须呈报，如果人们害怕因为错误被发现而丢了工作，这样的公司是不会成功的。

美国空军部队有一个在"安全"氛围下收集重要负面信息的特殊方法，任务刚一完成，全队人员聚集起来参加一个情况查询会。情况查询会是强制性的，每个成员都必须参加。团队以外的人不许进屋，包括那些不在团队里的高管。查询会没有姓名和官阶之分，为了便于身份识别，用领导、1号、2号等代替真实姓名。关键一点是小组的正式领导在查询会中只是一名普通成员，为了鼓励公开讨论，情况查询会一开始，领导人先详细承认自己的错误，再让其他成员对于自己的表现提出反馈意见。

每个人都要承认自己做错了什么，还要找到错误背后的原因，严禁批评和指责。你承认自己做错了什么，然后其他人做补充，你们再一起找出错误的原因，就是这样。如果这个过程在你的组织里是惯常做法，那么组织的每一个人都有动因去自我检讨并承认错误。

传播消息

怎样利用信息和信息本身同样重要。在高露洁，从错误调查中学到的教训通过以下两种途径融入公司：与类似项目分享这些经验教训；在开始筹备新项目的时候，把这些经验教训作为前车之鉴。项目团队回顾过去的错误，找出其中可能再次发生的错误，建立"持续改进计划"来避免或减轻问题。全公司范围内的工作团队都要回顾"持续改进记录"的数据，提炼出共同主旨，制订计划维修经常发生问题的地方。例如，情况查询过程很难找出项目管理或者做决定时的缺点，而"持续改进记录"过程可以使高露洁在全公司范围内处理解决这些问题。

高露洁的"持续改进记录"还有一个工作室缩微版本，跟生产数据有关，包括三个事项：机器、维修时间和保养。该记录首先在生产车间被领班和监工浏览，而监工又和机器操作人员总结一份"持续改进记录"。

同其他几家公司一样，波音利用其"领导中心"来传播从错误中收集的知识。"领导中心"就是波音的信息中心库。通过在不同项目之间不断调动高管，信息又返回到公司内部。正如首席执行官菲尔·康迪特说的："我们在中心有意识做的一件事，就是努力营造一种可能产生以下两种情形的氛围。一是人们会犯错误，二是犯了错不要紧，这样就能更容易从错误中学习了。"

有效传播信息是每个公司都面临的挑战，而交流从错误中学到的教训是该过程中最为重要的。承认错误是一回事，而确保每个人都从教训中学到东西则是另一回事。通过承认和谈论错误，这些错误和教训就成了公司的传奇。有关错误的故事和错误带来的教训在保证人们从错误中学习起到了关键作用。正是通过这些故事，人们才记住了这些事件和情形。故事使得公司文化得以传播。

欲使故事发挥学习作用，你有必要主动寻找。在事情发生时，有意识地捕捉并寻找途径加以传播。优秀企业在新员工的适应项目、后续培训以及在公司刊物和讲座中向员工讲述这些故事。在一家建筑公司首席执行官的办公室墙上，有一个木质饰板，上面装着一个门把手。木板上的铜牌这样写着："价值一千万美元的门把手。"你也许觉得把门把手放在办公墙上很可笑，但这家公司的首席执行官却一点也不觉得可笑，他把它视为公司成功的关键。

几年前，公司为一所著名私立学校设计的工程成功竣工。这只是个小工程，当时一个价值数百万美元的"杰出工程"计划奖项刚刚开始颁发。工程顺利如期完工，费用也未超出预算，这些让客户十分满意。唯一的问题是，一个门把手出了点故障，修理工因此多次去学校修理门把手，却没有换个新的。终于，坏事发生了：有人去转动门把手开门时，门把手脱落下来，并把他锁在办公室里。此人非同寻常，他正是要给公司颁发杰出大奖的人！这个门把手使公司损失数百万美元。办公室墙上的饰板不断提醒人们这件事，提醒公司要建立一种热衷细节和让客户满意的文化。

再谈美泰

把保持思想开明和从错误中学习的观点运用到前面提到的、因为与之相违背而损失数百万美元的公司身上，是不是一件有趣的事？这就是美泰和学习公司。在第四章，我们描述了在首席执行官巴拉德的领导下，玩具巨头美泰如何面对无数显示学习公司经营惨淡的信号时仍然花费 35 亿美元（相当于销售额的 4.5 倍）购买学习公司的交互 CD－ROMS，如"阅读兔子""卡门·圣迭戈"。事实上，当美泰并购学习公司时，学习公司的品牌已经每况愈下，连吸收自己并购的小公司都很困难。这一切导致并购之后美泰销量下滑，创新能力锐减。美泰公司从来不承认学习公司的困境，也未对此认真对待，结果 1999 年第三季度 5000 万美元的预期利润就变成了 1.5 亿美元的亏损。

努力不够以及并购初期融合工作不到位是巴拉德的早期错误，但这才是个开始。她没理会 1999 年第三季度的亏损并继续信心满满，坚信自己的预计，即每股 70～80 美分的收益。而第四季度公司又亏损了 1.84 亿美元，然而她仍然十分乐观。不幸的是公司再一次亏损（总共连续四次亏损）。赢利指南是个很危险的游戏，你一旦开始玩这个游戏，不遵守游戏规则就会受到严重的惩罚。游戏底线是：不断亏损是公司对现实认识不清的强烈信号，不断亏损表明公司不能从错误中学习。

待尘埃落定，巴拉德离职，新首席执行官鲍勃·埃克特把学习公司卖给了格雷斯技术集团。交易几乎是无偿的，埃克特只要求如果格雷斯能成功扭转亏损的话，美泰公司享有其中部分收益。与老美泰持续亏损并为亏损找借口不同，格雷斯公司不仅致力于从过去的错误中学习，而且从别人的错误中汲取经验。董事长亚力克·格雷斯（Alec Gores）在集团接手学习公司第二天如此形容：

我们召开了一个"市政厅全体人员"会议——一种与员工公开交流制定公司管理模式和计划步骤的会议。员工的不安和消极态度让我们十分震惊，因为他们的公司从身价数十亿美元沦落成行业内的包袱……对母公司的失望使员工们不再抱有希望，他们对现实极端失望。

对美泰和学习公司来说，亚力克·格雷斯及其管理团队此后的行动不仅是对现行制度的突破，对本书涉及的其他公司也是如此。不仅如此，他们的做法还指明一个公司应该如何从其他公司的错误中学习，如何从固定思维到准确反映现实。

格雷斯接手学习公司后，他对学习公司对顾客需求与资本投资的固定思维发起了挑战："这里有很多非常非常聪明的人，但他们从来没敢提出新的挑战，问一问：'有多少顾客支持这个创意？有多少顾客订购加强版的产品？'学习公司在一些根本不现实的项目上投资了数百万美元……这太令人吃惊了……根本没有人测试一下投资回报率这个根本基础。"

挑战人们逃避现实的错觉

当组织扬扬自得并且似乎满足现状时，你需要以前所未有的方式挑战员工。这种方式一部分是谦逊，一部分是良好的商业惯例。格雷斯说："当员工一味对问题避而不谈时，我们就结束这种疯狂的做法吧！……我们能做的一件事就是改变人们的思维方式，这很微妙……改变员工们的思维方式。"所以重心就转移到了提倡批判性思维、创新和挑战现状上。给员工以挑战，而不是先入为主地认为他们不能面对现实，这样做的最终结果就是更加诚实、更加开明的企业文化。

开启更加有效的信息管理

当公司员工心有旁骛时，你需要深入调查各种原因。当事情按计划进行时，很多人安于现状，这时候自满就成了无知和信息匮乏的结果。格雷斯坚持对问题调查到底，一定要查到确凿事实和可靠信息。他承认这样做十分不容易："人们很难了解在表象掩盖下的真实情况。他们不懂如何深入公司内部，指出症结所在。"

改变不成功的领导习惯

因为各个小组之间缺少交流和合作，格雷斯就建立起团队精神。"我们召集各分部的各级经理开了一个会，尽管他们中有些人已经在公司待了三四年了，彼此间却未见过面。他们从来也没有在一个房间里待过。"全公司范围内的沟通匮乏应该特别归咎于巴拉德强硬的领导作风。她被认为是一个"太过自我的人，凡事以自己的方式处理，不与下级商议"。在这种制度下，领导层与下级员工的交流非常少。唯一的解决方式就是改变领导作风，这正是格雷斯所做的。

格雷斯用 75 天就使公司重新创利，他的做法正如我们在本章开头所述：利用"市政厅"会议，他为对话创造了一个论坛，开了这种文化之先河。他注意到公司员工不愿挑战固有观念，不经过深思熟虑就做决定，这样当他向员工放权时，他就向其施加一种责任感。这是一种平衡做法：上级欢迎新想法并将其付诸实际，但应明白上级期待员工能出色地完成新想法。

总之，高管最重要的作用之一就是创建一个学习型的组织。通过学习错误和失败，我们打开了一扇窗户，从窗外就可以看到应该做什么，不应该做什么。聪明高管的成功得益于从其他人的错误中学习，得益于理解失败的深层原因并对此保持警惕，得益于创建思想开明的、勇于承认错误并从错误中不断学习的组织。

最后的话：他们现在在哪里

本书中的公司如何从错误中学习？实际上，很多公司都没有这个机会了，像十一章和其他章节提到的一些公司，包括网上快车、PowerAgent、巴林银行和安然、通用神奇等。还有一些公司被竞争对手兼并：乐柏美被纽威尔，波士顿市场被麦当劳，桂格被百事可乐，还有 Boo. com 破产后被 Fashion. com 购买。桂格的冤家适乐宝公司，通过 Triarc 对公司成功整顿从而扭转了乾坤，后来在 Cadburg Schweppers 拥有一个金碧辉煌的总部大楼。

其他公司，如王安电脑、施温、eToys，从破产中走出来，带着昔日辉煌的阴影。保险巨头康塞科和通信大鳄爱迪菲尔传播、世通公司一定能以某种方式改弦易张，从破产中恢复过来。但人们禁不住感到遗憾，因为为摆脱顽固、不负责任的领导方式，这些公司付出了破产的代价。在所有破产之后复出的公司当中，没有在公司走下坡路时掌控局面的高管参与复苏过程的例子。

前面研究的公司中，有三家曾经无畏地挑战各自行业内的大鳄。凯创在20世纪90年代没有赶上过思科公司，反而采取了一项非常极端的策略——把公司分成若干小公司，各自专门经营更加细分的市场。有什么不变吗？有，那就是这些小公司仍然举步维艰。AMD继续与英特尔作战，尽管公司已经犯下了无数错误，继续对抗英特尔的原因是一旦退出就会把几乎全部市场拱手让给英特尔。这是个人电脑制造商、联邦立法机构以及英特尔本身都不乐见的。大不列颠百科全书公司，尽管继20世纪90年代中期的挫折之后情况有所好转，但面对微软这个主要竞争对手时，仍感觉到了事实的残酷。大不列颠百科公司的CD-ROM产品，无论在市场份额还是在产品质量上都远远不如微软的Encarta。

对于一些公司来说，大的错误并不意味着公司的永久损失。可口可乐在比利时的困境只相当于这个品牌能量站上小小的雷达光点。玛莎公司，经历了20世纪90年代末期的惨淡经营之后，又在新的领导团队的领导下崛起。铲雪机以及相关产品的制造商Toro饱受战线太长之苦，那时公司认为即使没有雪也可以照样卖出铲雪机。如今Toro在首席执行官肯得里克·梅尔罗斯的长期领导下经营得有声有色。

美国信孚银行、狮牌食品公司、雷诺兹（还记得第九章中提到的Spa计划吗）、索尼、凡士通也是这样从困境中崛起的。他们都消化了损失并继续前进，但不要忘记，其中很多公司损失成百上千万美元，有的高达数十亿美元。

三星汽车也损失了数十亿美元。三星汽车是三星的下属公司，因为董事长李健熙对汽车情有独钟而设立，短暂经营了5年。然而，三星总公司却在众志成城、立志成为索尼公司强大的全球竞争对手时达到了鼎盛。三星是如何认识到专业化管理在典型韩国财团的重要性的，至今没有人能回答。

强生医药因为没能推出换代产品，在佳腾、美敦力及波士顿科技进入支架市场推出换代产品后，花费了数年才抢回了市场份额。如第三章所述，如今，强生打算推出新技术药物洗脱支架，对医药行业再次进行整合。心脏病治疗专家、医院和投资者很快就能知道强生从上次的溃败中学到什么了。

虽说并非所有公司都能从上述致命的错误中恢复过来，但是仍然有一些主要的成功故事。有趣的是，所有绝处逢生的公司都有一个共同点——新上任的首席执行官在公司整改中打头阵。美泰公司的新首席执行官鲍勃·埃克特迅速卖掉了学习公司，精简成本，在高层推广谦逊品质，重新将注意力集中到核心品牌和产品上。富德龙公司重新请回了原首席运营官鲍勃·奥兰［（Bob Holland）奥兰在前首席执行官威廉姆·法利当职期间提出辞职］与新首席执行官拉比德·弗雷尔（Lazard Freres）共事。最终两人完成了近海动议，并把4亿美元从显性收益转变为隐性收益。作为对破产重组的奖励，巴菲特公司的首席执行官伯克希尔·哈撒韦钰（Berkshire Hathaway）2002年以9.3亿美元买入该公司。牛津健康计划公司聘用已退休的诺姆·佩森（Norm Payson）作为首席执行官来收拾残局，包括处理电脑错误，安抚惊慌不安的消费者，稳定愤怒不满的监督部门。卡洛斯·戈尔森（Carlos Ghosn）把尼桑公司从危险边缘拯救回来，使之成为近年来最引人注目的重整旗鼓的公司。继萨齐兄弟离职之后，盛世长城接连换了几任首席执行官。现任首席执行官凯文·罗伯茨再次入主这家全球广告巨头。

优秀公司虽然仍未完全走出困境，但其重整旗鼓的行动已足以证明将来一定能成功。在来德爱、泰科国际、雪印牛奶、安普、福特五个公司里，新的首席执行官领导重振计划。前两个公司的首席执行官上任后的前几个月里整顿公司分类账目，使其符合会计惯例；后三个公司的首席执行官致力于重新获得客户信任。

除福特外，另外两家汽车公司也在努力赶超。罗格·史密斯与通用汽车公司竞争已经有很多年的历史了，但消费者更加青睐于通用产品的市场趋势仍未得到改变。尽管在首席执行官理查德·瓦格纳的领导下，公司稳定下来，但与通用的交锋中罗格·史密斯处于不利地位，一直持续到今天。另一家努力重整旗鼓的公司是戴姆勒—克莱斯勒，约尔根·施伦普继续留任首席执行官一职，掌握大局。考虑到戴姆勒兼并克莱斯勒所花费的巨额初期成本以及兼并后的长期亏损，这一并购交易是否能取得商业上的成功仍不得而知。

英克隆公司于2002年破产，这给百时美施贵宝带来11亿美元的坏账，接下来不断有针对后者的负面报道，最近一则是关于存货丑闻和假账丑闻的，后者是为了实现前首席执行官小查尔斯·海姆博尔德制定的赢利增长目标。对英克隆公司来说，联邦药物管理局能否批准爱必妥仍不得而知。同时，英克隆前首席执行官山姆·瓦克萨尔对一系列指控承认有罪。

有时候，即使公司重新得到了核心市场的领导地位，昔日失败的影响仍然阴魂不散。摩托罗拉是个最好的例证。在过去5年里，公司的市场占有率徘徊在20%左右（要知道20世纪90年代中期高达60%），仍然在为昔日的错误付出代价。尽管在全球市场上摩托罗拉仍远远落后于诺基亚，在美国本土却和诺基亚打了个平手。摩托罗拉试图在全公司范围内增强员工韧性、培养远见卓识、重新关注像客户需求这样的基本指标，重建公司原先不安于现状的健康文化，避免重蹈覆辙。

摩托罗拉另外一个失败的投资则教给我们截然不同的教训。正如第二章所述，铱星现在是一家新成立的独立公司，专门为那些无法接受陆上通信服务的海洋、军队、石油和航空提供基于卫星技术的手机服务。铱星的新主人只花了2500万美元便买下了原先值50亿美元的资产，并最终找到了制胜秘诀。可想而知，重组的客源足以证明这一投资是多么物有所值。

李维斯作为一家私营企业，不像摩托罗拉那样引人注目。在李维斯，家族经营效果不佳，然而家族成员仍然插手公司事务。当然，20世纪90年代中期，普雷斯曼家族的第三代子孙让位给巴尼斯来收拾残局，情况就大不相同了。1996年公司破产之后，普雷斯曼家族成员被赶下首席执行官的宝座，但此后权力之争并没有停止。不管是谁继位，对公司来说都是灾难和破坏。在鲍勃和基恩两兄弟的管理下公司破产。鉴于此，他们的父亲弗雷德·普雷斯曼临终时在遗嘱中明确写道："出于有根据的、充分的理由，我不给我的儿子罗伯特（鲍勃是罗伯特的昵称）·普雷斯曼留下任何遗产。"之后，鲍伯不满提出上诉。2000年年底，法院宣布普雷斯曼的女儿们赢得对哥哥的诉讼，继承价值1100万美元的遗产。这场官司似乎会没完没了地打下去。

德罗宁因为洗钱和贩毒而被捕，从此结束了他作为汽车业经理人的职业生涯。后来在1986年他被无罪释放，因为联邦调查员被发现在诱捕行动中违反了相关规定。但此后他的法律麻烦接连不断，直到1996年他宣布个人破产。德罗宁似乎打算经营高端手表，但一直有传言说他想重操旧业经营跑车。

与上述情况不同，有时候虽然公司倒闭了，但公司主要负责人却没有销声匿迹。例如，LTCM已经不复存在，但至少有两名原公司高管又启动了新的对冲基金。莫西摩·贾努利重出江湖，创立了一家以自己名字命名的公司并担任首席执行官。但公司只有8名员工，知名度不高。莫西摩终于明白自己对于生产和经销服装并不在行，虽然服装业很热门。但他通过特许经营成功搞活了公司。莫西摩是美国塔吉特公司及加拿大哈德森公司的许可人。这显然是个好结果，因为莫西摩公司只需要借助莫西摩本人参与的声望，生产符合国际公司要求的服饰即可。或许不太令人吃惊的是，莫西摩公司原来在南加州的"堂姐妹"盖力公司从20世纪90年代中期的破产中走出来，也采取了同样的策略。但与莫西摩不同，盖力公司的领导不再是破产时主持工作的那些人了。

最后我们来看看波士顿红袜队。该队的融合工作已经结束很久了，队里现如今都是新成员。尽管过去的残余作风偶有抬头，但整个队融合得很紧密。过去的红袜队可以作为不合情理行为的例子，我们研究过的很多公司也用不同的方式重复了这类情况。

大约六年前我们开始研究的时候，几乎没有人认识到波士顿红袜队与美籍非裔棒球队员的整合失败后来成了跨行业，甚至跨国整合失败的关键错误的象征。当然，也没有人能预测到21世纪里发生的诸如安然、世通、泰科国际、爱迪菲尔传播、英克隆之类的大丑闻在本质上不仅与波士顿红袜队有着类似的根源，并且与很多知名公司如强生、摩托罗拉、乐柏美、索尼和美泰情况类似。在每个案例中，整个组织里都出现了相同的破坏性症状，之后便是恶化与失败。

为什么聪明的高管会失败呢？因为在他们创建的组织或他们所处的组织里，对现实的歪曲认识占主导地位；错误的观点和态度保护扭曲的事实不被仔细审查，不受信息管理、风险管理和人员管理的组织程序的限制；工作习惯不佳的领导们又加剧了所有的这些问题；外界看来不合理的事情对于组织内部的高管们来说再合理不过。本书分析的高管们并非有意破坏公司，但实际上起到了这样的作用，因为他们没有意识到潜在的有害问题，不熟悉失败出现在组织里的复杂方式。如果本书能为高管们提供避免类似错误的模板，那么好戏就在后头；如果本书有助于投资者发现错误的投资，那么好戏就在后头；如果本书有助于组织内部人员更好地理解组织是如何运作的，那么好戏就在后头。又有谁知道呢？也许波士顿红袜队明年能有个好年景。

达特茅斯学院塔克商学院管理学教授
悉尼·芬克斯坦（Sydney Finkelstein）

揭秘提醒
成功高级经理人必须跨越的七大管理陷阱

ISBN：978-7-5047-5307-6
定价：56 元

罗德曼设计中心创始人、多伦多大学管理学院客座教授
希瑟·费雷泽（Heather M.A. Fraser）

专业揭示
成功商业设计如何推动商业创新

ISBN：978-7-5047-5246-8
定价：48 元

康奈尔大学行为与营销学教授
杰伊·爱德华·拉索（J. Edward Russo）

实践总结
成就完美决策的四阶段法则

ISBN：978-7-5047-5252-9
定价：56 元

伦敦商学院营销学教授、世界五大顶级营销演讲人之一
尼尔马利亚·库马尔（Nirmalya Kumar）

与您探讨
中国本土品牌走向世界的八大途径

ISBN：978-7-5047-4749-5
定价：48 元

即将出版：　《原钻企业——金砖国家成功突破企业四特征》
作者：中欧国际工商学院战略学教授、中国三星经济研究院院长 朴胜虎